DROEMER ✪

Von Stefan Bonner und Anne Weiss ist im Verlag Droemer Knaur bereits folgender Titel erschienen:
Wir Kassettenkinder. Eine Liebeserklärung an die Achtziger

Über die Autoren:
Anne Weiss und Stefan Bonner landeten mit ihrer bissig-witzigen Analyse *Generation Doof* einen Jahrzehntbestseller. Seitdem schreiben sie kritisch und humorvoll über ihre Zeitgenossen. Zuletzt erschien von ihnen der *Spiegel*-Bestseller *Wir Kassettenkinder*. Anne Weiss schreibt u. a. für *Spiegel Online*. Eigentlich dachte sie, es wäre genug, nur Pflanzen zu essen, auf die Karre zu verzichten und keine Demo auszulassen. Jetzt ist sie sich da nicht mehr so sicher. Stefan Bonner hat als Verlagslektor gearbeitet, für mehrere Wirtschaftsmagazine geschrieben, sich einen 200-PS-Kombi gekauft, viel zu viele Steaks gegrillt und ist dauernd in Urlaub geflogen – bis er sich fragte: War da nicht irgendwas mit Klimawandel?

Stefan Bonner   Anne Weiss

GENERATION WELTUNTERGANG

Warum wir schon mitten im Klimawandel stecken, wie schlimm es wird und was wir jetzt tun müssen

Bei diesem Buch handelt es sich um eine aktualisierte Ausgabe des 2017 erschienenen Titels *Planet Planlos. Sind wir zu doof, die Welt zu retten?*

Besuchen Sie uns im Internet:
www.droemer.de

www.blauer-engel.de/uz195
- ressourcenschonend und umweltfreundlich hergestellt
- emissionsarm gedruckt
- überwiegend aus Altpapier   **UF6**

Dieses Druckerzeugnis wurde mit dem Blauen Engel ausgezeichnet.

Überarbeitete Taschenbuchausgabe April 2019
Droemer Taschenbuch
© 2017 Knaur Verlag
© 2019 Droemer Verlag
Imprints der Verlagsgruppe
Droemer Knaur GmbH & Co. KG, München
Alle Rechte vorbehalten. Das Werk darf – auch teilweise –
nur mit Genehmigung des Verlags wiedergegeben werden.
Covergestaltung: Jonas Hafner / EyeEm; Collage, FinePic unter
Verwendung von Motiven von shutterstock.com;
© FinePic / shutterstock.com
Illustrationen im Innenteil: Heike Boschmann
Satz: Daniela Schulz, Puchheim
Druck und Bindung: DBM Druckhaus Berlin-Mitte GmbH
ISBN 978-3-426-30198-2

INHALT

KAPITEL 1   7
Zweieinhalb Minuten bis Mitternacht
    Als wir plötzlich die Generation Weltuntergang waren

KAPITEL 2   19
Global Warning
    Wo der Klimawandel schon in vollem Gang ist

KAPITEL 3   71
Was bisher geschah
    Die kurze Vorgeschichte des Weltuntergangs

KAPITEL 4   119
Denn sie wissen nicht, was sie alles wissen
    Der Stand der Erkenntnisse

KAPITEL 5   141
Heiter bis Weltuntergang
    Und wie schlimm wird es nun?

KAPITEL 6   205
Wir Klimawandler
    Wie wir täglich dafür sorgen, dass es wärmer wird

KAPITEL 7   235
We will survive
    Der 10-Punkte-Masterplan zur Weltrettung

NACHWORT 293
Das Ende

WIR SIND DANKBAR 309

LITERATUR & CO. 312

KAPITEL 1

Zweieinhalb Minuten bis Mitternacht

Als wir plötzlich die Generation
Weltuntergang waren

> It's the end of the world
> as we know it.
>
> R.E.M.

Es ist ein ganz normaler Donnerstag im Januar 2018, als in Chicago der drohende Weltuntergang verkündet wird. Die meisten von uns warten wohl gerade im Büro auf den Feierabend, als auf der anderen Seite des Atlantiks drei unscheinbare ältere Herren und zwei Damen vor die internationale Presse treten und wie bei Paulchen Panther an der Uhr drehen – nicht an einem beliebigen Zeitmesser, sondern an der *Doomsday Clock*, der Uhr des Jüngsten Gerichts.

Die Damen sind Rachel Bronson und Sharon Squassoni, beide Expertinnen für internationale Angelegenheiten. Die Herren sind der Physiker Lawrence Krauss, der Astrophysiker Robert Rosner und der Klimaforscher Sivan Kartha. Sie sind Mitglieder des Direktoriums der Zeitschrift *Bulletin of the Atomic Scientists*, deren Aufsichtsrat derzeit dreizehn Nobelpreisträger angehören – also alles Leute, die nicht gerade auf den Kopf gefallen sind und von denen man annehmen kann, dass sie Gefahren erkennen, wenn sie welche sehen.

Die Wissenschaftler enthüllen eine stilisierte Uhr auf einem Flipchart. Die *Doomsday Clock* soll verdeutlichen, wie hoch das Risiko einer globalen Katastrophe ist, die der Menschheit den Garaus machen kann. Und an jenem Donnerstag stellen die Experten die Zeiger ihrer Uhr auf zwei Minuten vor Mitternacht.

Ein Schock, denn die Uhr existiert bereits seit 1947, und die Atomforscher wähnten uns schon lange nicht mehr so nahe am globalen Exitus. Genauso nah an der

Zwölf waren wir bislang nur ein einziges Mal: 1953, als die Amerikaner und Sowjets mit ihren Wasserstoffbomben Wettpinkeln spielten und gute Chancen bestanden, dass der Kalte Krieg außer Kontrolle geriet.

Nun also steht die Welt abermals am Abgrund. Und die amerikanischen Wissenschaftler machen neben den vielen Atomwaffen vor allem eine Bedrohung für die Menschheit aus: den Klimawandel.

Der Klimawandel, so ihre Erkenntnis, könne einem globalen Atomkrieg in puncto Zerstörungskraft durchaus das Wasser reichen.

Sie meinen, die Bombe tickt – nicht nur eine der rund 16 300 Atombomben, die es weltweit gibt, sondern eine aus Klimagasen: Gelingt es der Menschheit nicht, den Klimawandel zu stoppen, werden wir unsere eigene Lebenswelt unwiderruflich auslöschen.

Willkommen im Weltuntergang.

Jetzt vor unserer Haustür.

> **Wir sind nicht die letzte Generation, die den Klimawandel erleben wird, aber wir sind die letzte Generation, die etwas gegen den Klimawandel tun kann.**
> **BARACK OBAMA**

What the fuck?! Das fragen sich vor allem jene, die wie wir in den Achtzigern aufwuchsen. Unsere Generation kann sich nämlich noch gut daran erinnern, wie Tschernobyl, saurer Regen und Ozonloch uns damals das Lied vom Tod gespielt haben. Geboren zwischen der ersten Mondlandung und dem Mauerfall waren wir die erste

Generation, die bereits im Kindergarten kapierte, dass wir mit der Natur pfleglich umgehen müssen – weil wir bislang eben nur diesen einen Planeten haben, auf dem wir durchs ansonsten lebensfeindliche Weltall eiern. Eine lange Zeit lebten wir in dem Glauben, der Rest der Welt hätte das auch verstanden.

Unsere Kindheit und Jugend waren regelrechte Bootcamps für Umweltretter: Um uns herum wimmelte es nur so von selbst gestrickten Wollsocken, Norwegerpullis, Birkenstocks, Jutetaschen und Müslimühlen, dazu umgab uns eine veritable Menagerie aus Friedenstauben, Blauen Engeln und WWF-Pandas. Wer sich für Flora und Fauna starkmachen wollte, hatte dazu jede Menge Gelegenheit. Das gehörte auch zum guten Ton, und zwar quer durch die Gesellschaft – die Sorge um die Umwelt einte alle, vom Lodenjackenbesitzer bis zum Palituchträger: Gefühlt jeder Zweite trug einen Anti-Atomkraft-Button mit der gelben Sonne auf rotem Grund, ganze Klassenverbände rückten aus, um den Wald von Müll zu befreien, und wenn jemand seinen Benz an der roten Ampel laufen ließ, musste er mit einem Anschiss rechnen.

Wer etwas mehr tun wollte, trieb sich auf Demos herum, von denen damals alle naselang eine stattzufinden schien. Dabei hatten viele gute Chancen, ein polizeiliches Foto fürs Familienalbum zu ergattern – zum Beispiel jene, die auf Bäume kletterten und Blockaden auf der Autobahn errichteten, um die Startbahn West zu verhindern, andere, die es sich in Gorleben auf dem Bohrplatz des geplanten Atommülllagers bequem machten, oder auch die, die in Wackersdorf Hüttendörfer gegen die Wiederaufarbeitungsanlage errichteten.

Die Proteste in unserer Jugend waren der Auftakt zu einer zumindest etwas besseren Welt: Bleifreies Benzin wurde eingeführt, es wurde über Müll und die Laufzeiten der Atomkraftwerke diskutiert. Und so wurden langsam die Flüsse wieder sauberer, der Wald bekam eine frischere Farbe, das Ozonloch verschwand – zumindest aus den Schlagzeilen. Anfangs kauften wir in Reformhäusern noch kleine Portionen teurer Ökolebensmittel, dann gab es irgendwann Biosupermärkte, wir tauschten den Benziner gegen einen Hybrid, und die meisten von uns freuen sich heute über den Atomausstieg. Überdies lernten wir so virtuos wie sonst keine andere Nation auf der Klaviatur des Mülltrennungssystems zu spielen: braune und blaue Tonnen, grüne Punkte und gelbe Säcke – da machte uns so schnell keiner was vor. Die *New York Times* verlieh uns Deutschen sogar den Titel »World Recycling Champion«. Kurz: Soweit es uns betraf, war die Sache mit dem Umweltschutz auf einem guten Weg.

Viele von uns haben die Geschicke der Umwelt seit damals ein wenig aus dem Blick verloren. Was zum einen daran liegt, dass wir in letzter Zeit ziemlich beschäftigt waren: Nach dem Langzeitstudium mit anschließendem Dauerpraktikum war der Weg in den ersten bezahlten Job für die meisten von uns so mühsam wie ein Hindernisparcours im Dschungelcamp. Ein wenig später stand zwischen lauter Überstunden, um die nächste Karrierestufe zu erklimmen, die Familiengründung an, eine größere Wohnung musste gefunden, am besten sogar gekauft und finanziert werden. Und heute mühen wir uns damit ab, dass uns der Haushalt nicht um die Ohren fliegt, das nächste Meeting pünktlich vorbereitet ist und die Elternabende in der Schule nicht zum Kleinkrieg ausarten. Und wenn mal gerade kein Alarm herrscht, lassen wir uns erschöpft aufs Sofa fallen und gönnen uns eine Staffel unserer Lieblingsserie.

Wir tun das mit reinem Gewissen, denn beim Durchscrollen der Online-Gazetten erliegen wir dem Eindruck, Deutschland spiele eine würdige Vorreiterrolle im Klimaschutz. Immerhin haben wir die »Energiewende« erfunden und waren damit so schnell, dass andere Sprachen sie sogar als deutsches Lehnwort übernahmen – ein so viel positiverer Wortexport als »Blitzkrieg«. Einige von uns trinken sogar ausschließlich fair gehandelten Biokaffee, essen veganen Wurstersatz und verzichten an der Supermarktkasse auf die Plastiktüte. Überall stehen Windräder herum. Und jeder, der ein Dach sein Eigen nennt, überlegt früher oder später, ob sich eine Solaranlage lohnt.

Wer derart bewusst lebt, hat das Gefühl, voll im Plan zu liegen. Nur: Welcher Plan eigentlich? Statt des geordneten Rückzugs aus dem Atomstrom und der Kohle scheint auf höherer Ebene planloses Chaos zu herrschen: Wenn die Bundesregierung CO_2 einsparen will, warum wird dann noch immer billige Braunkohle verstromt – und das unter anderem mit vier der fünf klimaschädlichsten Kraftwerke in Europa? Warum wird über die Hälfte unseres sorgsam getrennten Verpackungsmülls am Ende durch den Schornstein der Verbrennungsanlagen geblasen? Und warum gibt es Autos, die mit einem sprechen und via App gestartet werden können, aber keine Elektrowagen mit vernünftiger Reichweite und passender Lade-Infrastruktur?

Und das sind nur drei Dinge, die zeigen, wie planlos Deutschland beim Klimaschutz vorgeht.

Blöderweise haben wir inzwischen selbst den Durchblick verloren, was, wie und wo da eigentlich genau gerettet werden muss. Früher schienen die Probleme übersichtlicher und auch einfacher aus der Welt zu schaffen.

Dünnsäureverklappung in der Nordsee? Dagegen konnte man mit Umweltverbänden demonstrieren.

Ozonloch? Kein Problem – FCKW abschaffen und nicht mehr so viel Haarspray auf die Tolle.

Saurer Regen? Filter in Auspuffe und Schornsteine stopfen.

Borkenkäfer? Erledigt sich von selbst, denn gesunde Bäume trotzen den Krabblern.

Heute weiß man hingegen gar nicht mehr, wo man angesichts des maroden Zustands der Natur anfangen sollte. Bei der Abholzung des Regenwalds? Bei den übersäuerten Ozeanen? Beim Plastikstrudel im Pazifik? Beim Protest gegen die Ölpipelines in Alaska? Bei der Luftverschmutzung? Oder doch lieber bei dem Sterben der Gartenvögel?

Und das sind nur die Umweltprobleme. Sie finden auch noch mitten in einer Wirtschaftskrise statt, in der es Deutschland zwar prächtig geht, aber dauernd andere Staaten pleitezugehen drohen, während die EU langsam auseinanderfliegt, Trump sich mit einem Land nach dem anderen anlegt und die Deutschen als »böse, sehr böse« verunglimpft, die NATO Truppen und Kriegsgerät nach Osteuropa verlegt, um Putin abzuschrecken, und allerorten hässliche rechtsradikale Bewegungen Zulauf finden.

Das alles erscheint uns doch ziemlich komplex.

Wir überlassen das Weltretten deshalb heute lieber anderen.

Unseren Politikern, die sich in zig Konferenzen den Kopf heißreden. Den Leuten von BUND und Greenpeace, die aus Erfahrung gut im Umweltschutz sind. Oder wir hoffen, dass schließlich doch irgendein findiger Tüftler etwas ausknobelt, das die großen Probleme unserer Zeit lösen wird. Vielleicht ja sogar unser eigener Nachwuchs?

Obwohl wir damit die Arbeit an der besseren Zukunft praktisch outgesourct haben, glaubten wir bislang noch an sie. Selbst wenn eine Welt mit grüner Energie, heiler Umwelt und stetem Wachstum – digital, wohlhabend, friedlich und fair gehandelt – noch nicht erreicht war, sie war machbar. Alles eine Frage der Zeit.

Doch jetzt schwebt plötzlich ein neues Label über uns: Wir sind die Generation Weltuntergang – falls die Befürchtungen der amerikanischen Doomsday-Clock-Apokalyptiker eintreten sollten. Wir sind die Letzten, die noch einmal beschwingt über diesen Planeten hüpfen, bevor das große Chaos ausbricht. Und ganz oben auf die Liste der Probleme hat sich irgendwie der Klimawandel gemogelt, ohne dass einer von uns davon etwas mitbekommen hätte.

Wie das?

Klimawandel war bisher nach unserer Auffassung etwas, das sich still und leise im Hintergrund abspielt und noch Hunderte Jahre so weiterlaufen kann, bevor man handeln muss. Denn von der Klimakatastrophe merken wir im Alltag nichts – außer, dass schon mal jemand scherzhaft der Erderwärmung die Schuld gibt, wenn es mal wieder tagelang wie aus Kübeln schüttet oder wenn wir an einem ungewöhnlich warmen Oktobertag noch spätabends bei lauer Witterung auf dem Balkon unser Bierchen trinken.

Den Borkenkäfer konnte man damals wenigstens noch sehen, der saure Regen zeigte sich an Lametta-Syndrom und Kahlschlag, und das Ozonloch sorgte dafür, dass wir fortan nicht mehr ohne zweistelligen Lichtschutzfaktor sonnen konnten, wollten wir nicht so rot werden wie Elmo aus der Sesamstraße.

Wie lange warnt uns nun schon Greenpeace vor der Erderwärmung und verkauft Al Gore uns *Eine unbequeme Wahrheit?* Von Frank Schätzings *Der Schwarm* über

T. C. Boyles *Ein Freund der Erde* bis zu Maja Lundes *Die Geschichte des Wassers* schildern Romanschriftsteller in düsteren Farben ihre Weltuntergangsfantasien. Neuerdings wähnt uns ja sogar Leonardo DiCaprio *Before the Flood*, und Gore legte den zweiten Teil seines Klimathrillers vor. Wahrscheinlich waren die alle noch nie in Oer-Erkenschwick, Obersulzbach und Untereschbach – denn da ist von der drohenden Katastrophe wenig zu sehen. Soll auch keiner von zu warmen Wintern reden: Der letzte war gefühlt immer zu kalt. Und was den Sommer angeht, waren wir ja sowieso noch nie zufrieden. Rudi Carrell hat doch schon in den Siebzigern genölt: »Wann wird's mal wieder richtig Sommer?« Früher war das Wetter also auch nicht besser.

Vielleicht haben ja doch die ganzen Skeptiker recht, wenn sie meinen: Das Klima war noch nie konstant. Die Temperaturen steigen gar nicht so rasant wie behauptet. Und was Klimakurven, Messungen und statistische Befunde betrifft, gilt doch bestimmt wie sonst auch der Grundsatz: Traue keiner Studie, die du nicht selbst gefälscht hast.

Und auch wenn wir glauben, die Welt ginge unter: Müssen wir deshalb in panischen Aktionismus verfallen? Reicht es nicht, wenn wir ein bisschen öfter mit den Öffis fahren und ab und an auch mal Gemüse auf den Grill legen?

Außerdem schrauben die da oben doch fleißig an einer Lösung, und die Klimakonferenz in Paris hat 2015 den großen Durchbruch gebracht: Die globale Erwärmung soll bei 1,5 Grad Celsius, schlimmstenfalls bei zwei Grad gestoppt werden. Angie ließ sich sogar im roten Parka medienwirksam vor einem der schmelzenden Gletscher ablichten, bereit, die Welt zu retten. Also alles paletti.

Doch wenn wir die Doomsday-Clock-Vorhersage ernst nehmen, täuschen wir uns da vielleicht gewaltig.

Zumal die Damen und Herren mit der Weltuntergangsuhr nicht die Einzigen sind, die vor einer finsteren Klimazukunft warnen: Der Weltklimarat mahnte in seinem Sonderbericht 2018, dass uns selbst dann schwerwiegende Konsequenzen drohen, wenn wir die Ziele von Paris einhalten. Und eine internationale Forschergruppe des Stockholm Resilience Center, der Universität Kopenhagen, der Australian National University und des Potsdam-Instituts für Klimafolgenforschung fürchtete im selben Jahr, dass bereits zwei Grad Erwärmung die Erde in eine »Heißzeit« katapultieren würden, die den Planeten für uns Menschen irgendwann unbewohnbar macht.

Es könnte daher am Ende eher so sein wie in einem dieser Katastrophenfilme, die *Flammendes Inferno* oder *Erdbeben* hießen und in unserer Kindheit immer nach dem *Wort zum Sonntag* im Ersten kamen: Während die ganz gewöhnlichen Menschen – also wir – sich in Sicherheit wähnen und ihr gewohntes Leben weiterleben, ahnen nur ein paar Topchecker, dass die Katastrophe vor der Tür steht. Und dann ist es zu spät, und kaum einer kann sich noch retten.

Zeit, der Sache auf den Grund zu gehen. Machen wir uns ein richtiges Bild davon, was gerade in Sachen Klimawandel abgeht. Wie sieht es auf der Erde aus – alles halb so wild, oder stehen wir wirklich kurz vor dem Weltuntergang?

KAPITEL 2

Global Warning

Wo der Klimawandel schon
in vollem Gang ist

> Uns bleiben 100 Jahre,
> um einen neuen Planeten
> zu finden.
>
> STEPHEN HAWKING

James Balogs Leben hängt am seidenen Faden, als er sich auf dem Bauch liegend mit der Kamera in der Hand an den Rand der Gletscherspalte robbt. Jedenfalls sieht es so aus, denn das einfache Seil, mit dem er gesichert ist, wirkt im Vergleich zu den gigantischen Eismassen um ihn herum wie dünner Zwirn. Unter ihm stürzt ein türkisfarbener Wasserfall aus Schmelzwasser durch die Gletscherspalte in die Tiefe. Bricht die Eiskante, stürzt Balog hinab. Doch das interessiert ihn nicht, genauso wenig wie seine Knie, die er auf Rat seines Arztes nach einer Operation eigentlich schonen sollte. Balog hat Wichtigeres zu tun. Er will für den Rest der Welt, also für uns, dokumentieren, wie es wirklich um unseren Planeten steht. Deshalb quält er sich auf Krücken durch Schneestürme, kraxelt in Gletschern herum und tut das, was er am besten kann: Fotos machen. Davon, wie das Eis zerfällt.

Balog ist Geowissenschaftler und einer der besten Naturfotografen weltweit. Und er hat selbst lange nicht an den Klimawandel geglaubt. »In den Neunzigern habe ich die Berichterstattung über globale Erwärmung verfolgt, und offen gestanden gehörte ich auch eine Zeit lang zu den Skeptikern«, sagt er. »Schließlich ließ ich mich überzeugen, dass der Klimawandel sehr real ist.«

2007 gründet er deshalb ein Projekt, das er *Extreme Ice Survey* nennt, kurz und knackig: EIS. Mit Forschern, Fotografen und dem Regisseur Jeff Orlowski reist er mehrere Jahre nach Montana, Alaska, Island und Grönland, um in den entlegensten und bitterkältesten Winkeln der Welt Kameras mit Zeitschaltuhren und automatischen Auslösern zu installieren. Die Geräte sollen über einen längeren Zeitraum in regelmäßigen Abständen Bilder von Gletschern und Eismassen schießen und so die Veränderungen erfassen.

Klingt nach einer ziemlich abenteuerlichen Idee.

Doch sie funktioniert.

Aus Balogs Aufnahmen entsteht unter anderem die mehrfach prämierte Doku *Chasing Ice*. Die Fotos der Gletscher sind darin im Zeitraffer zu sehen. So werden Prozesse sichtbar, die sich über lange Zeiträume hinziehen und dem Auge des Betrachters normalerweise verborgen bleiben.

Die Botschaft der Bilder ist so eindeutig wie erschreckend: Das Eis rund um den Nordpol schmilzt. Und zwar massiver und schneller, als sich selbst viele Wissenschaftler in ihren düstersten Prognosen dies ausgerechnet haben.

Der isländische Sólheimajökull-Gletscher schrumpfte unter den Blicken von Balogs Kamera in etwas mehr als vier Jahren wie ein Soufflé. Der Columbia-Gletscher in Alaska zog sich sogar im Winter zurück, wenn sich das Eis üblicherweise ausdehnt, und verlor in drei Jahren vier Kilometer an Länge.

Balogs Beobachtungen schließen perfekt an die Analysen der University of Alberta in Kanada an, in denen es um die Veränderung von Gletschern im Yukon-Gebiet zwischen 1958 und 2008 ging: Von rund 1400 Gletschern, die es 1958 gab, vergrößerten sich vier. Etwa 1000 Gletscher aber wurden deutlich kleiner. Und über 300 verschwanden komplett. Der grönländische Eisschild, die zweitgrößte permanent vereiste Fläche nach der Antarktis, verliert nach neuesten Berechnungen der NASA jährlich 286 Gigatonnen an Masse. Das ist ungefähr fünfmal der Bodensee, der sich da jedes Jahr in den Ozean ergießt.

Um den Eisdeckel ganz oben auf dem Planeten steht es schlecht: Nach Berechnungen von Ted Scambos vom National Snow & Ice Data Center in Colorado ist das arktische Meereis in den vergangenen fünfzig Jahren dreimal schneller geschmolzen als zuvor in Computermodellen simuliert. Läuft es also richtig blöd, meint er, ist schon 2020 im Sommer kein Meereis mehr da.

Nun könnte man sich ja freuen, dass dann die sagenumwobene Nordwestpassage endlich befahrbar wäre. Der Haken an der ganzen Sache ist nur: Das Schmelzwasser der Gletscher löst sich nicht einfach in Luft auf – es lässt den Meeresspiegel steigen. Weltweit haben sich die Ozeane seit 1901 im Schnitt um etwas mehr als zwanzig Zentimeter angehoben – und sie steigen jedes Jahr weiter um rund drei Millimeter.

Wie rasant das Eis sich in Wasser verwandelt und die Meere füllt, zeigen James Balog und sein Team sehr eindrucksvoll am Beispiel des grönländischen Ilulissat-Gletschers. Zwischen 1902 und 2001 hat er sich um zwölf Kilometer zurückgezogen. Allein von 2000 bis 2010 dann um weitere 14,5 Kilometer. Noch mal zum Mitschreiben: Der Eiskoloss verlor also innerhalb von zehn Jahren mehr Masse als in den vorangegangenen einhundert Jahren.

Es schmilzt. Auf breiter Front. Mit zunehmender Rasanz.

»Ich hätte nie gedacht, dass so große Massen in so kurzer Zeit verschwinden könnten«, sagt Balog in seinem Film und hält eine SD-Karte hoch. »Dies ist die Erinnerung an eine Landschaft, die für immer verschwunden ist. Nie wieder in der Menschheitsgeschichte wird jemand sie sehen können.«

Schuld an dem Desaster ist die globale Erwärmung. Durch den Ausstoß von Klimagasen wie CO_2 und Methan, unter anderem aus Auspuffen und Fabrikschornsteinen, hat sich die Erde laut dem Sonderbericht des Weltklimarats IPCC von 2018 seit der Zeit der Industrialisierung durchschnittlich um 1 Grad Celsius erwärmt.

1 Grad.

Klingt harmlos.

Ist es aber nicht.

Erstens, weil die Temperaturen nicht überall gleich schnell steigen – in Europa ist es zum Beispiel schon 1,3 Grad wärmer als in vorindustriellen Zeiten, Kanada hat sich allein in den vergangenen 63 Jahren um 1,8 Grad erwärmt und die Arktis im gleichen Zeitraum sogar um rund 3 Grad, womit sie eine der sich am schnellsten erwärmenden Regionen der Erde ist. Weltweit war die Zeit seit Beginn der Achtziger mit einiger Wahrscheinlichkeit die wärmste Periode in den vergangenen 1400 Jahren. Und die Fieberkurve steigt weiter.

Zweitens, weil bereits das Ergebnis dieser gering scheinenden Erwärmung gravierend ist. Und das können wir uns inzwischen rund um den Globus ansehen. *1 Grad* – das verändert das Wetter, das Klima und ganze Landschaften. Überall.

In diesem Kapitel machen wir eine Reise um eine Welt, die schon ziemlich im Eimer ist. Betroffen sind nicht nur entlegene Eilande, sondern Regionen, die zu unseren liebsten Urlaubsländern zählen. Sie stehen stellvertretend für eine Vielzahl von Schäden, die das veränderte Klima anrichtet, nicht nur dort, sondern in vielen Gegenden rund um den Globus.

Während man woanders auf der Welt noch debattiert, ob der Klimawandel nicht eine Erfindung der Chinesen oder der Solarbranche ist und vielleicht mehr Vorteile als Nachteile mit sich bringt, eint die Menschen in den betroffenen Gebieten die Gewissheit: Das Klimasystem spielt verrückt.

Die Wetterkapriolen, mit denen sie zu kämpfen haben, lassen in ihrer Häufung und Heftigkeit nämlich nur einen Schluss zu: dass genau das geschieht, wovor Klimaforscher immer gewarnt haben. Und dass es vielleicht keine gute Idee ist, die globale Temperatur, wie auf der Pariser Klimakonferenz beschlossen, noch weiter bis auf zwei Grad steigen zu lassen, falls die 1,5 Grad sich nicht halten lassen.

Die globale Erwärmung verändert die Biosphäre und schickt sich an, ehemals sichere und fruchtbare Regionen in unbewohnbare Katastrophengebiete zu verwandeln. Auch bei uns zu Hause in Deutschland.

Aber fangen wir von vorne an, dort, wo die Dinge buchstäblich ihren Lauf nehmen.

78° 13′ N, 15° 38′ O
LONGYEARBYEN, SPITZBERGEN
DIE GROSSE SCHMELZE

Longyearbyen ist einer der nördlichsten Orte der Welt und das Tor zu den arktischen Inseln. Klingt ziemlich entlegen, ist es aber nicht. Es ist die größte Stadt und das Verwaltungszentrum von Spitzbergen, und man erreicht es mit einem Flug der Scandinavian Airlines von Berlin, Hamburg oder München aus. Jedes Jahr starten neben Norwegern, Schweden, Briten, Dänen, Franzosen und Niederländern auch Tausende von uns Deutschen von diesem Ort aus mit Hurtigruten zu Fjorden, Gletschern, Eisbären und Polarlichtern.

Longyearbyen, das eingekuschelt in einem der für diese Gegend typischen Trogtäler zwischen schneebedeckten Plateaus liegt, ist auch die Heimat von Eva Grøndal, die hier seit fast zehn Jahren eine Galerie führt. Und nun könnten ihre Tage im Eis gezählt sein, das hat sie vor Kurzem begriffen.

2015. Es ist später Samstagvormittag, kurz vor Weihnachten, und Eva ahnt nicht, was da buchstäblich auf sie zurollt. Die Galeristin hat es sich im Wohnzimmer gemütlich gemacht, während draußen ein heftiger Schneesturm tobt, tatsächlich der schlimmste seit dreißig Jahren, wie die Meteorologen später feststellen werden. Die Bretter und Balken ihres kleinen roten Holzhauses knarzen, während Eva die letzten Geschenke verpackt. Normalerweise müsste sie um diese Jahreszeit zwei oder drei Lagen dicker Klamotten tragen, weil die betagte Heizung nicht mehr gegen die Temperaturen ankommt, die hier oben auf den Inseln am Rande der Arktis gerne mal Tiefkühlfachniveau erreichen. Doch in diesem Jahr genügen ein Pulli und ein Paar warme Puschen, denn der Winter 2015 ist ungewöhnlich mild. Die Jahresmitteltemperaturen sind hier oben in den vergangenen fünfunddreißig Jahren um knapp drei Grad gestiegen, und in diesen Tagen schwankt das Thermometer gerade mal um den Gefrierpunkt.

Als Eva in die Küche geht, um Tee aufzusetzen, spürt sie, wie das Haus plötzlich unter ihren Füßen vibriert. Sie glaubt zunächst an ein Erdbeben. Das wäre in dieser Gegend seltsam genug, doch als sie einen Blick aus dem Küchenfenster wirft, sieht sie, was sich draußen abspielt: Eine riesige Schneewand rast auf das Dorf zu. Einige Nachbarhäuser sind bereits zertrümmert oder unter den weißen Massen begraben worden. Bevor sie sich in Sicherheit bringen kann, erfasst die Lawine auch Evas Haus. Sie wird zu Boden geschleudert, während um sie herum Töpfe, Pfannen und Geschirr aus den Schränken schießen, Glas bricht und der Schnee durchs Fenster dringt.

So schnell, wie der Spuk begonnen hat, ist er wieder vorbei. Eva ist mit dem Schrecken davongekommen. Ihr Haus ist von einem letzten, schwachen Ausläufer der Lawine mitgerissen und gegen ein anderes Haus geschoben worden. Nur wenige haben solches Glück gehabt. Die Siedlung im Osten von Longyearbyen, in der Eva wohnt, liegt in Trümmern. Rund 170 Menschen können nicht in ihre Häuser zurück. Viele Nachbarn sind verletzt. Ein Mann und ein Kind tot.

Eva Grøndal und die anderen Bewohner der Siedlung werden in Notunterkünfte gebracht – aus denen sie allerdings schon wenige Monate später wieder flüchten müssen, als das Areal von einer Schlammlawine überspült wird.

Und das Chaoswetter lässt die Spitzbergener nicht zur Ruhe kommen. Der Ausnahmezustand wird zur Gewohnheit, die Region stellt neue Rekorde in Sachen Wärme und Niederschlagsmenge auf.

Ein Jahr nach der Zerstörung von Evas Siedlung, im Winter 2016, regnet es auf der Insel, statt zu schneien (das ist in Nordpolkreisen zu der Jahreszeit nicht vorgesehen) – eine außergewöhnlich milde Luftströmung bringt feuchte Warmluft aus der Karibik in die Polarregion, wo sie als Regen herunterkommt. Es schüttet so heftig, dass in Longyearbyen einige Straßen gesperrt und etliche Bewohner wegen Überschwemmungsgefahr evakuiert werden. Ein paar Monate darauf, im Februar 2017, geht dann erneut eine Lawine ab, die mehrere Häuser und Wohnungen unter ihren Schneemassen begräbt. Diesmal stirbt zum Glück niemand. Und wenige Tage später müssen wieder alle Bewohner der Stadt ihre Bleibe räumen, weil eine neue Lawine droht.

Schuld an den katastrophalen Zuständen, da sind sich lokale Klimaexperten und Bewohner einig: die globale Erwärmung. 2016 war bis dato das wärmste Jahr seit Beginn der Messungen 1889 – es war fast sieben Grad wärmer als normal, und am nicht weit entfernten Nordpol wurden im November sogar lauschige null Grad registriert – zwanzig Grad mehr als üblich.

Das gab's noch nie.

Inzwischen tauen sogar die Permafrostböden, auf denen Orte wie Longyearbyen gebaut sind. Schon bald könnten Teile von Spitzbergen für immer unbewohnbar sein, wenn die Wetterbedingungen sich noch weiter verschlechtern und die aufgeweichten Böden Infrastruktur und Gebäude bedrohen.

Das Klima wandelt sich so rasant und nachhaltig, dass sogar der *Svalbard Global Seed Vault* bedroht ist. Der unterirdische Bunker in der Nähe von Longyearbyen – übrigens auch »Doomsday Vault« genannt – ist der Saatguttresor der Welt. Sollte mit der Flora wegen Naturkatastrophen oder Kriegen mal etwas schiefgehen, sind hier Pflanzensamen aus allen Erdteilen eingelagert, auf die die Menschheit zurückgreifen kann. Die botanische Arche ist für den schlanken Preis von 45 Millionen US-Dollar hier errichtet worden, weil man das ewige Eis für einen besonders sicheren, unverwüstlichen Ort hielt. Nun aber scheint es mit der Ewigkeit vorbei zu sein: Wegen der großen Hitze lief im Oktober 2016 erstmals ein Zugangstunnel mit Wasser voll. Um die Back-up-Samenbank vor dem Klimawandel zu sichern, braucht es inzwischen Schutzwände und Entwässerungsgräben – eigentlich nicht im Sinne des Erfinders.

Es gäbe noch viele solcher Geschichten aus dem hohen Norden zu erzählen. Denn nicht nur auf Spitzbergen, sondern rund um die Arktis hat das Wetter eine Macke. Bestätigen kann das beispielsweise Matilda Hardy, die der indianischen Gemeinde von Shaktoolik, Alaska, vorsteht und die mit den anderen Einwohnern erbittert darum kämpft, dass ihre Stadt nicht vom Schmelzwasser, das die Flüsse in reißende Ströme verwandelt und den Meeresspiegel steigen lässt, beim nächsten Sturm oder Starkregen von der Landkarte gespült wird. Oder die rund 47 000 Inuit, die noch immer in Grönland leben und denen die Lebensgrundlage buchstäblich unter den Füßen wegschmilzt. Auf lange Sicht, da sind sich Forscher und Einheimische einig, werden viele Menschen hier oben ihre angestammten Gebiete verlassen müssen.

Die große Schmelze hat allerdings auch Folgen für den Rest der Welt. Denn was hier oben verschwindet, schwappt weiter südlich in flüssiger Form wieder an Land.

25° 47′ N, 80° 13′ W
MIAMI, FLORIDA
DIE PERFEKTE FLUTWELLE

Mit dem Labradorstrom wälzt sich das kalte Süßwasser, das dem schmelzenden Eis in der Arktis und Grönland entspringt, zum Großteil entlang der kanadischen Küste nach Süden. Ihm kommt an der Neufundlandbank der Golfstrom entgegen, die Wärmepumpe, die für das Wetter in Nordamerika und Europa bestimmend ist. Der Golfstrom, den der Austausch von warmen und kalten Wasserschichten in Gang hält, wird durch das kalte Süßwasser gehemmt, sodass er sich in den vergangenen 100 Jahren nach Erkenntnissen des Potsdam-Instituts für Klimafolgenforschung (PIK) bereits verlangsamt hat – es wäre also nicht gut, sollte sich dieser Trend verstärken, denn das könnte das Wetter auf beiden Seiten des großen Teichs gehörig durcheinanderbringen. Noch allerdings fließt der größte Teil des geschmolzenen Eises mit dem Labradorstrom weiter an der amerikanischen Ostküste entlang bis hinunter nach Florida, gemeinhin auch Sunshine State genannt. Besonders angetan hat es ihm dort Miami, die Stadt des Art déco, von Sonny Crockett und Ricardo Tubbs und das Jagdrevier von Dexter Morgan. Das Schmelzwasser lässt hier wie an vielen anderen Orten auf der Welt den Meeresspiegel deutlich ansteigen. Und so bekommt Jessica Benitez neuerdings beim Einkaufen immer wieder nasse Füße.

Oktober 2016. Ein sonniger Tag mit strahlend blauem Himmel. Jessica stammt aus Venezuela und ist vor gut zwei Monaten in ein Apartment in Miami Shores gezogen, einer Gemeinde an der Biscayne Bay, direkt gegenüber von Miami Beach. Als sie vom Supermarkt nach Hause kommt, staunt Jessica nicht schlecht: Ihre gesamte Straße ist überspült. Die Nachbarn stehen in Gummistiefeln vor ihren Häusern.

Jessica ist geschockt. Niemand hat ihr gesagt, dass sich ihr neues Heim in einem Hochwassergebiet befindet. Als sie in der Nachbarschaft nachbohrt, erfährt sie aber, dass das wohl schon eine ganze Weile so geht: Erreicht die Flut einen hohen Stand, drückt das Meerwasser von unten durch den löchrigen Kalksteinboden, auf dem ihre Gemeinde gebaut ist. Was früher nur selten vorkam, ist nun schöne Regelmäßigkeit – und das, wo es doch neuerdings Fälle von Zikafieber in Miami gibt und die Larven der

Mücken, die das Virus übertragen, in stehendem Wasser besonders gut gedeihen.

»Sunny Day Flooding« nennen es die Amerikaner, wenn auch unter blauem Himmel ganze Straßenzüge unter Wasser stehen. Ganz neu ist die Schönwetterflut nicht. Allerdings erwischt es jetzt immer öfter ganze Stadtteile, auch solche, die früher nicht betroffen waren.

In Miami zeigen lokale Wissenschaftler auf, dass die Stadt früher rund sechs solcher Ereignisse im Jahr erlebt hat. Bis 2045, so schätzen sie nun, kann eine Überflutung bis zu 380-mal im Jahr auftreten – das wäre dann in einigen Teilen der Stadt gleich zweimal an einem Tag.

Das Dumme: Schutzmaßnahmen wird es so schnell nicht geben. Zumindest nicht in Miami Shores, wo überwiegend Menschen mit niedrigen und mittleren Einkommen leben, die politisch keinen nennenswerten Einfluss haben. Zudem traut sich niemand, wegen der Flut öffentlich Großalarm zu schlagen. Alle haben Angst, dass der Wert ihrer Immobilien und Grundstücke ins Bodenlose fallen könnte. Dass das Hausbesitzern im Zweifelsfall droht, hat man ja drüben auf der anderen Seite der Biscayne Bay sehen können: Die ganze Stadt spricht über die Luxusimmobilien in Miami Beach, die bald weniger wert sein könnten als ein pappiger Burger von McDonald's. Die Stadt tut alles, um das für die Reichsten zu verhindern – geplant sind aufwendige Drainage- und Pumpensysteme, Uferdämme und Straßenarbeiten für rund 400 Millionen Dollar. Denkmalschützer haben auch eine Idee, wie man die legendären Bauten der Stadt schützen könnte – indem man sie anhebt und aufbockt. Das kostet, funktioniert aber im Straßenbau schon prima: Die Stadt legt ganze Straßenzüge höher, um den Verkehr in Miami Beach vor dem Wasser zu schützen. Wobei klar ist, dass auch das nicht ewig halten wird, wenn immer mehr Eis oben bei Eva Grøndal den Bach runtergeht.

Einer Studie der US-Regierung zufolge ist Miami eine der Städte, die am stärksten vom Klimawandel bedroht sind. Bis 2060, so wird geschätzt, wird das Wasser dort um 60 Zentimeter steigen, bis 2100 um 1,20 Meter – ganz und gar keine rosigen Aussichten für die in zarten Pastelltönen gehaltenen Art-déco-Hotels, denn Miami Beach liegt nur 1,22 Meter über dem Meeresspiegel. Schon jetzt bedroht das salzige Meerwasser das Grundwasser. Miami Beach und andere Teile Floridas könnten dann trotz zu vielen Wassers ein echtes Trinkwasserproblem bekommen. Der Bürgermeister von Miami Beach, Philip Levine, sagt: »Die Zukunft von Miami Beach und anderen Küstenstädten ist unsicher.«

Wer halbwegs helle im Kopf ist, verkauft deshalb. Und zwar jetzt, nicht später.

Der steigende Meeresspiegel betrifft die gesamte amerikanische Ostküste. Von Boston über Charleston bis nach Key West – der Klimawandel macht sie alle nass.

Eines der Hauptkrisengebiete ist die Chesapeake Bay, die größte Flussmündung der Vereinigten Staaten. Dort ist der Wasserstand seit 1927 um vierzig Zentimeter gestiegen, also gut um das Doppelte des globalen Durchschnitts. An der Bay liegen Millionenstädte wie Washington, D.C., Norfolk oder Annapolis und Baltimore, wo es schon heute teilweise über 40 Fluttage pro Jahr gibt – mitunter zehnmal so viele wie vor vierzig Jahren.

Allein in den USA sind so schon heute einige Millionen Menschen vom steigenden Meeresspiegel betroffen. Weltweit sind es noch mehr, denn über eine Milliarde Menschen leben in Küstenregionen.

Der steigende Meeresspiegel und Überflutungen sind aber nicht das Einzige, was die amerikanischen Ostküstenbewohner fürchten. Durch die globale Erwärmung braut sich draußen über dem Atlantik ein Wetter zusammen, das die Menschen bis runter in die Karibik in Angst und Schrecken versetzt.

18° 38′ N, 74° 07′ W
JÉRÉMIE, HAITI
DIE STURMMASCHINE

An einem Dienstag im Oktober 2016 schreckt die achtjährige Loudina in den frühen Morgenstunden aus dem Schlaf hoch. Nacheinander werden nun auch ihre sechs Geschwister wach, die sich zuvor unruhig im Schlaf gewälzt haben. Das einfach gebaute Haus knirscht und knarzt unter einem wütenden Sturm; der Wind dröhnt so laut, als würde hinter der dünnen Wand ein Jumbojet vollen Saft auf die Turbinen geben. Loudina versucht, ihre Geschwister zu beruhigen, und will ihre Mutter holen – doch da bricht plötzlich das Haus über ihnen zusammen und begräbt sie unter den Trümmern.

Weiter östlich, in Croix-des-Bouquets, einem Vorort der Hauptstadt Port-au-Prince, wacht auch die zehnjährige Rosemika auf. Der Sturm rüttelt an der Tür und lässt den Regen wie aus Eimern gegen die Fenster klatschen. Von draußen hört Rosemika die panischen Rufe der Nachbarn: »Wasser! Überall Wasser!« Das Mädchen springt auf und eilt zur Tür. Draußen sieht es aus, als ob die Sintflut da wäre. Eigentlich müsste es langsam hell werden, doch der Himmel ist pechschwarz, die Straßen sind vom Wasser überspült.

Bereits seit Tagen wird auf Haiti vor einem tropischen Sturm gewarnt, der sich zu einem Hurrikan der höchsten Kategorie auswachsen kann. Hurrikane werden in eine Kategorienskala eingeteilt, die vom tropischen Sturm, der mit einem Orkan, also Windstärke zwölf, vergleichbar ist, bis zur Kategorie fünf für Stürme mit über 250 Stundenkilometern und Flutwellen von über fünf Metern reicht. Doch die Warnung hat keiner so richtig ernst genommen, sogar Fischerboote sind trotz des aufziehenden Tropensturms in See gestochen. Der Inselstaat, der an die Dominikanische Republik grenzt – die nicht nur wir Deutschen wegen der All-inclusive-Angebote, der frischen Tropenfrüchte und der Bilderbuchstrände so gerne anfliegen –, gehört zu den ärmsten Ländern der westlichen Hemisphäre. Viele Menschen hier sind den Naturgewalten schutzlos ausgeliefert, da die meisten Häuser bautechnisch gesehen auf einem schlechteren Stand sind als eine hiesige Gartenlaube – und weil Haiti eine lange Küste hat, an der alle größeren Städte liegen. Deshalb warnt man lieber etwas öfter, auch wenn es am Ende nur regnet. Und deshalb sind nun auch alle überrascht, dass es doch so dicke kommt wie angekündigt.

Rosemika schnappt sich ihre Brüder und Schwestern, und gemeinsam mit ihren Eltern fliehen sie auf höher gelegenen Grund. Um sie herum werden Dächer abgedeckt, Palmen zerbrechen wie Streichhölzer, und der Wind macht viele Behausungen dem Erdboden gleich.

Während sich Rosemika und ihre Familie schließlich in eine Schule, eins der wenigen Gebäude aus Stahl und Beton, retten können, kämpft Anite Figaro wie viele andere noch ums Überleben. Sie wohnt in dem abgelegenen Bergdorf Cabi und ist mit den anderen Einwohnern auf der Flucht durch die Dunkelheit. Dreck, Äste, ganze

Bäume und Trümmerteile aus dem Tal fliegen um sie herum, und der Wind ist so stark, dass sie sich schließlich auf den Boden legen müssen, um nicht fortgerissen zu werden. Kriechend schaffen sie es zu einer Höhle, wo sie warten, bis sich der Sturm ein wenig gelegt hat.

In Jérémie liegen Loudina und ihre Geschwister noch immer unter den Trümmern. Sie schreien ununterbrochen um Hilfe, viele Stunden lang. Erst nach einer Ewigkeit, als das Auge des Hurrikans über Haiti hinweggezogen ist, dringen die Helfer zu ihnen vor. Sie befreien Loudina und ihre Geschwister. Doch ihre Mutter ist tot – sie ist eine von eintausend Haitianern, die den Sturm nicht überleben.

Hurrikan Matthew, der stärkste tropische Sturm seit über fünfzig Jahren, hat Haiti an diesem 4. Oktober 2016 mit Windgeschwindigkeiten von bis zu 230 Stundenkilometern getroffen. Rund 175 000 Menschen verlieren ihr Obdach, und der Sturm macht ganze Städte wie Jérémie dem Erdboden gleich. 80 Prozent der Ernte sind vernichtet, die Lebensmittel werden knapp, und durch verschmutztes Wasser droht sich die Cholera auszubreiten.

Matthew indes zieht mit nur wenig verminderter Gewalt weiter über die Bahamas und an der amerikanischen Ostküste entlang bis hoch nach Virginia. Er bringt extreme Regenfälle, sorgt für Überflutungen und hinterlässt schwere Schäden. Auf dem Festland müssen elf Millionen Amerikaner in Sicherheit gebracht werden. Insgesamt sterben im Verlauf des Sturms 1655 Menschen.

Was sich da in der Hurrikansaison 2016 über diesem Teil des Atlantiks zusammengebraut hat, würde einem Roland-Emmerich- oder Wolfgang-Petersen-Film zum Vorbild gereichen. Schon im Januar war es mit einem kleineren Hurrikan über den Bermudas sehr früh losgegangen.

Anfang August zischte dann Earl mit 140 Stundenkilometern von Puerto Rico durch die Karibik, am Ende des Monats gefolgt von Hermine, die vorbei an der Dominikanischen Republik, Kuba, den Bahamas und der US-Ostküste raste – wie ihr Vorgänger ein Hurrikan der Kategorie eins, der es in der Spitze aber auch schon auf ordentliche 130 Stundenkilometer gebracht hat. Nach etlichen kleineren Stürmen rollte Anfang Oktober die Kategorie-fünf-Urgewalt Matthew an. Und direkt in seinem Windschatten nur wenige Tage später Nicole, als Hurrikan der Kategorie vier mit Windgeschwindigkeiten über zweihundert Stundenkilometern auch nicht ohne. Den Abschluss bildete dann Otto, ein Kategorie-zwei-Wirbelsturm, ebenfalls knapp zweihundert Kilometer die Stunde stark, der Ende November weiter südlich Panama, Nicaragua, Costa Rica und Kolumbien zu schaffen machte.

So turbulent ging es seit 2012 nicht mehr zu, als Hurrikan Sandy (ein Sturm der Kategorie drei, der zeitweise 185 Stundenkilometer erreichte) unter anderem New York City mit voller Wucht traf und unter Wasser setzte – und es sind seit 2005 nicht mehr so viele Menschen wegen eines tropischen Wirbelsturms ums Leben gekommen. Damals machte Hurrikan Katrina New Orleans platt.

Das Monsterduo Matthew und Nicole legte eine Premiere hin: Nie zuvor in der 165 Jahre dauernden Geschichte der Hurrikanbeobachtung wurden im Oktober zwei Stürme von solchem Kaliber verzeichnet. Zudem hatte sich Matthew innerhalb von nur vier Tagen von einem tropischen Sturmtief zu einem Hurrikan der stärksten Kategorie entwickelt – so schnell war vor ihm noch keiner gewesen.

Wetterexperten beobachten schon seit den Achtzigerjahren des vergangenen Jahrhunderts, dass die Stürme einen Gang zugelegt haben. Und den Verursacher haben sie ebenfalls ausgemacht: die globale Erwärmung.

»Ob tropische Stürme, wie Hurrikane und Taifune, an sich häufiger werden, wissen wir nicht«, erklärt der Klimaforscher Anders Levermann vom Potsdam-Institut für Klimafolgenforschung. »Aber wenn ein solcher Sturm entsteht, wird er stärker, weil die globale Erwärmung mehr Energie für den Sturm zur Verfügung stellt.« Stimmt, meint auch der Weltklimarat in seinem Bericht von 2013: Im Atlantik bilden sich zwar nicht unbedingt mehr Hurrikane, doch die besonders schlimmen sind noch schlimmer geworden.

Faustregel für Hurrikane: Über warmem Wasser wird ein Hurrikan stärker, kaltes schwächt ihn ab. Bewegt er sich langsam, kann sein Sog kaltes Wasser aus der Tiefe des Ozeans hinaufbefördern, das ihm dann ebenfalls den Garaus macht. Spätestens wenn er auf Land trifft, geht ihm üblicherweise irgendwann die Puste aus.

Matthew und Nicole hat das alles nichts anhaben können – weder die Inseln, über die sie hinwegzogen, noch die nördlichere Zugbahn, die Nicole über dem Atlantik einschlug, wo sie eigentlich auf kälteres Wasser hätte treffen müssen. Der Treibstoff für die beiden Sturmraketen war die Karibik. Das Wasser dort war zwei Grad wärmer als zu dieser Jahreszeit üblich.

Wenig verwunderlich. Denn nicht nur die Atmosphäre erwärmt sich – auch die Meere. Etwa 80 Prozent der globalen Erwärmung zwischen 1955 und 1996 sind in den Ozeanen gelandet. Das entspricht laut der amerikanischen NOAA (National Oceanic and Atmospheric Administration) der Energie von 100 Millionen Atombomben vom Typ Hiroshima, 10 Millionen Gewittern oder 1000 Billionen Fässern Öl – mehr, als es nach derzeitigem

Stand auf der Erde gibt. Wäre diese Energie nicht von den Ozeanen aufgenommen worden, hätten sich die untersten 10 Kilometer der Atmosphäre bereits um etwa 22 Grad Celsius aufgeheizt.

Die Temperatur in den Ozeanen ist im Zeitraum von 1971 bis 2010 in den oberen 75 Metern um vergleichsweise harmlose 0,11 Grad Celsius pro Jahrzehnt gestiegen. Doch auch diese Erwärmung hat Konsequenzen.

Erstens dehnt sich warmes Wasser bekanntlich aus, was den Meeresspiegel zusätzlich zum schmelzenden Eis erhöht.

Zweitens wird durch die wärmere Meeresoberfläche alles heftiger: Hurrikane der Kategorien vier und fünf gewinnen beispielsweise durch das Warmwasser schneller an Kraft, werden generell intensiver. Durch den ohnehin schon gestiegenen Meeresspiegel werden auch die Wellen höher, die von den Stürmen vorangetrieben werden und an Land für schwere Überschwemmungen sorgen.

Der Weltklimarat vermutet daher: Matthew war ein Trendsetter. Möglicherweise werden die Hurrikane bis zum Ende des Jahrhunderts an Heftigkeit zunehmen – nach den aktuellen Modellen von zwei bis elf Prozent – und damit um ein Vielfaches an Zerstörungskraft gewinnen. Einen Vorgeschmack lieferten die Hurrikansaisons 2017 und 2018, deren Monsterstürme neue Rekorde aufstellten.

Vor allem bringen die Hurrikane künftig mehr Regen mit sich. Regen ist zwar auf der einen Seite eine recht schöne Sache für Mensch und Natur – zumindest solange er sich im Rahmen hält. Wenn sich aber durch die Erwärmung der Atmosphäre die Ozeane aufheizen, verdunstet auch mehr Wasser. Und dann kommt es zu extremen Regengüssen. Und die können es wirklich in sich haben.

12° 19′ S, 76° 49′ O
PUNTA HERMOSA, PROVINZ LIMA, PERU
BETTER CALL SAÚL LUCIANO

Das Video geht im März 2017 um die Welt: Eine Frau klettert mit letzter Kraft über einen Trümmerhaufen aus Brettern, Ziegeln und Ästen und entsteigt den bräunlichen Fluten, die in Punta Hermosa Autos und ganze Häuser mit sich gerissen und die Landschaft umgepflügt haben. Die Frau ist Evangelina Chamorro Díaz. Von oben bis unten mit schlammiger Brühe bedeckt, ist sie gerade so eben mit dem Leben davongekommen. In der Nähe steht im Geröll eine mit Matsch bedeckte Kuh und versucht ebenfalls dem Tohuwabohu zu entkommen.

In Peru hat es seit Januar immer wieder wie aus Kübeln gegossen. Ein paar Tage vor der wundersamen Rettung von Evangelina gab es die stärksten Niederschläge seit achtzehn Jahren; in einigen Orten fallen in wenigen Stunden 192 Liter Wasser pro Quadratmeter vom Himmel. Zum Vergleich: Der Deutsche Wetterdienst spricht eine Unwetterwarnung schon dann aus, wenn mehr als 35 Liter innerhalb von sechs Stunden herunterpladdern.

An diesem Tag nun wollen Evangelina und ihr Mann Armando gerade die Schweine füttern. Sie besitzen eine kleine Farm in Punta Hermosa im Süden der peruanischen Hauptstadt Lima. Plötzlich hören sie einen ohrenbetäubenden Krach. Als sie nach draußen rennen, ist es schon zu spät: Ein *huaico*, eine Schlammlawine, rast aus den Bergen auf sie zu. Und was für eine. Der Wirbel aus hellbrauner Brühe reißt alles mit sich: Holzstücke, Trümmerteile, Müll und Tiere.

Evangelina und Armando klammern sich in letzter Sekunde an einen Pfahl, bevor sie zusehen müssen, wie ihre

Schweine, ihre Farm, ihr ganzes Hab und Gut von der Flut fortgespült wird.

Und dann gibt der Pfahl nach.

Evangelina wird unter Wasser gezogen. Latten, Steine, Äste treffen sie am ganzen Körper. Sie kann sich immer nur kurz oben halten; der Schlamm drückt sie runter. Ihr Mund füllt sich mit der Brühe. Sie kann nicht mehr atmen.

Irgendwann gelingt es ihr, sich an einem Berg von angeschwemmten Trümmern festzuklammern und mühsam über das Treibgut aus den Fluten zu klettern. Umstehende helfen ihr, einer filmt Evangelinas Rettung.

Aber wo ist Armando? Evangelina muss lange drei Stunden warten, bis sie Gewissheit hat: Ihr Mann lebt. Helfer haben ihn weiter oben aus der Schlammlawine gefischt.

So viel Glück hat nicht jeder. Bei den sintflutartigen Regenfällen sterben in Peru neunzig Menschen, 350 sind verletzt.

Schuld ist ein *Niño costero,* ein »Küsten-El-Niño«. Anders als bei seinem großen Bruder, dem »El Niño«, kündigt sich dieses regionale Wetterphänomen nicht lange an. Ob es vom Klimawandel verursacht wird, ist noch nicht schlussendlich geklärt, aber das durch die Erderwärmung aufgeheizte Meerwasser scheint solche Phänomene zumindest zu verstärken.

Vor der Küste von Peru war das Wasser vor den Regenfällen um rund 5,5 Grad Celsius wärmer als üblich, an manchen Stellen sogar um 10 Grad – dadurch verdunstete viel mehr Flüssigkeit als sonst, und es konnte sich eine verheerende Regenfront bilden, die Flüsse anschwellen ließ und Sturzfluten in den Bergen auslöste.

Das funktioniert übrigens überall auf der Welt so – laut Weltklimarat haben besonders ohnehin schon feuchte

Gebiete durch die gestiegene Verdunstung mit Extremniederschlägen zu kämpfen, die großes Unheil anrichten können.

Schadensbilanz in Peru: Insgesamt sind 164 000 Häuser beschädigt, 29 000 komplett zerstört, und fast eine Dreiviertelmillion Menschen ist von den Verwüstungen betroffen.

Falls sich herausstellt, dass der Küstensturm nachweislich vom Klimawandel herrührt, sollten sich die Geschädigten vielleicht mit jemandem zusammentun, der sich die Zeit nimmt, um die Verursacher vor Gericht zu bringen.

Jemand wie Saúl Luciano Lliuya.

Der Kleinbauer und Bergführer wohnt 450 Kilometer weiter nördlich mit seiner Familie in Huaraz, einem Tal im Hochgebirge von Peru, und hat die Folgen des Klimawandels direkt vor der Nase: Oberhalb seines Wohnsitzes thront ein mächtiger Gletscher, der Palcacocha. Und der schmilzt, wie es eben fast alle Gletscher auf der Welt tun. Das Schmelzwasser läuft in einen See, der seit 2003 um das Vierfache angewachsen ist. Nun wächst der Druck auf den maroden Staudamm. 2003 kam es bereits zu einer leichten Überspülung ohne schwerwiegende Folgen, aber wenn der Damm bricht, rechnen die Behörden mit einer dreißig Meter hohen Flutwelle, die Huaraz, wo etwa 120 000 Menschen wohnen, vom Erdboden spülen wird. Viele von ihnen könnten sterben.

Der Klimawandel ist für das sich anbahnende Desaster verantwortlich. Und für den sind wiederum jene verantwortlich, die massenhaft CO_2 in die Luft pusten – wie zum Beispiel der deutsche Stromerzeuger RWE mit seinen Kohlekraftwerken. Meint zumindest Saúl.

Er hat sich mit der NGO Germanwatch zusammengetan, um den Energieriesen zu verklagen und Schadensersatz wegen der Umweltversauung zu fordern. Genauer gesagt: Er hat RWE vorgerechnet, dass sie, die für 0,47 Prozent aller CO_2-Emissionen weltweit verantwortlich sind, sich in dieser Höhe auch an den Baumaßnahmen beteiligen müssen, die nötig sind, um den Damm zu sichern. Bei geschätzten Kosten von 3,5 Millionen Euro wären das 17 000 Euro – für einen Großkonzern wie RWE ein Klacks.

Doch das Urteil könnte wegweisend sein, und vermutlich hat das zuständige Essener Landgericht die Klage deshalb auch erst einmal abgewiesen. Saúl und Germanwatch sind in Berufung gegangen, 2017 stellte das Oberlandesgericht in Hamm fest, dass Klimaschäden eine Unternehmungshaftung begründen können und dass die Klage rechtlich schlüssig ist.

Egal, wie es ausgeht: Saúl hat schon jetzt Geschichte geschrieben. Er ist der erste Privatmensch, der eine Firma verknacken will, weil sie das Klima und damit seine Lebenswelt zerstört.

Inzwischen sind weitere Kläger dem Beispiel gefolgt und ziehen gegen die USA, die EU und die Bundesregierung vor Gericht.

Und während Saúl noch hofft, dass sein Fleckchen Erde zu retten ist, ist es etwa 9200 Kilometer weiter westlich im Pazifik für viele Menschen schon zu spät. Ihre Heimat geht gerade baden.

1° 25′ N, 173° 2′ O
TARAWA, KIRIBATI, PAZIFIK
PARADISE LOST

Wie würdest du es finden, wenn du irgendwo Asyl beantragst und man dich auf eine Südseeinsel abschiebt – so richtig mit weißem Sand, türkisblauen Wellen, Palmen und malerischen Sonnenuntergängen? Vermutlich gut. Außer das Eiland ist kurz vor dem Absaufen. Wie sich das anfühlt, weiß Ioane Teitiota – der Mann, der beinahe der erste offiziell anerkannte Klimaflüchtling der Welt geworden wäre.

Herr Teitiota ist Anfang vierzig, und er lebt heute mit seiner Frau und den drei Kindern in einer einfach gemauerten Hütte mit Wellblechdach auf Tarawa, dem Hauptatoll der Republik Kiribati. Das Südseeparadies besteht aus mehreren Dutzend Inseln auf halbem Weg zwischen Hawaii und Australien. Die meisten der einzelnen Inseln ragen nicht mehr als zwei Meter aus dem Meer, und der Meeresspiegel – der sich nicht überall gleich stark erhöht – steigt hier nicht wie im Weltdurchschnitt bis zu 3,2 Millimeter pro Jahr, sondern um mehr als einen Zentimeter, also ungefähr dreimal so schnell. Zwei unbewohnte Inseln von Kiribati sind bereits versunken. 2001 beantragte der Präsident Tuvalus – das als Inselstaat ebenso bedroht ist wie Kiribati – schon einmal für die 11 000 Bewohner der Atolle Asyl in Neuseeland. Kiribati – das rund 102 000 Einwohner zählt – hingegen kaufte lieber Land auf Fidschi, um seine Bürger zu evakuieren.

Die Umsiedlung würde dauern, das wusste Ioane Teitiota. Und so suchte er einen anderen Weg. Mitsamt seiner Familie zog er nach Neuseeland und kämpfte nach dem Ablaufen seiner Arbeitsgenehmigung dort vier Jahre darum, als Klimaflüchtling anerkannt zu werden – als erster Mensch auf der Welt. Ohne ihn gäbe es dieses Wort nicht, und dafür nannte ihn das amerikanische Magazin *Foreign Policy* einen der hundert wichtigsten globalen Denker. »Mir geht es genauso wie den Menschen, die aus Kriegsgebieten fliehen«, erklärte Herr Teitiota einmal der britischen *BBC*. »Sie haben Angst zu sterben. Und das habe ich auch.«

Ein ziemlich nachvollziehbarer Beweggrund, um die Beine in die Hand zu nehmen. Die Gerichte in Neuseeland sahen das jedoch anders. Sie lehnten Ioane Teitiotas Gesuch ab und deportierten ihn im September 2015 samt Frau und Kindern zurück in die absaufende Heimat.

Die Erklärung des Gerichts: Kiribati sei zwar klimagefährdet, die Gefahr aber nicht akut und Herr Teitiota und seine Sippe außerdem keine Flüchtlinge im Sinne der Genfer Flüchtlingskonvention. Der zufolge gilt als Flüchtling nämlich nur, wer aufgrund seiner Rasse, Religion, Nationalität, Zugehörigkeit zu einer bestimmten sozialen Gruppe oder wegen seiner politischen Überzeugung verfolgt wird. Das Regelwerk ist nach dem Zweiten Weltkrieg entstanden, und da dachte eben niemand – abgesehen von ein paar Forschern – an den Klimawandel. Menschen, die vor den Einflüssen der Natur fliehen, kommen deshalb als Flüchtende nicht vor. Sie werden einfach behandelt wie Menschen, die ihr Visum überzogen haben. »Dabei wollten wir nur, dass unsere Kinder ein besseres Leben haben«, sagt Ioanes Frau Angua Erika.

Der Urteilsspruch der Richter, die am Abend zu ihrer Familie in ein hübsches neuseeländisches Häuschen fahren, erkennt zwar alles an, was Herrn Teitiota passiert, schickt ihn aber dennoch zurück: »Bei Hochwasser und durch Springfluten dringt gelegentlich Meerwasser in die

Häuser an der Küste. Das Salzwasser hat einige Kokospalmen beschädigt und Getreideernten vernichtet sowie Trinkwasserbrunnen verunreinigt. Aber das Gericht stellt fest, dass für Herrn Teitiota und seine Familie ein ausreichendes Angebot an Nahrung und Wasser besteht, wenn sie nach Kiribati zurückkehren.«

Für dieses Urteil kann es nur einen Grund geben – oder eher 143 Millionen. Denn so viele Menschen könnten nach einem Bericht der Weltbank bis Mitte des Jahrhunderts vor dem steigenden Meeresspiegel, Dürren, Missernten und Sturmfluten auf der Flucht sein.

Vermutlich fürchteten sich die neuseeländischen Richter also wie im Fall von Saúl Luciano Lliuya davor, einen Präzedenzfall zu schaffen. Denn viele Inseln im Pazifik sind vom Untergang bedroht, wie die Marshallinseln, Tuvalu, Tonga, die Cookinseln – oder die Salomonen, von wo 2008 erste Bewohner nach Papua-Neuguinea umgesiedelt wurden und 2016 die ersten unbewohnten Inseln komplett im Meer versanken, was zeigt, dass das Problem kein Hirngespinst ist. Durch ihre Nähe zu den gefährdeten Inseln würden Australien oder Neuseeland die Flüchtlingsströme wohl als Erste zu spüren bekommen.

Und das könnte schon bald so sein.

Tarawa und ähnliche Inseln dürften schon unbewohnbar werden, noch bevor der Ozean sie verschluckt.

Das Meerwasser nagt nämlich, wie die Richter schon feststellten, nicht nur an der Küste, spült über Plätze und quillt unter den Türen durch. Es dringt – wie in vielen anderen Küstenregionen – auch in den Boden und die große Süßwasserblase unter dem Atoll ein. Steigt der Meeresspiegel, versalzt das auch die Böden und das Trinkwasser und vernichtet Ernten. Dass die Einwohner auf den Kiribati-Inseln aus allem, was sie finden können,

Wälle gegen das Wasser bauen – aus Steinen, Treibholz, Müll, Sand und abgestorbenen Korallen –, wird die steigenden Fluten am Ende kaum abhalten.

Die Wettermaschine des Pazifiks sorgt für zusätzliches Ungemach. Sie produziert im südlichen Pazifik gerne mal einen Tropensturm wie den Zyklon Pam, der 2015 Windgeschwindigkeiten von bis zu 270 Stundenkilometern entwickelte und haushohe Wellen erzeugte. Er fegte erst über Kiribati hinweg, wo er noch mehr Salzwasser auf Felder und in die Süßwasserreservoirs spülte, und donnerte dann bis nach Vanuatu, wo er Menschenleben forderte und Zehntausende Bewohner obdachlos zurückließ. Pam war einer der gewaltigsten Wirbelstürme, die in diesem Teil des Pazifiks jemals gemessen wurden. Ob er das auch bleibt, ist ungewiss.

Ursache für die Heftigkeit des Sturms war nach Einschätzung der Klimaforscher auch hier wie beim *Niño costero* in Peru der erwärmte Ozean.

Allerdings bringt das warme Wasser für Atolle wie Kiribati noch ein anderes Problem mit sich.

Denn Atolle sind schmale Inseln, die aus Korallenriffen entstanden sind. Und diese schützen die Inseln noch heute vor Erosion. Doch der Pazifik hat sich erwärmt, und die Korallen – Organismen, deren winzige Polypen eine Lebensgemeinschaft mit einzelligen Algen eingehen – können nur in einem schmalen Temperaturfenster existieren. Wird es zu warm, produzieren die Algen statt Nahrung für ihren Polypen eine giftige Substanz – und der stößt sie ab. Zurück bleibt das, was in der Symbiose mit der Zeit entstanden ist: das Kalkskelett der Koralle. Es ist umso heller, je mehr Algen bereits abgestoßen worden sind, weshalb dieser Vorgang Korallenbleiche heißt. Wenn der Wärmestress anhält und sich keine neuen Algen ansiedeln, stirbt die Koralle – eine Katastrophe, denn die Korallenriffe sind nicht nur wunderschön, sondern auch Kinderstube der Meere und Küstenschutz.

Wenn die Korallen absterben, zerbröseln die Riffe. Die Fische – wichtige Nahrungsquelle für die Einwohner – verziehen sich, und ohne den natürlichen Küstenschutz steigt das Risiko von Erosion und Überflutungen stark an.

Trist und bleich sieht es mittlerweile auch am größten Korallenriff der Welt aus: dem Great Barrier Reef vor der Nordostküste Australiens, Weltnaturerbe der UNESCO und eine der berühmtesten Touristenattraktionen des fünften Kontinents. Die Korallenbleiche greift hier immer stärker um sich – und verwüstet die ehemals bunte und lebendige Unterwasserwelt. Das Klimaphänomen El Niño war auch daran schuld – denn es verscheuchte die Wolken und sorgte für eine starke Erwärmung des Meeres –, die Korallen sonderten die Algen ab. In einigen Regionen waren bis zu 80 Prozent der Korallen betroffen, und es wird Jahrzehnte dauern, bis sie sich wieder erholt haben. Wenn nichts dazwischenkommt.

Allerdings ist dies nur eines von vielen Klimaproblemen, mit denen Australien zu kämpfen hat: Das Land von Mick »Crocodile« Dundee ist gerade dabei, sich in einen gigantischen Grill zu verwandeln.

37° 48′ S, 144° 57′ O
MELBOURNE, AUSTRALIEN
WO DER HIMMEL BRENNT

Montag, 28. November 2016, 19:00 Uhr. Professor George Braitberg ahnt nicht, dass dieser Tag noch einiges in petto hat – denn er ist der Beginn einer Zeit, die als »Angry Summer« in die Geschichtsbücher eingeht.

Als Braitberg an diesem Abend in die Notaufnahme des Royal Melbourne Hospital kommt, um wie gewohnt den Dienst anzutreten, wähnt er sich mitten in einem Krisengebiet. Das Wartezimmer ist überfüllt mit Leuten, die sich an Asthma-Inhalatoren klammern, die keuchen, schwer atmen oder einfach matt in den Seilen hängen. An der Anmeldetheke hat sich eine Schlange gebildet, die bis raus auf die Straße reicht – überwiegend Erwachsene, aber auch Jugendliche und Kinder. Braitberg macht den Job in der Notaufnahme seit fünfunddreißig Jahren, aber so etwas hat er noch nie erlebt, wie er später in einem persönlichen Rückblick für die australische Zeitung *The Age* erzählen wird.

21:00 Uhr. Braitberg wird klar, dass er den Ansturm nicht mit dem vorhandenen Personal stemmen kann. Es sind so viele Menschen, dass er etwas unorthodox direkt im Wartezimmer ihre Vitalfunktionen überprüft, »wie am Fließband«, sagt er. Allein in der vergangenen Stunde sind 43 neue Patienten gekommen. Unter den Hilfesuchenden sind viele, die noch nie zuvor einen Asthmaanfall hatten. Vermutlich hat es mit dem Gewittersturm am Wochenende zu tun, der die Pollenbelastung in der Stadt verstärkt hat.

22:00 Uhr. Inzwischen ist das ganze Krankenhaus auf den Beinen. Oberärzte, Chefärzte, Ärzte von der Intensivstation, Schwestern und Pfleger und alle, die in ihren Abteilungen entbehrlich sind, helfen in der Notaufnahme. Lungenfachärzte der Klinik sind aus dem Bett geklingelt worden und auf dem Weg hierher.

00:00 Uhr. Auf den Fluren stehen lange Stuhlreihen, die Schwestern gehen auf und ab und verteilen Inhalatoren. Braitberg und sein Team sortieren die Patienten nach der Schwere ihres Falles, einige mit leichten Beschwerden können nach Hause geschickt werden, andere bekommen ein Asthma-Spray in die Hand gedrückt, schwere Fälle müssen an Beatmungsgeräte angeschlossen werden oder warten, bis eins frei wird. Und es ist kein Ende in Sicht, die Notärzte behandeln einen Patienten nach dem anderen.

02:00 Uhr. Die Lage beruhigt sich. Relativ gesehen. Inzwischen kommen nur noch zwanzig neue Patienten in der Stunde. Jemand muss die Bevorratung im Blick haben – aus anderen Kliniken und Praxen in der Nähe werden Respiratoren angefordert. Viele der Ärzte und Schwestern sind schon seit über zehn Stunden unermüdlich im Einsatz, müssen daran erinnert werden, zwischendurch Pausen einzulegen. Wenn es so weitergeht, werden sie noch mehr Personal anfordern müssen.

04:00 Uhr. Das Schlimmste ist vorüber. Braitberg und sein Team konnten den meisten Menschen helfen und sie wieder entlassen, einige müssen aber zur Beobachtung im Krankenhaus bleiben. Der Professor ist erschöpft, aber das Adrenalin rauscht noch durch seinen Körper.

07:00 Uhr. Als George Braitberg am frühen Morgen nach Hause geht, haben er und seine Leute in den vergangenen zwölf Stunden knapp dreihundert Menschen behandelt, von denen die meisten Atemwegsprobleme hatten. Das sind ungefähr dreimal so viele Notfallpatienten wie an einem gewöhnlichen Tag. Ein Gewittersturm hatte vermutlich Weidegraspollen zum Platzen gebracht und in so kleine Partikel zerstreut, dass sie tief in die Lungen der Menschen eindrangen, statt in den Nasenhaaren hängen zu bleiben. Grundsätzlich produzieren Pflanzen wegen der durch den Klimawandel gestiegenen Temperaturen und des erhöhten CO_2-Gehalts der Luft mehr Pollen.

An jenem Tag mussten im Stadtgebiet von Melbourne 8500 Menschen wegen des sogenannten »Thunderstorm Asthma« behandelt werden. Acht von ihnen starben.

Doch das ist, wie gesagt, erst der Anfang.

Schon einmal, 2012/2013, hatte es einen sogenannten »wütenden Sommer« gegeben. Doch was nun folgt, bricht in neunzig Tagen 205 Rekorde. Anfang 2017 erfasst eine Hitzewelle Australien, die vor allem im Südosten des Landes völlig neue Dimensionen erreicht: Sydney, Brisbane, Canberra erleben die heißesten Sommer seit Beginn der Wetteraufzeichnungen, genau wie der Bundesstaat Queensland. In Adelaide ist es mit 41,3 Grad Celsius am Weihnachtstag so heiß wie seit siebzig Jahren nicht mehr. Melbourne habe seit Beginn der Aufzeichnungen 1908 noch nie so viele Tage nacheinander mit mehr als 40 Grad erlebt, berichtete die nationale Meteorologiebehörde. Und in Moree stöhnen die Einwohner 54 Tage am Stück unter Temperaturen von über 35 Grad; auch da hat es so etwas noch nie gegeben. Bei den Australian Open müssen über 1000 Fans wegen Hitzebeschwerden behandelt werden. Im Bundesstaat New South Wales fallen die fledermausartigen Flughunde wegen der hohen Temperaturen tot von den Bäumen. Die heißen und trockenen Bedingungen sind auch der ideale Herd für Buschfeuer, von denen fast hundert gemeldet werden. Und auf der Giralia Station, einer Touristenranch im Nordwesten, brennt bei einem Feuertornado buchstäblich die Luft – in den gesamten betroffenen Gebieten waren zu jener Zeit bei Buschbränden bis zu 2500 Feuerwehrleute im Einsatz. Währenddessen kommt im Westen, in Perth und in der Region Kimberley, der Regen runter, als gäbe es kein Morgen: 192,8 Millimeter pro Quadratmeter regneten in Perth insgesamt herab – ebenfalls noch nie dagewesen –, und Kimberley erlebte den nassesten Dezember seiner Geschichte.

Auch George Braitberg hat während dieses »Angry Summer« alle Hände voll zu tun. Es kommen viele Patienten dehydriert oder mit Hitzschlägen in seine Notaufnahme, ebenso viele aber auch wieder mit Atemwegsproblemen.

Ganz überraschend ist das nicht – mit Asthma hat man in Australien so seine Erfahrung. Die Bevölkerung leidet vor allem an heißen Tagen darunter, besonders in den Städten, wenn die Hitze die mit Ozon, Auto- und Fabrikabgasen geschwängerte Luft noch zusätzlich verschlechtert. Die Rekordtemperaturen verschärfen die Lage. Die Regierung warnt nicht nur Allergiker davor, sich wegen der Asthmagefahr zu lange im Freien aufzuhalten – vor allem Kinder sollen wegen der hohen Ozonwerte lieber drinnen spielen.

Am Ende hat der Sommer 2017 so erfolgreich Hitzerekorde gebrochen, dass die Wetterfrösche ihrer Wärmekarte sogar eine neue Farbe hinzufügen müssen.

Australien hat sich seit 1910 um knapp ein Grad Celsius erwärmt – was hier noch schwerer wiegt als bei uns, weil es in Down Under ja seit jeher schon sauheiß ist. Seit 1950 hat sich dort die Gesamtzahl der superheißen Tage mehr als verdoppelt. Zwischen 1951 und 2014 hat sich laut dem australischen Wetterdienst die Chance, heiße Monate zu erleben, verfünffacht.

In dem Bericht »Angry Summer 2016/2017« stellte der Climate Council, ein unabhängiger australischer Klimarat, jüngst fest, dass extreme Wetterereignisse wie Stürme, Regenfälle, Hitzewellen sich häufen, stärker sind und länger andauern. Australien erlebt heute schon Hitzewellen, die Klimaforscher eigentlich erst in fünfzehn Jahren erwartet haben. Die extreme Hitze des Sommers 2016/2017 wird erst von einem Sturm zum Erlöschen gebracht. Allerdings fällt auch der ein wenig zu heftig aus. Im März trifft der Horrorzyklon Debbie mit Böen von bis zu 270 Stundenkilometern auf die australische Ostküste und hinterlässt eine Schneise der Zerstörung, unter anderem auch am Great Barrier Reef. Der Wirbelsturm ist vom Pazifik heraufgezogen und erreicht einen Durchmesser, der von Paris nach Warschau gereicht hätte, wie CNN berichtet.

Debbie entwurzelt Bäume, überschwemmt die Stadt Gold Coast, die sonst viele Surfer und Touristen anzieht, deckt Dächer ab und trägt – ganz à la Trash-Horrorfilm *Sharknado* – sogar einen Bullenhai an Land. Und der Sturm bringt noch weiteren tierischen Besuch: Die Behörden warnen vor Krokodilen, denen man durch die Überschwemmungen unvermutet begegnen könnte, oder Giftschlangen, die es warm und trocken mögen und in die Häuser kriechen. In 30 000 Haushalten fällt der Strom aus. In Melbourne geht an einem Tag so viel Regen nieder wie sonst in einem ganzen Monat, und in Sydney kommt die gleiche Menge sogar in lediglich einer Stunde vom Himmel – Peru lässt grüßen.

Debbie ist der schlimmste Sturm seit 2011 in dieser Gegend – ein Rekord, der aber wohl nicht lange halten wird, denn die tropischen Stürme, die Australien aus dem Pazifik heimsuchen, werden wie die Hurrikane im Atlantik vermutlich immer brachialer, weil sie durch die Erwärmung des Meeres an Kraft gewinnen.

Und durch das Wasser, mit dem sie die Städte fluten, werden Ärzte wie George Braitberg voraussichtlich noch mehr zu tun bekommen: wenn sich Krankheiten verbreiten, weil das Trinkwasser kontaminiert wird oder weil sich Moskitos stark vermehren.

Vor den gleichen Problemen stehen auch viele Staaten in Südostasien, die ebenfalls in der Einflugschneise verheerender tropischer Stürme aus dem Pazifik liegen und bislang zu den am stärksten vom Klimawandel betroffenen Ländern der Welt zählen. Hier wie in Afrika sind die Krankheiten, die sich verbreiten können, eher tödlich als in Australien: von Malaria über Bilharziose bis hin zum Denguefieber ist alles dabei.

Die Lage dort spitzt sich derart zu, dass sich sogar das Pentagon ernste Sorgen macht.

10° 2′ N, 105° 47′ O
CÀN THO, MEKONGDELTA, VIETNAM
KLIMA-APOKALYPSE NOW

Càn Tho ist die größte Stadt des Mekongdeltas, knapp zweihundert Kilometer südwestlich von Ho-Chi-Minh-Stadt, dem früheren Saigon. Sie ist Universitätsstadt und Provinzhauptstadt, aber sie ist vor allem eines: eine Art überdimensionierte Reisschüssel. Hier wird das angebaut, was für mehr als die Hälfte der Menschheit ein Grundnahrungsmittel ist. 150 Kilogramm werden in Asien pro Kopf im Jahr davon vertilgt, bei uns deutschen Kartoffelliebhabern sind es lediglich fünf. Vietnam ist der zweitgrößte Reisproduzent der Welt; mehr als die Hälfte der

Körnchen, die das Land erntet – immerhin rund 24 Millionen Tonnen –, stammt aus dem Mekongdelta. Bislang. Denn für den Reis wird's bald zu heiß.

Die Reisbäuerin Truong Dieu steht vor der kleinen Hütte aus Palmblättern, die sie mit ihrem Mann, seinen Eltern, ihren eigenen Eltern und vier Kindern bewohnt. Sie schaut gen Himmel. Wann wird es endlich wieder regnen?

Es ist Mitte 2016, und die Wetterlage ist zum Verzweifeln. Am südlichsten Zipfel von Vietnam herrscht die schlimmste Dürre seit neunzig Jahren. Der nahe gelegene Bach ist fast ausgetrocknet, das Wasser erreicht Truong Dieus Reisfelder nicht mehr. Außerdem ist es viel zu warm für die Pflanzen, die Ernte ist futsch. Und damit sitzt auch Familie Dieu auf dem Trockenen. Was ihnen geblieben ist, wird vielleicht gerade so zum Überleben reichen. »Ich habe nicht mehr das Geld, die Kinder in die Schule zu schicken«, erzählt Truong der *Deutschen Welle*. Essen schlägt Bildung.

Vielen Bauern im Mekongdelta ergeht es so. Rund 15 Millionen Menschen wohnen hier, auf einer Fläche von gut 40 000 Quadratkilometern, das ist fast so groß wie die Schweiz.

Dabei sind die neun Hauptarme des Mekong, die das Delta formen und dem Fluss im Vietnamesischen den Beinamen »Neun-Drachen-Fluss« geben, eigentlich ein sehr fruchtbares Gebiet. Fast jeder Hektar wird von den Menschen hier bewirtschaftet – fraglich ist allerdings, wie lange noch. Der Weltklimarat hat Vietnam als eines der am stärksten vom Klimawandel betroffenen Länder ausgemacht. Und besondere Sorgen bereitet den Experten das Mekongdelta.

Das Problem: Hier – wie auch im Delta des Roten Flusses im Norden – liegen weite Teile des Landes allenfalls einen knappen Meter über dem Meeresspiegel und senken sich durch Erosion langsam weiter ab. Blöderweise ist das Wasser an der Küste Vietnams so wie überall auf der Welt deutlich gestiegen.

Die salzigen Fluten erreichen inzwischen sogar Felder und Flussabschnitte, die weiter landeinwärts liegen. Kommen dazu noch Hochwasser oder gar Wirbelstürme, werden die Felder mit so viel Salzwasser getränkt, dass sie auf Jahre hinaus unbrauchbar werden. Eine extreme Trockenphase, wie Truong Dieu und andere Bauern sie 2016 erleben, fördert die Versalzung weiter und macht den Menschen das Leben schwer.

Es ist nicht, als hätte das keiner kommen sehen.

Der Weltklimarat und Forscher vor Ort haben schon vor langer Zeit begonnen zu warnen. Überrascht sind alle nur deshalb, weil das Verdorren des einst fruchtbaren Landes und die Erosion viel schneller gehen und heftiger ausfallen als erwartet – was vor allem daran liegt, dass die Menschen ordentlich nachgeholfen haben.

Im Delta wurden über viele Jahrzehnte die Mangrovenwälder abgeholzt, denen schon die US-Armee im Vietnamkrieg mit dem Versprühen des Entlaubungsmittels Agent Orange einen harten Schlag versetzt hatte. Die Salzpflanzen mit den Stelzwurzeln sind jedoch ausgesprochen wichtig: Sie fangen das nährstoffreiche Sediment auf, das der Fluss anschleppt. Und sie schützen gleichzeitig die Küsten davor, einfach vom Meer abgetragen zu werden. Ohne sie kann es ungehinderter eindringen und das Schwemmland, das in Jahrtausenden entstand, zerstören. Ganz zu schweigen davon, dass mit den Mangroven Lebensraum für zahlreiche Meeresorganismen und Landtiere verloren geht.

In den Neunzigerjahren des letzten Jahrhunderts wurde versucht, die Wälder wieder aufzuforsten, doch der Erfolg war so lala: Die lokalen Bauern fanden nämlich schnell Verwendung für die Bäume, fällten sie, wandelten sie auf dem Markt in bare Münze um oder verwendeten sie gleich als Brennholz.

Mindestens ebenso hinderlich sind die Staudämme. Der Mekong entspringt dem Hochgebirge in Tibet und fließt durch China, Myanmar, Thailand, Laos und Kambodscha, bevor er sich in Vietnam zum Delta ausbreitet. Und fast jedes dieser Länder hat fleißig Dämme in den Fluss gezogen, um dessen Wasser für die Landwirtschaft oder zur Energiegewinnung zu nutzen. Allein China hat sechs Megadämme errichtet und plant vierzehn weitere. Und auch Kambodscha und Laos wollen Talsperren bauen, die zwar den dort dringend benötigten Strom liefern, mit denen sich die Lage für Bauern wie Truong Dieu aber weiter verschärfen würde.

Die Dämme senken den Wasserspiegel im unteren Flusslauf, sie zerstören Ökosysteme, halten die Sedimente zurück und treiben die Versalzung der Böden damit rascher voran. Ihr Bau setzt die Einwohner der Deltaregion unter zusätzlichen Druck, denn letztendlich ist nicht nur die Reisernte in Gefahr – auch das Trinkwasser wird knapp.

Sollte es so weitergehen, der Klimawandel sich weiter beschleunigen und der Meeresspiegel bis Ende des Jahrhunderts um über einen Meter steigen, gehen Wissenschaftler der Mekong River Commission davon aus, dass über vierzig Prozent des Deltas unbewohnbar werden.

Und genau diese Gemengelage lässt auch in den westlichen Industriestaaten die Alarmglocken schrillen. Was hier geschieht, passiert in gleicher Form auch in den meisten anderen Deltaregionen der Welt – am Mississippi genauso wie an Nil, Donau oder Rhein. Allerdings ist die

Gefahrenlage in Asien verschärft. Auf keinem anderen Kontinent gibt es so viele Deltas: Die großen Mündungsgebiete des Ganges, des Yangtses, des Indus, des Roten Flusses oder des Mekong bilden zusammengenommen die Hälfte der Fläche aller großen Deltas der Welt. Die Menschen, die dort leben, kämpfen mit den gleichen Problemen – Meeresspiegelanstieg, versalzte Felder, Absinken des Landes, unzureichende Dämme, verheerende Stürme, rekordverdächtige Dürren. Und es sind viel mehr Menschen als in Kiribati und Tuvalu, die vom Untergang bedroht sind: Eine halbe Milliarde Menschen aus den Flussdeltaregionen sind dabei, ihre Heimat zu verlieren.

Der menschliche Faktor ist nicht zu unterschätzen: In Gegenden, die ohnehin schon unter Armut, Umweltzerstörung, politischer Instabilität und sozialen Spannungen leiden, könnte der Klimawandel wie eine Art Brandbeschleuniger wirken, schreibt das Pentagon im März 2014 in seinem Vierteljahresbericht zur Nationalen Sicherheitslage. Warum dies ein Thema für die nationale Sicherheitslage ist, begründete Präsident Obama später gegenüber dem Klimaschützer Leonardo DiCaprio für seinen Film *Before the Flood*. Als Leo ihn fragte, wovor er am meisten Angst hätte, antwortete Obama ohne zu zögern: »Ein großer Anteil der Weltbevölkerung lebt in der Nähe von Ozeanen. Wenn diese Menschen gezwungen sind, ihren Standort zu verändern, dann werden knappe Ressourcen schnell zum Gegenstand des Wettbewerbs unter den Völkern. Das ist der Grund, warum dies für das Pentagon nicht nur ein Umweltthema ist, sondern auch ein Thema für die nationale Sicherheitslage.«

Der steigende Meeresspiegel, ein Wirbelsturm oder eine Hitzewelle allein werden wohl keinen Krieg auslösen. Aber was werden die Menschen tun, wenn ihre Felder unbrauchbar sind? Wenn ihre Ernährung nicht mehr gesichert ist? Wenn ihnen das Wasser im übertragenen wie im wörtlichen Sinn irgendwann bis zum Hals steht? Wenn Dürren ihnen die Lebensgrundlage rauben? Und wenn ihre Regierungen sich heillos zerstritten haben?

Solche Aussichten bereiten auch Ex-CIA-Direktor John Brennan Sorgen. Bevor er im Januar 2017 abdankte, hielt er noch eine Rede am Center for Strategic and International Studies in Washington, D.C. – darin meinte er, den Klimawandel als »tiefere Ursache« für viele Konflikte auf der Welt erkannt zu haben. »Extreme Wetterlagen können in Verbindung mit politischer Instabilität, die sich auf die Versorgung mit Lebensmitteln und Wasser auswirkt, humanitäre Krisen verursachen«, sagte er.

Drei Regionen sah er als besonders betroffen – Südostasien, den Nahen Osten und vor allem Afrika.

Die Menschen des ärmsten Kontinents der Welt leiden heute schon wie keine anderen unter dem klimawandelbedingt steigenden Meeresspiegel und den Dürren. Und je schwieriger die Lebensbedingungen dort werden, umso eher stellt dies die Menschen vor die elementare Frage: Wartest du noch, oder fliehst du schon?

35° 53′ N, –5° 18′ W
CEUTA, NORDAFRIKANISCHE KÜSTE
GET OUT OF AFRICA

Februar 2017. Wenn Amadou Senghor von seinem Platz auf dem Berg zur anderen Seite hinüberblickt, spürt er dieses Sehnen. Bei klarem Wetter reicht der Blick von hier oben über das Mittelmeer bis zur spanischen Küste. Und da will er hin. Koste es, was es wolle.

Auf der anderen Seite des bewaldeten Hügels, auf dem Amadou seit Wochen mit zwei Dutzend anderen Männern in Zelten campiert, liegt Ceuta, die spanische Exklave auf afrikanischem Boden – ein Stück Europa, das vielen hier als das Einfallstor zum Paradies gilt.

Die Hoffnung, es auf legalem Weg zu erreichen, hat Amadou schon vor langer Zeit aufgegeben. Nun will seine Gruppe mit Hunderten anderer Männer in der kommenden Nacht den Grenzzaun von Ceuta stürmen – ein doppelter Zaun, sechs Meter hoch und mit rasiermesserscharfem NATO-Draht gesichert. Viele haben es schon versucht, sind mit tiefen Schnittwunden, Prellungen und Knochenbrüchen zurückgekehrt. Neuerdings schießen die Spanier auch, mit Gummigeschossen und Tränengas. Amadou zuckt mit den Schultern. Er hat keine Wahl.

Der junge Mann kommt aus Djiffer, einem kleinen Fischerdorf im Süden des Senegal, der als sicheres Herkunftsland gilt. Dort ist er geboren, dort hat er eine Frau und zwei kleine Töchter, und dort wollte er eigentlich auch irgendwann mal ordentlich begraben werden.

Djiffer liegt auf einer schmalen Landzunge und wird zu beiden Seiten vom Atlantik umspült. Das Wasser steigt seit Jahrzehnten unmerklich, aber stetig, und jede Flut, jede Welle schwemmt ein Stück mehr von Amadous Heimat weg.

Dass das ein Problem werden könnte, haben sie dort schon lange kommen sehen, doch für Deiche oder anderen Küstenschutzklimbim fehlt das Geld. Drei Mal hat Amadou sein Haus abgebaut und ein Stück weiter landeinwärts neu errichtet. Bis das Wasser ihm keinen Zoll Boden mehr ließ. Es kommt von beiden Seiten, immer öfter schwemmen Stürme das Erdreich weg, die Wellen werden brachialer. Mittlerweile ist auch dem letzten Einwohner von Djiffer klar, dass es nur noch eine Frage der Zeit ist, bis die Fluten das Dorf und alles drum herum gänzlich auffressen.

Und das ist nicht ihre einzige Sorge.

Amadou Senghor ist Fischer, wie die meisten Männer im Dorf; er hat das Handwerk noch von seinem Großvater gelernt. Jeden Tag fuhr Amadou mit einem kleinen Boot, einer wahren Nussschale, auf den Ozean raus, doch zuletzt hat es kaum gereicht, um die Familie zu ernähren. Durch die gestiegene Wassertemperatur haben sich die Strömungen verändert, außerdem hat der Klimawandel das Meer saurer werden lassen. Die Fische sind nicht mehr dort, wo sie früher einmal waren, sondern weiter draußen oder ganz weg. Außerdem ziehen die Industriefischer vor der Küste ihre Bahnen: Kutter von Großfischern, illegale Boote aus den Nachbarländern und die EU-Fangboote, die oft sogar unter senegalesischer Flagge fahren. Sie fischen die Bestände leer.

Kein Land, keine Fische, keine Zukunft.

Das müssen auch viele von Amadous Nachbarn in Djiffer erfahren.

Im westlichen Afrika, vom Senegal über Sierra Leone bis nach Nigeria, lebt ein Großteil der Menschen an der Küste. Hier findet der meiste Handel statt, und die Küstenlinie ist wegen des Fischfangs und der fruchtbaren Felder im Hinterland die Nahrungskammer der ganzen Region.

Doch auch hier steigt das Wasser schneller als im weltweiten Durchschnitt.

Es trifft nicht nur kleine Fischerdörfer wie Djiffer. Auch schnell wachsenden Metropolen wie Lagos in Nigeria oder Accra und Keta in Ghana machen die steigenden Fluten zu schaffen. Nachvollziehbar, dass nicht gerade wenige Leute überlegen, ob sie zusehen sollen, wie alles komplett den Bach runterrauscht und Chaos ausbricht, so wie dies in anderen Teilen Afrikas bereits der Fall ist.

Irgendwann hat sich Amadou Senghor gesagt, dass er darauf nicht warten will. Ihn hat die Sorge um das Überleben seiner Familie in die Knie gezwungen, und er hat seine Heimat zurückgelassen.

Erst ist er nach Dakar gegangen, hat in den Straßen Trödel und Tand verkauft, das Geld nach Hause geschickt. Meistens war es viel zu wenig. Eine Zukunft hat er in der Stadt nicht gesehen, genauso wenig wie in den Ländern ringsum. Dort sind die Probleme die gleichen. In manchen Gegenden ist die politische Lage instabil, es herrschen Unruhen oder Bürgerkrieg, oder die gestiegenen Temperaturen verursachen Dürren und Hungersnöte. Dann lieber gleich nach Europa, hat sich Amadou gesagt und ist losgezogen – mal zu Fuß, mal auf der Ladefläche eines Pick-ups über die westliche Mittelmeerroute nach Agadez, dann durch Algerien nach Marokko rein, vorläufige Endstation: kurz vor Ceuta.

Amadous Wünsche sind bescheiden: ein Dach über dem Kopf, etwas zu essen und in Frieden leben – mit seiner Frau und den Kindern. Doch dazu muss er erst mal den sechs Meter hohen Zaun aus NATO-Draht überwinden. Und selbst dann ist unsicher, ob die EU ihn haben will. Denn für Amadou gilt dasselbe wie für Ioane Teitiota aus der Südsee: Klimaflüchtlinge gibt es nicht.

Dabei schätzt das International Displacement Monitoring Center (IDMC), das zum größten norwegischen Flüchtlingshilfswerk gehört, dass allein im Jahr 2015 in Afrika 1,1 Millionen Menschen auf der Flucht waren, weil ihre Heimat durch die klimatischen Bedingungen unbewohnbar geworden ist – allein eine Million ist vor Überschwemmungen geflohen. Weltweit sind es nach Untersuchungen der Universität Hamburg sogar mehr als zwanzig Millionen Menschen, die vor den direkten oder indirekten Auswirkungen der Klimakapriolen weglaufen – das ist mehr als die Hälfte aller Migranten. »Der Klimawandel erhöht das Risiko von Vertreibung und ihrer Auswirkungen – und er wirkt mit Armut, Ungleichheit, dem Anwachsen urbaner Bevölkerung, ungenügender Landbewirtschaftungsmaßnahmen und schlechter Staatsführung zusammen«, folgert das IDMC in seinem Lagebericht.

Amadou Senghor, der das, was das IDMC nur beschreibt, am eigenen Leib erfährt, blickt noch einmal rüber zur spanischen Küste. Wenn es ihm gelingt, die andere Seite zu erreichen, findet er vielleicht Arbeit in einer der Treibhausplantagen. Und sobald er ein bisschen Geld zusammenhat, kann er sich von dort aus bestimmt nach Deutschland durchschlagen. Ein Mann, den er in Dakar kennengelernt hat, hat das geschafft, und der hat ihm erzählt, dass es dort gut bezahlte Jobs geben soll. Und dass es sicher sei und man keine Angst vor der Polizei haben müsse.

Und wenn er es nicht über den Zaun schafft?

Er zuckt die Schultern. Dann eben Schlauchboot.

Amadou zieht die Kapuze über den Kopf und macht sich mit den anderen Männern auf zum Grenzzaun.

49° 11′ N, 9° 47′ O
BRAUNSBACH, DEUTSCHLAND
DER TAG, AN DEM DEN MENSCHEN
DER HIMMEL AUF DEN KOPF FIEL

In Braunsbach, einer Gemeinde zwischen Würzburg und Stuttgart, hat man üblicherweise viel Freude am Wasser. Im Sommer lädt der Kocher, einer der beiden Flüsse, die durch das Tal fließen, zu Kanufahrten und ausgedehnten Wanderungen ein, und einer von Deutschlands beliebtesten Radwegen führt von der Quelle des Kocher und der Jagst, seinem Zwillingsfluss, entlang durch eine malerische Landschaft, an Schlössern und historischen Altstädten vorbei, durch eine bekannte Rotweinregion bis zu der Stelle, wo beide Flüsse bei Bad Friedrichshall in den Neckar münden.

Die perfekte Idylle, bis zum Mai 2016.

Stefan Thaidigsmann wohnt mit seiner Familie in Elzhausen, einem Ortsteil von Braunsbach, der oberhalb des Stadtzentrums liegt. Am Sonntagabend sitzt er auf einem Traktor und ist auf dem Weg hinunter nach Downtown Braunsbach. Der Himmel ist pechschwarz, es regnet sintflutartig. So ein übles Unwetter hat Thaidigsmann hier noch nie erlebt.

Er macht sich Sorgen, denn er hat unten im Ort ein kleines Reisebüro, in dem er unter anderem Kanus vermietet. Nun ist ihm aufgefallen, dass der Regen im Weiler Elzhausen nicht mehr versickert. Das Wasser schießt über Felder und Straßen ungebremst hinunter ins Tal, und auch der Schlossbach und der Orlacher Bach, die in den Kocher fließen, sind zu reißenden Strömen geworden. Thaidigsmann will in seinem Büro nach dem Rechten sehen, doch er kommt nicht weit – im Wald sind überall

Unterspülungen, auf der Straße steht das Wasser über dreißig Zentimeter hoch. Er kehrt um.

Erst am nächsten Morgen schafft er es – und traut seinen Augen nicht: Braunsbach sieht aus wie nach einem Erdbeben. Häuser stehen unter Wasser, manche sind einsturzgefährdet, Schlamm, Geröll, Trümmerteile und Bäume versperren die Wege und Eingänge, Fahrzeuge wurden von den Fluten mitgerissen und wie Matchboxautos umhergeschleudert.

In ein paar Stunden ist mehr Wasser vom Himmel gefallen als sonst in mehreren Monaten, stellt Katastrophenschützer Michael Knaus, der mit der Lage in Braunsbach befasst ist, fest. »Ich habe so etwas noch nicht gesehen«, sagt er. Überall schwappt die braune Brühe, auch das Büro von Thaidigsmann ist verwüstet, die Hälfte der Boote weggespült. Der Kocher, dessen Obergrenze für Kanutouren beim Pegelstand von achtzig Zentimetern liegt, ist auf drei Meter angeschwollen. In der *Tagesschau* sagen sie abends: Die Gegend um Braunsbach wurde vom schlimmsten Unwetter seit Beginn der Wetteraufzeichnung heimgesucht. Die Schäden belaufen sich auf über 100 Millionen Euro.

Wenige Monate später im Sommer.

Die Aufräumarbeiten nach der Sintflut dauern noch an, doch Stefan Thaidigsmann wünscht sich endlich mehr Wasser. Es ist seit Wochen sehr heiß, der Kocher hat einen niedrigen Stand. Das Geschäft mit dem Kanuverleih läuft deshalb schlecht.

Einerseits extrem viel Wasser, andererseits kaum Wasser. Damit lässt sich nicht gut arbeiten. »Eigentlich macht sich für mich da der Klimawandel bemerkbar«, meint Thaidigsmann später gegenüber dem *Deutschlandfunk*.

Wirklich?

Eine Flut, so verheerend sie auch sein mag, macht ja noch keinen Klimawandel, und genauso wenig ist ein einziger heißer Sommer ein eindeutiges Zeichen dafür.

Anders wäre es, wenn sich ein Trend ablesen ließe.

Und den gibt es tatsächlich – nicht nur, was Hochwasserkatastrophen angeht: Seit dem Beginn des neuen Jahrtausends jagt in Deutschland ein extremes Wetterereignis das nächste.

Die »Dekade der Extreme«, wie die Weltorganisation für Meteorologie das erste Millenniumsjahrzehnt nennt, fällt zum ersten Mal im Jahr 2002 unangenehm auf: Das Elbhochwasser richtet in Österreich wie in Deutschland, und dort vor allem in Sachsen, Sachsen-Anhalt und Brandenburg, enorme Schäden an und ertränkt weite Landteile. Es geht als Jahrhunderthochwasser in die Geschichte ein – und spült Bundeskanzler Gerhard »Hol mir mal 'ne Flasche Bier!« Schröder, der in Gummistiefeln statt Brioni-Anzug durch verwüstete Städte und Dörfer stapft, zum zweiten Mal ins Kanzleramt.

Gut, dass wir das hinter uns haben, meinen nach der Flut viele von uns, und wir glauben, dass wir uns jetzt erst mal davon erholen können.

Doch auf die Rekordniederschläge und die Überschwemmungen von 2002 folgt der Jahrhundertsommer 2003, dessen Gluthitze bis heute unübertroffen ist. Hoch »Michaela« sorgt für Temperaturen, die durchschnittlich 3,4 Grad Celsius über den Mittelwerten liegen – Rekord seit dem Beginn der Wetteraufzeichnungen. Auf den Straßen weicht der Asphalt auf. Kernkraftwerke müssen heruntergefahren werden, die Stromversorgung ist beeinträchtigt. Die Hitze kostet in Europa rund 70 000 Menschen das Leben, auch in Deutschland. Betroffen sind vor allem Alte und Kranke.

Jahrhundertsommer klingt so, als käme so etwas nur einmal im Jahrhundert vor. Und so sind wir nicht überrascht, dass die folgenden Sommer 2004 und 2005 eher ins Wasser fallen. Von Juni bis August gibt es immer wieder mal heiße Tage, aber auch viel Regen. So kennen wir das.

2006 bringt im Frühjahr eine neue Jahrhundertflut. Ein deutlicher Temperatursprung Anfang März und ergiebiger Regen lassen die Schneemassen, die sich im Winter in den Bergen angehäuft haben, in Rekordzeit schmelzen. Es ist mal wieder die Elbe, die sich nicht im Griff hat, und so heißt es erneut »Land unter« in Sachsen, Sachsen-Anhalt und Brandenburg. Die Pegelstände erreichen die von 2002 und liegen teilweise sogar darüber.

Es folgt ein Knallersommer, nicht nur wegen der Fußballmärchenzeit: der Weltmeisterschaft im eigenen Land mit Prinz Poldi und den vielen Autos mit lustigen Deutschlandfähnchen. Eine andauernde Hitzewelle von Mitte Juni bis Ende Juli bringt Deutschland und der Schweiz Rekordtemperaturen. Vor allem der Juli hat es in sich: Fünf Grad liegt die Durchschnittstemperatur über dem, was in diesem Monat seit Beginn der Wetteraufzeichnungen gemessen wurde – achtzig Prozent der Stationen des Deutschen Wetterdienstes verzeichnen die höchsten Temperaturen, die sie zu dieser Jahreszeit jemals gemessen haben. Rekord!

Abrupt vorbei ist es mit der Hitze im August, als dicke Regen- und Gewitterwolken aufziehen; es wird kalt, und es fällt wieder eine Menge Wasser vom Himmel. Der eine oder andere fragt sich im Stillen, ob solch krasse Wetterumschwünge eigentlich normal sind.

Der Gedanke ist wie weggeblasen, als im Januar 2007 Orkan Kyrill über Deutschland hinwegbrettert. Er hat Windböen mit über zweihundert Stundenkilometern im

Gepäck und knickt Bäume um, als wären es Streichhölzer. Schulen schließen, Brücken müssen gesperrt werden, Flüge werden gestrichen, und zum ersten Mal in der Geschichte wird der Fernverkehr der Bahn im ganzen Land eingestellt.

Die Sommer 2007 und 2008 sind bis zu zwei Grad wärmer als im langfristigen Durchschnitt.

2009 wird der 20. August als heißester Tag in die Statistik aufgenommen, denn in etlichen Teilen des Landes herrschen tropische 32 bis 38 Grad Celsius.

Nachdem der Sommer 2010 dank Schafskälte erst mal nicht so richtig in die Pötte kommt, macht sich ab Juli eine große Hitze- und Dürrewelle breit, die sich nicht nur über Deutschland und Europa erstreckt, sondern bis nach Russland reicht – in Moskau steigt das Thermometer auf über 38 Grad. Wieder sterben Menschen, allein in Russland leiden 55 000 unter den Temperaturen. Noch ein Jahrhundertsommer also, und zusammen mit 2005 geht es als das insgesamt wärmste Jahr in die Annalen der Wetteraufzeichnungen ein.

Selbst auf den ostfriesischen Inseln, nicht gerade für ihr Ballermannklima bekannt, herrschen über 30 Grad. Der wärmste Tag wird am 10. Juli in Bendorf bei Koblenz gemessen: 38,8 Grad Celsius. Rekord! In Berlin und Karlsruhe gibt es elf bis zwölf Tropentage mit mehr als dreißig Grad auf dem Quecksilber. Noch ein Rekord!

Weil es so warm und trocken ist, herrscht Waldbrandgefahr. Bis es im August schüttet wie seit 100 Jahren nicht mehr – in einigen Teilen des Landes fällt das Dreifache der üblichen Regenmenge. In Sachsen und Brandenburg laufen wieder Straßen und Keller voll – doppelt doof, weil Teile von Brandenburg bereits im Mai vom Oderhochwasser überschwemmt worden waren.

Zunächst scheinen mit dem Ende der Dekade auch die

Wetterphänomene abzuklingen: 2011 beginnt mit einem sonnigen Frühling, bis Tief Otto anklopft – und im Juli vor allem im Osten wieder rekordverdächtige Regenmengen niedergehen lässt. Weil es so feucht ist, brechen auf Rügen sogar Teile der Kreidefelsen ab. Im August dann der krasse Wechsel: knapp vierzig Grad in Dresden-Hosterwitz. Neues Jahrzehnt, neue Rekorde!

2012 ist so wechselhaft, dass es durchgehend April zu sein scheint: erst kalt, dann warm, dann Regen, dann heiß, dann nass und auch mal Bodenfrost, dann wieder heiß.

2013 merken wir den Spitzenwert gar nicht: Der Sommer ist zwar wärmer als normal und landet sogar unter den zehn wärmsten seit den Wetteraufzeichnungen, doch durch ein wenig Wind wird das kaschiert. Außerdem sind wir schon wieder mit einem Hochwasser beschäftigt – in den neuen Bundesländern tritt mal wieder die Elbe über die Ufer und setzt alles unter Wasser. Es gibt Katastrophenalarm, und selbst die Bundeswehr muss im Landesinneren zur Hilfe ausrücken.

2014. Neuer Sommer, neue Extreme: In Münster regnet es am 28. Juli so viel wie sonst in einem Vierteljahr. Im August rast ein Tornado durch Bad Schwalbach. In Nordrhein-Westfalen verursacht ein Sturm größere Schäden als Kyrill, richtet ein Verkehrschaos an, lässt das Handy- und Festnetz zeitweise zusammenbrechen und den Strom ausfallen. 1500 Kilometer des Schienennetzes sind von umgestürzten Bäumen blockiert – für die Bahn das schlimmste Unwetter in der Geschichte (bis zum nächsten). Wieder hilft die Bundeswehr, rückt mit Kettensägen und Panzern an.

Der Deutsche Wetterdienst findet das Wetter zumindest verdächtig. Die Meteorologen stellen fest, dass regenreiche Tiefdruckgebiete seit Mitte des vergangenen Jahrhunderts wesentlich häufiger über Deutschland hängen und dass sich die globalen Windsysteme knapp zweihundert Kilometer in Richtung der Pole verlagert haben, weshalb vermehrt Westwind weht, der Stürme zu uns bringt.

Trotz des vielen Regens: 2014 ist nach Berechnungen des Deutschen Wetterdienstes das wärmste Jahr in Deutschland seit 130 Jahren.

Und so geht es weiter.

Von Juni bis September 2015 legt sich die Hitze bleiern über das Land. Es sind die heißesten Tage seit 2003 – Kitzingen stellt für Deutschland sogar einen neuen Hitzerekord auf: 40,4 Grad. Auf heiße Tage folgen heftige Unwetter mit Sturzregen, Hagel, Orkanböen und einigen Tornados. Es ist neben 2003 und 1947 der drittwärmste Sommer seit 1881. Es ist auch ungewöhnlich trocken, was in Verbindung mit den hohen Temperaturen und den niedrigen Pegeln der Flüsse vor allem die Landwirte bekümmert.

Das amtliche Endergebnis von 2015: Das Jahr hat sogar den Rekordhalter 2014 getoppt. Laut der amerikanischen Wetterbehörde NOAA ist 2015 das weltweit wärmste seit Beginn der Wetteraufzeichnungen.

Dann kommt 2016. Mit dem Debakel von Braunsbach. Mit abstrusen Regenfällen in Simbach am Inn: An zwei Tagen kommen über 180 Liter pro Quadratmeter runter. Mit einer Flutwelle, die alles mit sich reißt und sieben Menschen tötet. Im Juli und August dann Hitze pur. Die Temperaturen liegen 1,5 Grad über den Durchschnittswerten. Sonnenschein, Wärme und Trockenheit lassen die Waldbrandgefahr steigen.

Am Ende steht ein neuer Rekord: 2016 ist das wärmste Jahr seit Beginn der Messungen.

Sein Nachfolger 2017 schwächelt ein wenig, schafft es aber immerhin noch auf den zweiten Platz der heißesten jemals gemessenen Jahre. Und dann folgt 2018 mit Rekorddürre und einem Hitzesommer, der einfach nicht enden will.

Es gibt ihn also, den Klimawandel. Auch bei uns.

Keine große Neuigkeit, eigentlich.

Wir wissen nämlich schon ziemlich lange, was mit dem Wetter auf unserem Planeten geschieht. So lange, dass wir die Extreme gut hätten verhindern können.

KAPITEL 3

Was bisher geschah

Die kurze Vorgeschichte
des Weltuntergangs

> Wir haben die Folgen des
> Klimawandels jahrelang unterschätzt.
>
> JOSEPH E. STIGLITZ,
> WIRTSCHAFTSWISSENSCHAFTLER

Erfurt, Winter 1315. Karl Eppler tritt hinaus auf die Straße, und sofort schlägt ihm der beißende Gestank von Kot, Urin und Verwesung entgegen. Der Geruch des Todes liegt nun schon viele Wochen über der Stadt. Während er die Tür hinter sich schließt, hört er von drinnen noch das Weinen des Babys, das seine Frau neben der Feuerstätte, in der das feuchte Brennholz nur kokelt, auf dem Arm hält. Das Kind hat hohes Fieber, und auch Karl und seiner Frau geht es nicht gut. Außer wässriger Krautsuppe haben sie seit Tagen nichts gegessen, sie sind abgemagert, und er weiß nicht, wie er die Familie durch den Winter bringen soll.

Der Sommer war ungewöhnlich kühl, und seit Mai hat es fast ununterbrochen geregnet, manchmal wochenlang. Die Gera ist über die Ufer getreten, Felder sind überschwemmt worden, das Getreide ist verfault, die Preise für Hafer, Weizen und Salz sind ins Unermessliche gestiegen, sogar die Weinreben erfroren. Und nun ist der Winter eingebrochen, so kalt und bitter wie nie. Karl hat schon von Menschen gehört, die Hunde und Katzen gegessen haben. Wenn es so weitergeht, werden sie das auch tun müssen.

Er zieht die Kapuze des Schultermantels über den Kopf und macht sich auf den Weg zum Stadttor. Dort soll es Arbeit geben, die mit einem Laib Brot vergolten wird. In den Gassen muss er immer wieder über Tote steigen, abgemagerte Gerippe, die von den Ratten angefressen sind.

Als er am Tor ankommt, sieht er, wie Männer Handkarren aus der Stadt ziehen, auf denen sich die Leichen türmen. Man drückt Karl eine Hacke in die Hand und schickt ihn hinaus auf die Felder. Dort sind bereits zwei große Gruben für die Toten ausgehoben, und es sollen noch mehr werden. Als Karl die Hacke auf die hart gefrorene Erde niederfahren lässt, hofft er, dass es nicht sein eigenes Grab ist, das er hier gräbt. Er kann nur eines tun: beten, dass das Wetter bald wieder normal wird.

Doch das wird es nicht.

Die nächsten Jahre werden sogar noch schlimmer.

Weite Teile Europas werden im frühen 14. Jahrhundert von Schietwetter und damit einhergehenden Ernteeinbrüchen heimgesucht, die eine große Hungersnot auslösen. Die kühlen Temperaturen sind aber nur die ersten Vorboten einer bald folgenden Kälteperiode, die bis ins 19. Jahrhundert andauert und die wir später einmal die Kleine Eiszeit nennen werden.

Die – im erdgeschichtlichen Vergleich – abrupte Klimaänderung trifft auf eine europäische Bevölkerung, die sich in den beiden milden Jahrhunderten zuvor ordentlich vermehrt hat. Die Kälte wirbelt die Verhältnisse ganz schön durcheinander: In die folgenden Jahrhunderte – an die wir uns auch wegen der Winterlandschaften von Pieter Brueghel und Hendrick Avercamp aus dem Geschichtsbuch in der Schule erinnern – fallen nicht nur Missernten durch bitteren Frost, Stürme, unablässigen Regen und Überflutungen und die Ausbreitung von Epidemien wie der Pest, sondern auch Hexenverfolgungen und der Dreißigjährige Krieg.

Die Wetterkapriolen sind natürlich nicht der alleinige Auslöser dieser Ereignisse, doch sie verstärken gesellschaftliche Probleme und beeinflussen so die Politik: Die Französische Revolution ist ohne zahlreiche Missernten, Hungersnöte und Teuerungskrisen sowie das daraus resultierende Aufbegehren gegen die soziale Ungerechtigkeit kaum denkbar.

Ihren Höhepunkt erreicht die Kleine Eiszeit mit dem Jahrtausendwinter, der vom Ende des Jahres 1708 bis ins Frühjahr 1709 andauert. Eine extreme Kaltfront wälzt sich binnen kürzester Zeit über Europa, kühlt die Luft in wenigen Stunden um zwanzig Grad ab, lässt Palmen, Obst- und Olivenhaine in Schnee und Eis versinken, die venezianische Lagune und den Gardasee zufrieren und sogar am Versailler Hof das Tafelwasser zu Eis werden. Fische erstarren im Wasser, Vieh liegt tot auf den Wiesen, selbst die Vögel fallen leblos vom Himmel. Durch das große Hungern und Sterben beginnt – mithilfe fortschrittlicher Reisemöglichkeiten – eine Auswanderungswelle nach Amerika, wo sich die kältegeplagten Menschen ein besseres Leben erhoffen. Die Europäer als Klimaflüchtlinge.

Als die Temperaturen nach der Kleinen Eiszeit schließlich wieder milder werden, sind Millionen verhungert, in Kriegen und Unruhen umgekommen oder befinden sich auf der Flucht, sind ganze Gesellschaften und Staaten zusammengebrochen – und das, neben allen anderen Wirren jener Zeit, auch, weil das Wetter verrücktgespielt hat.

Das Zeitalter der Aufklärung ist angebrochen und mit ihm etwas, das heute für uns von unschätzbarem Wert ist: Unsere Ur-ur-(und noch ein paarmal ur-)Großväter beschäftigen sich intensiv mit dem Klima. Sie forschen nach den Ursachen der Wetterkapriolen, mit der bangen Frage im Hinterkopf: Kann so etwas noch einmal passieren?

Die frühen Forscher gehen so unbedarft und neugierig an die Sache heran wie wir als Kinder bei den ersten Experimenten mit dem Chemiebaukasten. Sie beobachten und notieren viel, denn auf langfristige Wetteraufzeichnungen können sie ja nicht zurückgreifen. Ihre Messmethoden stecken in den Kinderschuhen und sind oft zu ungenau, um als Grundlage für zuverlässige Aussagen zu dienen – noch dazu sehen sie sich einer tiefgläubigen Gesellschaft gegenüber, die es für völligen Humbug hält, dass sich die Klimavergangenheit der Erde nicht nur über den biblischen Teil der Menschheitsgeschichte, sondern in Wahrheit über Hunderte Millionen Jahre zurück erstreckt.

Anfang des 19. Jahrhunderts – einer Zeit, als selbst in England, der Wiege der industriellen Revolution, die meiste Energie noch aus Wind- und Wasserkraft gewonnen wird – entdecken die Klimakundler auf der Suche nach den Gründen für die Kälteperiode etwas, das uns heute gewaltig ins Schwitzen bringt.

> **Kurzfristige Klimaänderungen hatten oft gravierende Auswirkungen auf die Gesellschaft.**
> ULF BÜNTGEN, KLIMAHISTORIKER

Im Jahr 1824 macht der französische Mathematiker und Physiker Joseph Fourier, ein Mann, dem nachgesagt wird, dass er als Student das Wachs von abgebrannten Kerzenstummeln sammelte, um auch nachts arbeiten zu können, eine seltsame Beobachtung: Nach seinen Erkenntnissen und Berechnungen dürfte die natürliche Sonneneinstrahlung gar nicht ausreichen, um auf der Erde ein Klima zu erzeugen, das für uns Menschen verträglich ist. Eigentlich sollte es kälter sein – die Temperaturen müssten ungefähr dreißig Grad Celsius unter den tatsächlich gemessenen liegen.

Fourier, der ein paar Jahre zuvor während der Französischen Revolution um ein Haar unter der Guillotine gelandet wäre, vermutet, dass die Erdatmosphäre etwas damit zu tun hat. Er glaubt, sie funktioniere wie ein Gewächshaus, bei dem sich der Innenraum aufheizt, weil die Zirkulation von Innen- und Außenluft durch eine Glasscheibe unterbunden ist. Den Effekt kann jeder nachprüfen, wenn er sich bei starkem Sonnenschein im Auto mit geschlossenen Fenstern auf den Supermarktparkplatz stellt: Ungeachtet der Temperaturen draußen wird es drinnen ziemlich schnell ziemlich warm.

Fourier nimmt daher an, dass die Erdatmosphäre zwar wie eine Glasscheibe transparent für die von der Sonne kommende Strahlung ist, in die andere Richtung aber wesentlich weniger von der Strahlung der erwärmten Erdoberfläche und Luft zurückweichen lässt – eine Art Wärmestau, durch den die Atmosphäre aufgeheizt wird.

Die Forschungsmethoden sind zu Fouriers Zeiten noch zu wenig fortgeschritten, als dass er mathematisch oder durch konkrete Messungen beweisen könnte, wie das nun genau funktionieren soll. Dennoch hat er eine ziemlich fundamentale Entdeckung gemacht, wie er 1824 in seinen *Bemerkungen zur Temperatur des Erdballs und planetaren Raums* erklärt: den Treibhauseffekt der Erde.

Fourier hält es sogar schon damals für denkbar, dass die menschliche Zivilisation diesen Mechanismus beeinflussen könnte. Aber er kann es nicht belegen. Ein ziemlich abwegiges Gedankenkonstrukt, finden daher seine Zeitgenossen und schenken der ganzen Sache erst mal keine große Beachtung.

Ein paar Jahrzehnte später nimmt sich jemand der Sache wieder an, der es sich zur Gewohnheit gemacht hat, das Unmögliche zu versuchen – John Tyndall, ein irischer Physiker mit abenteuerlichem Hobby: Er will als Erster das Matterhorn bezwingen, einen Berg, den die damaligen Alpinisten für unbesteigbar halten. 1862 schafft er es beinahe, doch kurz vor dem Gipfel muss er mit seiner Mannschaft umkehren.

Was ihm indes gelingt, ist etwas anderes. Am Abend des 18. Mai 1859, einem Mittwoch, notiert Tyndall in seinem Tagebuch: »Habe den ganzen Tag experimentiert und die Sache jetzt im Griff!« In seinem Labor im Keller der Royal Institution of Great Britain hat Tyndall als Erster konkrete Messungen vorgenommen, mit denen er die Gase identifizieren will, die seiner Meinung nach für den natürlichen Treibhauseffekt verantwortlich sind, den sein französischer Kollege erstmals beschrieben, aber noch nicht so genannt hat.

Tyndall wird tatsächlich fündig: Wasserdampf verursacht den überwiegenden Teil des Treibhauseffekts, nicht unwesentlich sind aber auch die Gase Kohlenstoffdioxid (CO_2), Ozon (O_3), Lachgas (N_2O) und Methan (CH_4). Die Treibhausgase lassen die einfallende kurzwellige Sonnenstrahlung beinahe ungehindert passieren. Lediglich ein kleiner Teil der Strahlen wird von der Atmosphäre, den Wolken und dem Boden reflektiert; der übrige Teil erhitzt die Erdoberfläche. Diese Wärmeenergie sendet die Erde als langwellige Infrarotstrahlen zurück. Der Treibhauseffekt entsteht, wenn diese Wärmestrahlung nun von Bestandteilen der Erdatmosphäre absorbiert und in alle Richtungen abgestrahlt wird – dummerweise auch zur Erde zurück, wodurch, wie von Fourier vermutet, eine Art Barriere entsteht und sich die unteren Luftschichten und die Erdoberfläche weiter erhitzen.

Tyndall geht deshalb davon aus, dass es die weltweiten Temperaturen beeinflusst, wenn sich die Konzentration des Gasgemisches in der Atmosphäre verändert: Ein Anstieg von beispielsweise CO_2 würde mehr Sonnenlicht auf die Erde und weniger Strahlung entweichen lassen, was für eine noch stärkere Erwärmung der Atmosphäre sorgt. Ein klimatischer Teufelskreis.

Tyndall schwant Böses, nun da die Menschen im Zuge der fortschreitenden Industrialisierung beginnen, Kohle, Öl und Gas aus dem Boden zu buddeln und bei der Verbrennung dieser Rohstoffe in großem Stil CO_2 in die Luft zu pusten.

Er veröffentlicht seine Theorie 1861, dem Jahr, als in Amerika mit der Central Pacific Railroad die erste transkontinentale Eisenbahnstrecke gegründet wird, der Engländer Thomas Cook für britische Arbeiter eine Fahrt nach Paris samt Kost und Logis auf die Beine stellt und damit praktisch die Pauschalreise erfindet, und in Deutschland während der Gründerzeit das Stahlimperium von Friedrich Krupp entsteht und plötzlich überall Schornsteine in den Himmel schießen.

Leider ist die Physik noch nicht so weit, dass Tyndall überprüfen könnte, ob sich die Treibhausgaskonzentrationen in der Erdgeschichte je geändert haben und ob dies nun durch die Industrialisierung erneut der Fall ist. Außer ihn selbst stört das wohl kaum jemanden, denn nach allgemeiner Einschätzung seiner Kollegen ist eine gravierende Klimaerwärmung in den nächsten Jahrhunderten ohnehin nicht zu erwarten.

Doch zum Glück geraten Tyndalls Überlegungen nicht so schnell in Vergessenheit.

> **Sehen Sie sich die Welt um sich herum an. Sie mag unbeweglich und unnachgiebig erscheinen. Sie ist es nicht. Mit dem kleinsten Anstoß kann man sie kippen.**
> MALCOLM GLADWELL, *TIPPING POINT*

Um die Jahrhundertwende hat die Menschheit einen echten Lauf. Die Welt staunt über die sonderbare Motorkutsche des Gottlieb Daimler, die Gebrüder Wright erheben sich erstmals per Flugzeug in die Luft, und Henry Ford gründet 1903 seine Ford Motor Company, die erste Tin Lizzy rollt bald vom Band. Die Ingenieurwissenschaften boomen, die Menschen taumeln zwischen Aufbruchsstimmung und Zukunftsangst. Neben kapitalistischen Fantasien, in denen Wachstum gut und unendlich ist und der Markt die Dinge automatisch in die richtige Richtung lenkt, sind auch sozialdemokratische Ideen en vogue, spätestens seitdem Karl Marx darüber sinniert hat, dass die ganze Nummer mit dem vermehrten Mammon vielleicht doch nicht nur Gutes bringt.

Es ist die Kinderstube unserer Urgroßeltern.

Mancher von uns wird Uroma und Uropa noch kennengelernt haben und sich daran erinnern, wie sie begeistert von ihren ersten Erlebnissen mit elektrischem Licht erzählten, das zunächst Straßenlaternen oder öffentliche Gebäude illuminierte.

Man kann ihnen kaum verübeln, dass sie sich keinen Kopf darum machen, was es für die Umwelt bedeutet, wenn die Technik immer weiter fortschreitet und Schornsteine und Auspuffe bald schon auf Hochtouren qualmen lässt.

Unterdessen knöpft sich der schwedische Physiker und Chemiker Svante Arrhenius die Erkenntnisse von John Tyndall vor und errechnet auf ihrer Basis erstmals ein Klimamodell.

Es belegt, dass eine Veränderung des CO_2-Gehalts in der Atmosphäre tatsächlich die globalen Temperaturen nach oben oder unten verändert und für die Wechsel zwischen Warm- und Kaltzeiten mitverantwortlich sein könnte. Dabei sind seine Kalkulationen nicht nur so genau, dass sie erstaunlich nahe an jene heutiger Supercomputer herankommen. Arrhenius bezieht auch als Erster zwei wichtige Faktoren für die Erderwärmung mit in seine Berechnungen ein:

Erstens die Verdunstung. Wird es durch einen höheren CO_2-Gehalt der Atmosphäre auf der Erde wärmer, entsteht auch mehr Wasserdampf, der seinerseits die Temperaturen zusätzlich anfacht.

Zweitens die Auswirkungen einer Veränderung der arktischen Eispanzer. Arrhenius geht dabei von einer Theorie aus, die der schottische Naturforscher James Croll 1864 für die Entstehung von Eiszeiten herangezogen hat, die sogenannte Eis-Albedo-Rückkopplung: Schnee und Eis strahlen das einfallende Sonnenlicht in erhöhtem Maße zurück – ein Effekt, den jeder kennt, der beim Skifahren schon mal die Sonnenbrille vergessen hat. Da das Sonnenlicht reflektiert wird und den schnee- und eisbedeckten Boden nicht erwärmt, kühlen sich die unteren Luftschichten ab. Das begünstigt die Ausdehnung von weiteren Schnee- und Eisflächen, was wiederum zu einer erhöhten Rückstrahlung führt, die eine weitere Abkühlung bewirkt, sodass sich mehr Schnee und Eis bilden ... und so weiter. Eine Kältespirale also, die dazu führt, dass sich in Eiszeitaltern eine Menge weißer Pracht auftürmt.

Umgekehrt entsteht eine Erwärmungsspirale: Wenn Schnee und Eis schmelzen, wird weniger Sonnenstrahlung reflektiert. Der Boden erhitzt sich stärker und gibt mehr Wärme an die Atmosphäre ab. Die Temperaturen steigen, worauf mehr Schnee- und Eisflächen tauen. Dadurch werden zusätzliche Landmassen und Wassergebiete frei, die zuvor bedeckt waren. Diese nehmen ihrerseits Energie auf, sorgen für eine weitere Erwärmung und lassen noch mehr Schnee und Eis schmelzen, wodurch wiederum Boden und Wasser freigegeben werden ... et cetera.

Das alles ist aber immer noch schnöde Theorie. Nach wie vor hat niemand mit Messungen nachgewiesen, wie das CO_2 tatsächlich in der Atmosphäre reagiert, ob es sich dort ansammelt oder gar die Luftschichten erwärmt.

Als Arrhenius seine Erkenntnisse 1896 veröffentlicht, erwähnt er so nebenbei auch, dass der Mensch durchaus Einfluss aufs Klima nehmen könnte. Erst in einer späteren Publikation wendet er sich noch einmal dem Gedanken zu, dass die Treibhausgase, die von seinen Zeitgenossen freigesetzt werden, eine Klimaerwärmung bewirken. Und er nimmt an: Würde sich der von ihm berechnete CO_2-Gehalt in der Atmosphäre verdoppeln, könnte sich die Erde um bis zu sechs Grad erwärmen.

Arrhenius erwartet auf Basis der Emissionsraten des Jahres 1896 eine solche Entwicklung allerdings frühestens in dreitausend Jahren. Und er vermutet sogar, dass das positive Auswirkungen haben könnte – zum Beispiel höhere Ernteerträge durch »gleichmäßigere und bessere klimatische Verhältnisse«.

Also kein Grund zur Besorgnis, oder?

> **Der Anstieg des CO_2 wird zukünftigen Menschen erlauben, unter einem wärmeren Himmel zu leben.**
> SVANTE ARRHENIUS

Es folgen der Erste Weltkrieg, irgendwo davor, mittendrin oder kurz danach die Geburt unserer Großeltern, dann die wilden Zwanziger und die Weltwirtschaftskrise. Mit Klimafantastereien braucht man in jener Zeit keinem zu kommen. Dennoch macht 1938, am Vorabend des Zweiten Weltkriegs, ein Ingenieur in England eine bemerkenswerte Entdeckung. Sein Name ist Guy Stewart Callendar. Er wurde in Montreal in Kanada geboren, lebt und arbeitet aber in West Sussex, wo er sich in seiner Freizeit mit dem Wetter beschäftigt. Ein Hobbyklimatologe also.

Callendar vergleicht die Temperaturmessungen von zweihundert Wetterstationen in den zurückliegenden fünfzig Jahren. Ihm fällt auf: Die Welt wird jedes Jahr um 0,005 Grad Celsius wärmer. Nicht gerade viel, aber die Erwärmung ist statistisch eindeutig und vor allem konstant. Ausgehend von Arrhenius' Überlegungen glaubt Callendar, dass das von Menschen freigesetzte Kohlenstoffdioxid die Ursache sein muss.

Er veröffentlicht seine Beobachtungen 1938 in der Vierteljahresschrift der Royal Meteorological Society unter dem Titel *The artificial production of carbon dioxide and its influence on temperature*. Callendar schätzt die CO_2-Konzentration in der Atmosphäre für das Jahr 1900 auf 274 Moleküle Kohlendioxid in einer Million Luftteilchen – auf gut Englisch gesagt: parts per million (ppm). Er berechnet, dass sie bis 2100 den Wert von 396 ppm erreicht haben wird und die Temperaturen im Verhältnis dazu entsprechend steigen.

Callendar ist damit der Erste, der anhand gemessener Temperaturdaten feststellt, dass sich der Planet tatsächlich erwärmt. Und der Erste, der diese Erwärmung konkret an den steigenden CO_2-Ausstoß der Menschheit knüpft – was man künftig den »Callendar-Effekt« nennen wird. Er sieht darin einen Segen – glaubt er doch, dass sich damit eine erneute Eiszeit hinauszögern oder gar komplett umgehen lässt, weil die »tödlichen Gletscher« nicht zurückkehren. Und so weist er darauf hin, dass sich in einer wärmeren Welt auch im hohen Norden besser Ackerbau betreiben ließe.

Vorerst halten die Profiforscher Callendar aber für ein Windei – wenn sie überhaupt von ihm Notiz nehmen. Der Kerl ist ein Amateur! Die meisten Klimawissenschaftler glauben damals ohnehin nicht daran, dass der Mensch so etwas Großes wie das Klimasystem der Erde beeinflussen könnte. Eher halten sie es für wahrscheinlich, dass die Erwärmung nach der vergangenen Kaltzeit ein ganz natürlicher Prozess ist.

Spätestens ab September 1939 will von solchen Sachen aber erst mal keiner mehr etwas wissen. Was in den folgenden Jahren passiert, ist bekannt und hat mit dem Klimawandel höchstens insofern zu tun, als dass Panzer, Jagdflieger und Kriegsschiffe natürlich auch CO_2 verschleudern.

Spulen wir also ein wenig vor: in die Fünfzigerjahre des 20. Jahrhunderts.

Unsere Eltern sind inzwischen auch auf der Welt und sind wie ihre Eltern darüber erleichtert, dass die Schießerei endlich ein Ende hat. Sie haben Gefangenschaft und Bombennächte erlebt, Flucht und Vertreibung, die Hungerjahre nach dem Krieg. Sie sind froh, dass sie mit dem Leben davongekommen sind, und genießen den langsam wachsenden Wohlstand. Mit dem Auto fahren sie in Urlaub nach Italien, bejubeln das Wunder von Bern und träumen insgeheim davon, auch mal in ein Flugzeug zu steigen, denn noch sind es die Privilegierten, die auf Geschäftsreisen oder gar zum Shoppen über den Atlantik jetten.

Im Großen und Ganzen begnügen sich unsere Altvorderen allerdings noch mit wenig und sind schon zufrieden, wenn eine der vielen Fabriken auch für sie einen

Schwarz-Weiß-Fernseher ausspuckt oder eine Waschmaschine, damit sie die Kleidung endlich nicht mehr per Hand schrubben und mangeln müssen. Dass die Autos Dreckschleudern sind und die Energie für Haushalt und Heizung aus dem Kohleschacht kommt, spielt da noch keine Rolle.

Die Klimaforschung nimmt in jener Zeit dennoch wieder Fahrt auf. Dabei geht es erst mal gar nicht um die Erforschung eines möglichen menschengemachten Klimawandels. Grund für das gesteigerte Interesse an der Atmosphäre des Planeten, an Luft- und Meeresströmungen ist vielmehr der Kalte Krieg. UdSSR, Großbritannien, aber vor allem die USA lassen zu dieser Zeit bei Kernwaffentests die Atombomben am laufenden Band platzen – überirdisch, unterirdisch und sogar in der Atmosphäre. Der Kernkreativität sind keine Grenzen gesetzt.

Die US-amerikanischen Strahlenmeister möchten nun gerne wissen, welche Sauerei sie da genau anrichten – nicht so sehr wegen der Natur oder unserer Gesundheit, sondern weil sich daraus ein Vorteil gegenüber den Kommunisten ergeben könnte.

Außerdem beginnt in diesen Jahren der Wettlauf ins All. Dwight D. Eisenhower lässt 1955 ankündigen, dass er einen Satelliten in die Erdumlaufbahn bringen will, was natürlich den Ehrgeiz der Sowjets weckt. Rund zwei Jahre später erleiden die USA und Westeuropa den Sputnikschock; die UdSSR sind dem Westen in Sachen Raumfahrttechnik weit voraus und müssen nun wieder eingeholt werden.

Viel Geld und Ehrgeiz sind also im Spiel. Amerikaner und Sowjets beschäftigen ein Heer von Forschern. Die Methoden und Messverfahren verbessern sich schnell, neue Technik steht den Wissenschaftlern zur Verfügung –

und so gelingen ihnen plötzlich Dinge, die vorher in die Hose gegangen sind. Auch in der Klimaforschung.

Im Internationalen Geophysikalischen Jahr 1957/58, bei dem Wissenschaftler aus aller Welt kooperieren, leitet der junge Chemiker Charles David Keeling ein Projekt zur Messung der CO_2-Konzentration in der Atmosphäre. Ein sportliches Ziel. In den vergangenen Jahrzehnten sind bei allen Versuchen, die Überlegungen von Fourier, Tyndall und Arrhenius mit konkreten Messungen zu unterfüttern, nämlich entweder nur völliger Murks oder unbrauchbarer Datenbrei herausgekommen. Doch was Keeling nun gelingt, zählen Wissenschaftler heute zu den drei bedeutendsten Experimenten der Menschheit.

Seine Messstationen baut der junge Forscher an entlegenen Orten, damit die Untersuchungen nicht verfälscht werden, etwa durch Fabrikschlote oder Auspuffe, die in der Nähe qualmen. Den ersten Gasanalysator errichtet er Ende der Fünfzigerjahre auf dem über viertausend Meter hohen Vulkan Mauna Loa auf Hawaii. Weitere Anlagen platziert er in der Antarktis und in Kalifornien, zusätzlich sammelt er Daten mit Flugzeugen.

Der erste Messwert, den Keeling 1958 auf diese Art ermittelt: Der atmosphärische CO_2-Gehalt liegt bei 315 ppm, deutlich über dem, was Callendar zu Beginn des Jahrhunderts berechnet hatte. Keeling stellt außerdem fest, dass die Messwerte von Mai bis Oktober sinken – wenn sich Bäume und andere Pflanzen das Kohlendioxid einverleiben, um zu wachsen. In der anderen Jahreshälfte, wenn alles verrottet, wird das CO_2 wieder frei.

In den folgenden Jahren beobachtet der Forscher, dass die CO_2-Konzentration im Mittel stetig steigt. Und zwar deutlich. Der gemessene Anstieg der CO_2-Konzentration stimmt so ziemlich mit dem überein, was durch die Menge fossiler Brennstoffe entsteht, die auf der Erde abgefackelt wird. Zugleich scheint sich unser Planet zu erwärmen. Das zeigt: Arrhenius, Callendar und all die anderen lagen vermutlich richtig. Wir Menschen zetteln gerade eine globale Klimaerwärmung an. Eine recht beunruhigende Erkenntnis. Aber Kalte Krieger haben andere Sorgen.

Dabei hat damals ein weiterer Klimaforscher eine ziemlich coole Idee: Gilbert Plass.

Er glaubt, dass eine neue Erfindung ganz hilfreich sein könnte, um zu ermitteln, welche Klimaerwärmung wir in Zukunft zu erwarten haben: Computer. Mit ihrer Hilfe entdeckt er zu seinem Erschrecken, dass die Menschheit in einem solchen Maße Treibhausgase in die Atmosphäre pustet, dass sich eine Erwärmung nicht wie in früheren Zeiten in Jahrtausenden oder Jahrhunderten abspielen wird, sondern eher binnen weniger Jahrzehnte. Plass errechnet Ende der Fünfzigerjahre mittels Computer, dass die Erde sich bis zum Jahr 2000 um ein Grad Celsius erwärmt haben könnte.

Er und seine Kollegen sind sich einig: Das ist ein bisschen viel und geht vor allem ein bisschen schnell.

Doch wie schlimm es wirklich ist, wird allen erst klar, als ein Forscher das Ding aus dem ewigen Eis entdeckt.

> **[Keelings] Messreihe belegt, dass die Menschheit ihre planetarische Unschuld verloren hat: Sie verändert die Erde.**
>
> HANS JOACHIM SCHELLNHUBER, LEITER DES POTSDAM-INSTITUTS FÜR KLIMAFOLGENFORSCHUNG

Project Iceworm. Das ist der Name eines Unterfangens, das beweist, dass wir Menschen, wenn es sein muss, die aberwitzigsten Dinge zustande bringen, bei denen am Ende gelegentlich bahnbrechende Erkenntnisse herauskommen, auch wenn wir dabei ursprünglich endbescheuerte Ziele verfolgen.

Die amerikanischen Militärs setzen 1958 den wilden Plan um, im Norden Grönlands, 150 Kilometer vom nächsten Flughafen entfernt, bei Temperaturen von minus 24 Grad Celsius mitten in der Eiswüste einen Stützpunkt zu errichten. Und was für einen. *Camp Century* heißt die Basis. Sie besteht aus 21 teils riesigen Tunneln, die sich acht Meter unter der gefrorenen Oberfläche über 3000 Meter erstrecken. Die Energie kommt aus einem Kernreaktor. Es gibt eine Küche, ein Kino, eine Kirche, sogar einen Friseursalon und ein paar Labors. Bis zu sechshundert Atomraketen sollen hier stationiert werden, um im Ernstfall mit ihnen die Kommunisten zu bewerfen.

Das Projekt muss aber schon einige Jahre nach dem Bau wieder aufgegeben werden. Das grönländische Eis bewegt sich, und man kommt zu dem Schluss, dass das den Abschussrampen und Tunneln nicht gut bekommen würde. Bevor *Camp Century* wieder geschlossen wird und die Amerikaner dort eine Menge toxischen Müll zurücklassen, leistet das Projekt der Menschheit aber doch noch einen großen Dienst.

Zwischen 1963 und 1966 treiben die Wissenschaftler, die auf der Station arbeiten, riesige Bohrer tief in die Eismassen, um herauszufinden, wie sich der Schneefall von Jahr zu Jahr verändert. 1964 bekommen sie Besuch von einem Paläoklimatologen der Universität Kopenhagen: Willi Dansgaard. Den treibt schon seit geraumer Zeit die

Idee um, dass man im alten Gletschereis klimatische Veränderungen in der Erdgeschichte nachverfolgen könnte. Und deshalb ist die Forschungsstation mit ihrem Bohrgerät für ihn so was wie das Klima-Walhalla.

Beim Bohren selbst darf er nicht mit dabei sein – Militärgeheimnis –, aber er erhält die Erlaubnis, das lange Ding, das sie aus dem ewigen Eis herausziehen, zu untersuchen: einen Bohrkern von 1390 Metern Länge.

Es ist das erste Mal, dass Menschen hier oben in Grönland so tief gebohrt haben. Und das Rieseneisstäbchen hat es buchstäblich in sich: Dansgaard macht gleich zwei unerwartete Entdeckungen – die sich alle bei weiteren Bohrungen bestätigen, die er in den Folgejahren mit seinem Schweizer Kollegen Hans Oeschger unternimmt.

Willi Dansgaard hat nämlich die perfekte Klimazeitreisemaschine entdeckt. In den Eisproben sind, wie er gehofft hatte, Luftbläschen eingeschlossen. Sie bilden sich, wenn Jahr für Jahr eine neue Eisschicht entsteht. Anhand der Luftzusammensetzung in den Bläschen kann Dansgaard nun herausfinden, wie die Atmosphäre in vergangenen Epochen und Erdzeitaltern zusammengesetzt war.

Der Eisbohrkern von *Camp Century* reicht bis in die letzte Kaltzeit zurück, etwa 100 000 Jahre. Da war es, wie nicht anders zu erwarten, wesentlich kälter als in der Neuzeit. Aber, *surprise, surprise:* Die Temperaturen waren längst nicht so stabil, wie man das meinen würde. Willi Dansgaard entdeckt, dass das Klima während der Kaltzeit einige krasse Sprünge machte und immer wieder zwischen abrupten kalten und warmen Phasen schwankte. Teilweise so schnell, dass die Durchschnittstemperatur binnen weniger Jahrzehnte um bis zu zehn Grad in die Höhe schoss.

Allerdings funktionierte das wohl auch andersherum. Viele Jahre nach Willi Dansgaard beschreibt der deutsche Meeresgeologe Hartmut Heinrich, dass das Klima sich im letzten Glazial auch ebenso abrupt abkühlen konnte. Besonders betroffen von beiden Phänomenen: die Nordhalbkugel der Erde – da, wo wir sind.

Die beiden Phänomene werden nach ihren Entdeckern benannt: Dansgaard-Oeschger-Ereignis (schnell warm) und Heinrich-Ereignis (schnell kalt), und sie stehen in einem engen Zusammenhang.

Warum genau sie in der letzten Kaltzeit auftraten, darin gehen die Meinungen der Forscher bis heute auseinander. Die bislang beste Erklärung ist, dass die Ausdehnung des Meereises sowie die thermohaline Zirkulation der Ozeane, also die großen Tiefen- und Oberflächenströmungen, ihre Finger im Spiel hatten.

Die allgemeine Theorie am Beispiel des Nordatlantikstroms, der warmes Tropenwasser in unsere nördlichen Breiten schiebt und damit für gemäßigtes Klima sorgt: Die große Wärmepumpe im Ozean wird vor allem durch die unterschiedlichen Temperaturen und Salzgehalte des Wassers in Gang gehalten. Dringt nun zu viel Süßwasser in die Strömung ein, zum Beispiel durch das Abschmelzen des grönländischen Eisschilds und Eisberge, die weit nach Süden in die atlantische Strömung treiben, schwächt diese sich ab – ein Heinrich-Ereignis, durch das es in der Vergangenheit in nördlichen Breiten deutlich kälter wurde. Ist das Gegenteil der Fall, nennt man das ein Dansgaard-Oeschger-Ereignis: Der Süßwasseranteil verringert sich, der Nordatlantikstrom wird stärker, und es wird wärmer.

Inzwischen ist bekannt, dass solch krasse Klimasprünge auch in Warmzeiten – wir befinden uns grade in einer:

dem Holozän – stattfinden können. So was nennt sich dann Bond-Ereignis, was nichts mit 007 zu tun hat, sondern mit einem US-amerikanischen Geologen namens Gerard C. Bond, der das Phänomen entdeckt hat.

Doch zu Zeiten von Willi Dansgaard in den Sechzigern weiß noch niemand, was man aus den Klimaschwankungen folgern soll. Unter dem Strich bleibt nur die Feststellung: Unser Planet ist offenbar in der Lage, die klimatischen Verhältnisse in verdammt kurzer Zeit komplett auf den Kopf zu stellen.

Willi Dansgaard macht aber noch eine Beobachtung, die aufhorchen lässt. Aus den Bohrkernen liest er, dass in der Vergangenheit zwei Werte fest miteinander gekoppelt waren: die globalen Temperaturen und der Gehalt von Treibhausgasen in der Atmosphäre. Eines davon ist bekanntlich CO_2.

Viel CO_2 = warm.
Wenig CO_2 = kalt.

Selbst in den warmen Phasen lag der CO_2-Wert Zehntausende Jahre lang nie über 300 ppm. Das hat sich nun geändert. Und zwar rapide: 1850, vor der Industrialisierung, waren es 280 ppm. 1957 sind es schon 315 ppm. Und das alles deckt sich ziemlich genau mit den Theorien und Erkenntnissen von Arrhenius, Keeling und Callendar und ist … irgendwie gar nicht gut.

In Forscherkreisen setzt sich nun zunehmend die Gewissheit durch, dass die Chose mit der Erderwärmung doch recht ernst ist. Im November 1965 legt der wissenschaftliche Beraterstab dem damaligen US-Präsidenten Lyndon B. Johnson den Bericht *Restoring the Quality of Our Environment* vor. Und was darin zu lesen ist, klingt durchaus alarmierend:

Durch die weltweite Industrialisierung hat sich die Menschheit auf ein unüberschaubares geophysisches Experiment eingelassen. Binnen weniger Generationen setzt sie die fossilen Brennstoffe frei, die sich in den vergangenen 500 Millionen Jahren langsam im Erdreich gebildet haben. Das CO_2, das bei diesem Verbrennungsprozess freigesetzt wird, gelangt in die Atmosphäre; rund die Hälfte davon verbleibt dort. Die geschätzten noch förderbaren Reserven an fossilen Brennstoffen reichen aus, um den Kohlenstoffdioxidgehalt in der Atmosphäre um 200 Prozent ansteigen zu lassen.
Im Jahr 2000 wird sich der CO_2-Gehalt der Atmosphäre annähernd um 25 Prozent erhöht haben. Dies dürfte ausreichen, um messbare und deutliche Klimaveränderungen herbeizuführen, und es wird beinahe sicher zu deutlichen Veränderungen der Temperatur und der Zusammensetzung der Erdatmosphäre führen. [...]
Die klimatischen Veränderungen, die mit einer derart erhöhten CO_2-Konzentration einhergehen, könnten für Menschen schädlich sein.

Diese Warnung vor den Folgen der globalen Erwärmung klingt ähnlich drängend wie der Beatles-Song *Help!*, der in jenem Jahr auf dem fünften Album der Band erscheint. Weiteren Grund zur Sorge liefert das erste computergenerierte Klimamodell des japanischen Klimatologen Syukuro Manabe und des amerikanischen Physikers Richard Wetherald. Da die damaligen Rechner qua Leistung nicht mal mit einem heutigen Smartphone mithalten können, sind seine dreidimensionalen Modelle recht rudimentär – dennoch lässt sich ganz gut simulieren, wie sich eine globale Erwärmung auswirken würde: mit Dürren, Fluten, Stürmen, schmelzendem Eis und steigendem Meeresspiegel.

Alles recht apokalyptisch.

Deshalb geschieht in der Folge auch etwas sehr Überraschendes, nämlich: nix.

Natürlich hat Lyndon B. Johnson mit dem Vietnamkrieg, den ihm sein gerade erschossener Vorgänger John F. Kennedy hinterlassen hat, und aufmüpfigen Blumenkindern wesentlich akutere Probleme an der Backe. Doch der Grund, warum die Sache in den kommenden Jahren nicht angegangen wird, ist ein anderer: Die globalen Durchschnittstemperaturen sinken trotz der steigenden CO_2-Emissionen seltsamerweise bis Mitte der Siebzigerjahre. Und die Forscher beginnen das zu tun, was sie wirklich gut können: Sie streiten sich – darum, woran es wohl liegen könnte.

Und das ist gar nicht gut.

Denn im Stillen formiert sich Widerstand gegen ihre Erkenntnisse. Lyndon B. Johnson ist nämlich nicht der Einzige, der in jenen Jahren Post bekommt.

Auch dem American Petroleum Institute, dem bis heute größten Interessenverband der Öl- und Gasindustrie, flattert ein Schreiben ins Haus – vom Stanford Research Institute. Genauer gesagt ist es ein Abschlussbericht. Darin warnen Wissenschaftler vor den Folgen, die der CO_2-Ausstoß haben könnte, der beim Verbrennen fossiler Energieträger freigesetzt wird. Das Center for International Environmental Law hat den Bericht 2016 wieder ausgegraben, und darin heißt es: »Wenn sich die Temperatur der Erde deutlich erhöht, kann mit einer Reihe von Ereignissen gerechnet werden, wie dem Abschmelzen des antarktischen Eisschilds, einem Anstieg des Meeresspiegels, der Erwärmung der Ozeane und einer Zunahme der Photosynthese. [...] Es ist nahezu sicher, dass bis zum Jahr 2000 signifikante Temperaturveränderungen eintreten, die klimatische Veränderungen mit sich bringen könnten.«

Klingt gar nicht gut. Und die Petrobosse ziehen ihre Schlüsse daraus. Allerdings ganz andere, als einem lieb sein könnte, wie sich bald herausstellen wird.

> **Unsere Probleme sind von Menschen gemacht und können von Menschen gelöst werden. Denn letzten Endes ist unsere tiefe Gemeinsamkeit, dass wir alle diesen kleinen Planeten bewohnen. Wir alle atmen dieselbe Luft, wir alle hoffen für die Zukunft unserer Kinder, und wir alle sind sterblich.**
> JOHN F. KENNEDY

In jenen Jahren, den Sechzigern und Siebzigern, geschieht noch etwas Epochales: Wir kommen zur Welt.

(Tusch!)

Eine Generation, hineingeboren in eine Rundumsorgloswohlstandskindheit mit Lego, Playmobil und Zauberwürfel. Und dem eingebauten Versprechen, dass es uns allen immer besser gehen wird, dass auf jeden eine Ausbildung, ein Job, ein Haus, ein Auto und die Rente warten. All diese tollen Dinge beruhen allerdings im Kern darauf, jedes Jahr Abermillionen Tonnen CO_2 in die Luft zu pusten. Und die Erkenntnis, dass der Lifestyle auch unerfreuliche Nebenwirkungen hat, reift nur langsam.

1972 findet der Club of Rome weltweit Gehör, als er

die Studie *Die Grenzen des Wachstums* veröffentlicht. Der erst kurz zuvor gegründete Expertenverbund, der sich um die Zukunft der Menschheit sorgt, gibt zu bedenken, dass unser Planet wegen des weltweiten Bevölkerungswachstums, der Industrialisierung und der damit einhergehenden Umweltversauung sowie der Begrenztheit natürlicher Rohstoffe schon innerhalb der kommenden hundert Jahre ins Trudeln geraten könnte.

Klingt krass, aber ganz ehrlich: So schnell will sich damals niemand den bequemen Lebensstil wieder abgewöhnen. Und wir als Kinder schon mal gar nicht, denn wir sind in die Welt des Überflusses hineingeboren. Wie hätten uns unsere Eltern auch erklären sollen, dass wir uns die Lieblingsspielzeuge abschminken können, weil die meisten von ihnen aus Plastik bestehen und die Fabriken, in denen sie produziert werden, die Luft versauen? Dass die Biene Maja oder Captain Future ihre Abenteuer ohne uns erleben müssen, weil bei der Produktion des zum Glotzen benötigten Fernsehapparates zu viele kostbare Rohstoffe draufgehen? Oder dass es in den Urlaub ab sofort nur noch nach Balkonien oder mit dem Fahrrad an den Baggersee geht, weil wir auf dem Weg an die Nordsee oder nach Italien mit Papas geliebtem Auto zu viel Dreck in die Luft pusten?

Dabei erinnern sich viele von uns tatsächlich noch daran, dass wir in der frühen Kindheit buchstäblich auch schwarze Tage erlebten: Oft kommen unsere Eltern oder Großeltern mit rußgeschwärzten Händen und Gesichtern in die gute Stube – weil gerade eine neue Ladung Kohlen für den Kohleofen im Keller angekommen ist, die eigenhändig mit der Schaufel oder über die Kohlerutsche in den Vorratsraum geschafft werden muss. Viele Haushalte bedienen sich damals dieser günstigen Heizmethode, und das gemeine Brikett erlebt durch die Schneekatastrophe im Winter 1978/79 sozusagen einen zweiten Frühling.

Im selben Jahr, als wir hierzulande mit Schnee und Eismassen kämpfen, erscheint in der Fachzeitschrift *Nature* ein Artikel des amerikanischen Glaziologen John Mercer mit dem Titel *West Antarctic ice sheet and CO_2 greenhouse effect: a threat of disaster*. Mercer hat den westantarktischen Eisschild mal näher unter die Lupe genommen und entdeckt, dass dieser offenbar schon einmal komplett verschwunden war – und zwar vor 120 000 Jahren im Eem, der letzten Warmzeit vor unserer, als die Temperaturen mehrere Grad über dem heutigen Durchschnitt lagen. Damals war der Meeresspiegel deutlich höher. Mercer meint deswegen: Sollte das Eis der Westantarktis im Zuge der globalen Erwärmung erneut anfangen zu schmelzen, würden die Ozeane allein deshalb um etwa fünf Meter steigen. Er schreibt: »Eines der Warnsignale, dass ein gefährlicher Erwärmungstrend in der Antarktis im Gange ist, wird das Aufbrechen der Eisschelfe an beiden Küsten der Antarktischen Halbinsel sein, wobei dies mit den nördlichsten beginnt und sich allmählich nach Süden ausbreitet.«

Vielleicht dringt diese Botschaft nicht zu uns durch, weil sie damals vom vielen Schnee bedeckt wird, der in jenen Jahren im Winter vom Himmel fällt. Bei anderen sorgen die immer konkreteren Verdachtsmomente gegen das CO_2 allerdings für tiefe Sorgenfalten – nämlich bei denen, die damit Geld verdienen.

Der Erdölriese Exxon unterhält inzwischen eine eigene Forschungsabteilung mit einer Riege von Wissenschaftlern, die Grundlagenforschung in Sachen Klimawandel betreibt. Unter anderem gibt der Konzern über eine Million Dollar für ein Projekt aus, das analysiert, wie viel des freigesetzten CO_2 in den Meeren landet – zur damaligen Zeit wissenschaftlich gesehen absolutes Pioniergebiet.

Ihr leitender Klimaforscher, James F. Black, warnt die Exxon-Bosse laut Recherchen der mit dem Pulitzerpreis ausgezeichneten investigativen Non-Profit-Nachrichtenseite InsideClimate News schon 1977 davor, dass eine Verdopplung der CO_2-Menge in der Atmosphäre die globalen Temperaturen um zwei bis drei Grad erhöhen würde. Bereits ein Jahr zuvor hat er ihnen einen Bericht vorgelegt, in dem er schreibt: »Wissenschaftler sind sich größtenteils einig, dass Kohlendioxidemissionen aus der Verfeuerung von fossilen Treibstoffen die wahrscheinlichste Art ist, wie die Menschheit das globale Klima beeinflusst.«

Nachdem der Club of Rome ja vor ein paar Jahren bereits die Grenzen des Wachstums aufgezeigt hatte, könnte man nun meinen: Früher oder später sind Kohle, Öl und Gas ja ohnehin alle, warum also setzen wir nicht lieber früher als später auf die Alternative und verdienen damit Geld?

Doch das sehen die Chefs von Exxon und anderen Mineralölkonzernen anders. Und machen sich heimlich daran, das Problem auf ihre Weise zu lösen.

Es ist der Beginn des Klimakriegs gegen die Wissenschaft. Und der ist erst einmal eine rein amerikanische Angelegenheit, von der wir in Deutschland noch unbehelligt bleiben.

> **In unserer verschmutzten Umwelt wird die Luft langsam sichtbar.**
> NORMAN MAILER

In den späten Siebzigern und frühen Achtzigern beherrschen unseren Alltag und die Nachrichten neben der Stationierung von Marschflugkörpern im Hinblick auf die Umwelt eher Probleme, die uns näher sind. So nahe, dass wir sie einatmen.

Denn zu der vielen Kohle, die in den Haushalten verheizt wird, gesellen sich die Abgase von Autos und Fabriken. Woran sich noch viele von uns aus der Kindheit erinnern: In der Tiefgarage muss man ständig darauf achten, dass der Vergiftungsalarm, der vor zu viel Kohlenmonoxid warnen soll, nicht anspringt. Der Wald stirbt leise vor sich hin. Und an manchen Tagen ist der Himmel so grau und die Luft so rußig, dass man kaum atmen kann. Vor allem das Ruhrgebiet, Deutschlands größtes Industriegebiet, leidet unter diesem neumodischen Phänomen, das man vorher allenfalls vom Hörensagen aus amerikanischen Metropolen wie Los Angeles kannte: Smog.

Langsam dämmert manchen, dass unsere Abgase der Anfang vom Ende sind und sich in einer so verpesteten Welt nicht gut leben lässt, weder heute noch morgen. Die Umweltbewegung entsteht.

Ist auch gut so, denn die Temperaturen steigen mittlerweile wieder unaufhaltsam. Für den kurzzeitigen Hänger, also die kälteren Jahre in den Siebzigern, vermuten Klimawissenschaftler inzwischen, dass es – neben möglichen natürlichen Klimaschwankungen – vielleicht gerade die Luftverschmutzung sein könnte, die für die unerklärliche Abkühlung des Klimas verantwortlich ist. Sie glauben, dass die Staub- und Rußpartikel, die aus Millionen Schornsteinen und Auspuffen freigesetzt werden, wolkenbildend wirkten, und dass deren kühlende Wirkung den wärmenden Effekt der Treibhausgase überlagerte.

1979 findet in Genf die erste Weltklimakonferenz statt,

die der Anstoß ist, um den Weltklimarat IPCC (Intergovernmental Panel of Climate Change) und ein Weltklimaforschungsprogramm zu gründen. Es wird auch höchste Zeit, möchte man meinen. 1981 ist das bis dahin wärmste je gemessene Jahr.

Unterdessen ist bei uns die Birkenstock-Revolution im Gange: Wegen der Luftverschmutzung bleiben an manchen Tagen sogar Schulen geschlossen, es hagelt Fahrverbote. Beliebtes Feindbild ist der Borkenkäfer, der sich durch den sauren Regen in den Wäldern breitmacht. Und wir Kinder lernen von Heinz Sielmann, durch Gassenhauer wie »Karl der Käfer« und die Aktionen von WWF, Greenpeace, Robin Wood, NABU oder BUND, dass wir nett zu unserer Umwelt sein sollten. Selbst jene, die von der grünen Welle nicht so mitgerissen werden, finden es irgendwie cool, als Joschka Fischer in weißen Turnschuhen 1985 seinen Amtseid als hessischer Umweltminister leistet, und wir verfolgen alle gespannt die Berichte über die waghalsigen Aktionen der Greenpeace-Leute, die dem Dioxinsünder Boehringer Ingelheim ordentlich auf die Finger klopften oder den Dünnsäureverklappern im Hamburger Hafen vors Boot schipperten.

Der Klimawandel kommt in diesen Jahren auch bei uns in Deutschland endlich auf den Tisch – was vor allem am Ozonloch liegt. Für viele ist es der erste nachvollziehbare Beweis, dass wir Menschen tatsächlich an der Atmosphäre rumschlossern können, mit schlimmen Konsequenzen: Das viele FCKW, das wir aus den Haarspraydosen für unsere Betonfrisuren in die Luft sprühen, hat tatsächlich ein Loch in die schützende Schicht unseres Planeten gefressen. Eine Folge, die uns unmittelbar einleuchtet, ist vor allem ein drastisch erhöhtes Hautkrebsrisiko, was in einer Zeit, da goldene Bräune noch ein Statussymbol darstellt, für viele ein echtes Problem bedeutet. Kollektive Kindheitserinnerung: Tiroler Nussöl weicht einer Sonnencreme mit Lichtschutzfaktor 30.

Es herrscht also allgemeines Interesse daran, wieder für eine gute Atmosphäre zu sorgen. Kein Wunder, dass der *Spiegel* 1986 mit einem Heft so großes Aufsehen erregt, dass sein Cover noch heute vielen aus unserer Generation als Sinnbild des Klimawandels im Gedächtnis ist: der Kölner Dom, dem das Wasser bis zum Hals steht. Titel: »Die Klima-Katastrophe«. Featuring: Klimaprognosen, die heute allesamt eingetreten sind.

Ein Jahr später, 1987, veröffentlichen die Deutsche Physikalische Gesellschaft und die Deutsche Meteorologische Gesellschaft einen gemeinsamen Aufruf in Sachen Klima: »Warnung vor drohenden weltweiten Klimaänderungen durch den Menschen«. Was in dem Artikel steht, klingt verdammt nach der Mahnung der Doomsday-Clock-Betreiber. Die Wissenschaftler haben nämlich neben den Atomwaffen den Klimawandel als größte Bedrohung für die Menschheit ausgemacht. Ihre Prognose: Steigt der CO_2-Gehalt der Atmosphäre auf 560 ppm (also das Doppelte des vorindustriellen Wertes) und kommen noch zusätzliche Treibhausgase wie Methan ins Spiel, klettern die weltweiten Temperaturen um drei bis neun Grad Celsius.

Während die Wissenschaftler das als gesichert ansehen, sind sie bei den Folgen etwas vorsichtiger, gehen aber davon aus, dass die Eismassen an den Polen abschmelzen werden, der Meeresspiegel um über einen Meter steigen wird und sich Klimazonen verlagern und Wüsten ausbreiten könnten. Ihre Empfehlung für die Begrenzung der globalen Erwärmung: ein Grad Celsius.

Wie zur Bestätigung des Großalarms stellt 1988 einen

neuen Rekord auf – es geht als das bis dahin heißeste Jahr seit Beginn der Wetteraufzeichnungen in die Geschichte ein, denn es liegt 0,41 Grad Celsius über den Durchschnittstemperaturen der Jahre 1951 bis 1980. Und damit fallen dann die bis dato vier wärmsten Jahre ever – 1981, 1983, 1987 und 1988 – alle in das Jahrzehnt, in dem Nena von *99 Luftballons* singt und das Highlight im Fernsehen eine Serie über texanische Ölmagnaten ist.

Um ihr gut gepflegtes Image nicht zu ruinieren, suchen die Bosse der Mineralölkonzerne und Automobilhersteller – besonders jene in Amerika – eine Exitstrategie aus dem immer mehr um sich greifenden Klimawandelhype. Die Vertreter von BP, Chevron, ConocoPhillips, Exxon, Peabody Energy und Shell müssen schon seit Ende der Siebziger immer wieder Anhörungen im US-Kongress beiwohnen, in denen Wissenschaftler warnen, dass der CO_2-Ausstoß den Treibhauseffekt anheizt, und mit ansehen, wie ihre Geschäftsgrundlage langsam im Klimaschutz zu versickern droht.

Jetzt haben sie die Faxen dicke.

Sie haben eine (ihrer Ansicht nach) brillante Idee: Wenn ihnen der Dreh gelänge, die Menschen zu überzeugen, dass es gar keinen Klimawandel gibt – oder zumindest erhebliche Zweifel daran zu wecken –, dann könnte doch alles einfach so weiterlaufen wie bisher, und niemand müsste sich von liebgewonnenen Gewohnheiten und Umsätzen verabschieden.

Also tun die Öllieferanten und Motorenmacher das, was noch immer geholfen hat: Sie geben Geld aus. Viel Geld. Für eine Armada von Lobbyisten, die Einfluss auf die Politik nehmen und die öffentliche Meinung zu ihren Gunsten wenden sollen.

Und die Bosse schicken nicht irgendwelche Hanseln an

die Front. Sie legen den Job in die Hände von Männern, die sich mit einer solchen Sache auskennen, die den Zaubertrick beherrschen, durch geschickte Öffentlichkeitsarbeit große Gefahren ganz klein zu machen – und die diesen Trick vor allem schon einige Male vor den Augen der Weltöffentlichkeit vorgeführt und Maßregelungen der entsprechenden Industrien verzögert haben: bei den Folgen des Nikotinkonsums und beim Ozonloch.

Zu den Klimakriegern der ersten Stunde gehören unter anderem die Physiker Fred Singer, William Nierenberg, Robert Jastrow und Frederick Seitz. Sie griffen schon in den vergangenen Jahrzehnten für die Tabakindustrie (die seit den Fünfzigern wusste, dass ihre Glimmstängel Krebs verursachen) in die Public-Relations-Wundertüte und nebelten alle mit gekauften Studien ein, die Zweifel an wissenschaftlichen Erkenntnissen über die Schädlichkeit der Lullen säten. Auf dieselbe Weise tricksten, tarnten, täuschten sie für die Produzenten von FCKW und zögerten damit internationale Abkommen zum Schutz der Ozonschicht bis Ende der Achtziger hinaus.

Warum sollte die gleiche Nummer nicht auch beim Klimawandel funktionieren?

Der erste Meilenstein in der Leugnung des Klimawandels ist die Global Climate Coalition. Der Interessenverband wird 1989 von Exxon und anderen Energie-, Automobil- und Industrieunternehmen gegründet. Das Ziel: erst mal beschwichtigen. Ihre Message: Es gibt keinen Klimawandel. Schon gar keinen von Menschen verursachten. Und außerdem sind doch noch so viele Fragen in der Wissenschaft offen. Oder?

Die Organisation soll dem nach der ersten Weltklimakonferenz von der UN und Hunderten Regierungschefs ins Leben gerufenen Weltklimarat IPCC etwas entgegensetzen. Der IPCC ist ein internationaler Zusammenschluss von Klimaforschern, der den Zweck verfolgt, alle Studien und Erkenntnisse zu sammeln, auszuwerten und das Klimasystem der Erde weiter zu erforschen.

Die Zeit drängt. Einer der leitenden Umweltfunktionäre der UN, Noel Brown, verkündet 1989, dass wir nur noch ein enges Zeitfenster hätten, um die weltweite Erwärmung zu stoppen: nämlich bis zum Beginn des neuen Millenniums.

> **Eins ist sicher, wir haben eine Menge Zeit verloren. Wenn die Energieunternehmen von Anfang an aufrecht und Teil der Lösung statt Teil des Problems gewesen wären, hätten wir eine Menge Fortschritt gemacht, statt unsere Treibhausgasemissionen zu verdoppeln.**
>
> KENNETH KIMMELL, PRÄSIDENT DER UNION OF CONCERNED SCIENTISTS

In den Neunzigerjahren, während wir die Schule abschließen, Wehr- und Zivildienst schieben, studieren gehen oder eine Ausbildung machen, erscheinen jede Menge neue Studien zur globalen Erwärmung, die der Weltklimarat in seinen Sachstandsberichten zusammenfasst. Sie alle sprechen eine klare Sprache: Die Erde erwärmt sich massiv durch menschlichen Einfluss.

Das Problem ist auf globaler Ebene nicht mehr wegzudiskutieren, und so geschieht etwas Epochales: Auf der Klimakonferenz im japanischen Kyoto verständigen sich 1997 die Staatschefs fast aller Herren Länder erstmals auf ein Abkommen, das rechtlich verbindliche Emissionswerte und Reduktionsziele für die Industrieländer festlegt. Die Industriestaaten verpflichten sich darin, die Treibhausgasemissionen um 5,2 Prozent gegenüber 1990 zu senken.

Der Vertrag soll gültig werden, wenn ihn mindestens 55 Staaten ratifiziert haben, die zusammen für mehr als 55 Prozent der CO_2-Emissionen im Jahr 1990 verantwortlich sind. Und das könnte sogar klappen – weil viele große Industrienationen mit hohem CO_2-Ausstoß mitmachen wollen: alle Staaten der Europäischen Union, die Japaner, die Russen, vor allem aber auch die USA, eine der größten CO_2-Schleudern. Al Gore, der damals Vizepräsident der USA ist und später mal den Klimawandelfilm *Eine unbequeme Wahrheit* machen wird, leistet 1998 für sein Land eine symbolische Unterschrift unter den Vertrag. Weitere Staaten folgen ihm.

Problem erkannt, Problem gebannt, könnte man meinen. Doch ganz so glatt läuft es dann doch nicht.

Al Gore und der damalige US-Präsident Bill Clinton müssen die Sache noch zu Hause durchdrücken. Und völkerrechtliche Verträge können in den USA nur mit einer Zweidrittelmehrheit des Senats ratifiziert werden. Der allerdings hat der Weltrettung schon vorher einen Strich durch die Rechnung gemacht. Mit 95 zu 0 Stimmen hatte der Senat im Juli vor der Konferenz die »Byrd-Hagel-Resolution« durchgewinkt. Darin steht, dass die USA keinem internationalen Abkommen zur Reduktion der Treibhausgase beitreten werden, wenn neben den Industriestaaten nicht auch die Entwicklungsländer mitmachen und wenn der amerikanischen Wirtschaft durch den Vertrag erheblicher Schaden drohe. Die Begründung, unsere Lebenswelt müsse zurückstecken, wenn für ihre Rettung amerikanische Jobs draufzugehen drohen, werden wir ein paar Jahrzehnte später noch mal sehr ähnlich hören.

Präsident Clinton ist sich wohl bewusst, dass die Aussichten, den Klimavertrag durch den Senat zu bekommen, bescheiden sind. Er versucht also gar nicht erst, das Protokoll zur Abstimmung vorzulegen. Auch die Entschlussfreudigkeit anderer Länder wird dadurch gebremst.

Perfekt für die Kritiker des Klimawandels. Sie blasen zum Großangriff.

Exxon beteiligt sich 1998 an der Gründung des »Global Climate Science Teams«, wie die amerikanische Wissenschaftlervereinigung Union of Concerned Scientists (UCS) in ihrer Studie »Smoke, Mirrors & Hot Air« schreibt. Das Global Climate Science Team soll eine breite Desinformationskampagne orchestrieren, die Zweifel an den Erkenntnissen der Klimawissenschaft sät. Exxon ist das eine ganze Stange Geld wert: Zwischen 1998 und 2005 zahlt der Konzern nach Recherchen der UCS insgesamt sechzehn Millionen Dollar für die Verbreitung von Fake News, die damals nur noch niemand so nennt.

Der vielleicht größte Coup jener Jahre gelingt wohl dem Physiker Frederick Seitz. Er ruft 1998 in einem Rundschreiben Wissenschaftler dazu auf, die Petition des unbedeutenden, aber wohlklingenden Oregon Institute of Science and Medicine zu unterstützen, welches die amerikanische Regierung dazu auffordert, dem Kyoto-Abkommen nicht zuzustimmen. Seinem Schreiben legt er einen Aufsatz bei, der unter anderen von der Astrophysikerin Sallie Baliunas und dem Raumfahrtingenieur Willie Soon verfasst wurde und aufgemacht ist wie ein offizieller Bericht der National Academy of Sciences. Nur: Die Arbeit hat nie den üblichen Begutachtungsprozess durchlaufen, der bei wissenschaftlichen Aufsätzen sonst üblich ist. Zudem stehen Baliunas und Soon, wie die UCS später herausfindet, ebenfalls auf der Gehaltsliste von Exxon. Die National Academy of Sciences gibt daraufhin eine – sehr seltene – Erklärung heraus, dass sie mit der ganzen Sache nichts zu tun habe.

Seitz verkündet dennoch öffentlich, dass sich Zehntausende Wissenschaftler seiner Petition angeschlossen hätten.

Schon bald stellt sich heraus, dass es in der Unterschriftenliste von Ungereimtheiten nur so wimmelt: doppelte Einträge, Personen, die sich auf Nachfrage gar nicht erinnern können, dass sie unterzeichnet haben, erfundene Namen und Spaßeinträge wie der bereits im vorigen Jahrhundert verstorbene Charles Darwin oder berühmte Persönlichkeiten aus anderen Branchen wie Michael J. Fox, John Grisham oder das Spice Girl Geri Halliwell, die nicht nur doppelt auftaucht, sondern auch noch einen Doktortitel verpasst bekommen hat.

Die renommierte populärwissenschaftliche Zeitschrift *Scientific American* ermittelt später, dass vielleicht nur zweihundert der Unterstützer tatsächlich etwas mit der Klimaforschung zu tun haben. Und in einem Artikel für die *New York Times* erklären die Wissenschaftler John Holdren und George Woodwell, dass der Fachartikel, der der Petition beilag, voller Fehler und Verdrehungen der Tatsachen sei.

Doch der Schaden ist angerichtet, denn der Zweifel ist in der Welt. Noch heute wird die »Oregon-Petition« immer wieder als Beleg herangezogen, dass die Wissenschaft sich in puncto Klimawandel nicht einig sei. Und dabei war doch schon damals alles klar.

Die Klimawandelleugner haben jedoch gerade ein gutes

Blatt. Im Jahr 2000 wird George W. Bush als neuer Präsident der Vereinigten Staaten gewählt. In einer extrem umstrittenen Abstimmung setzt er sich gegen den Demokraten Al Gore durch. Zwar stimmten über eine halbe Million Wähler mehr für Gore, doch Bush macht das Rennen, weil der Supreme Court die Nachzählung der Stimmen im Bundesstaat Florida, wo das Rennen besonders knapp ist, stoppt und Bush damit insgesamt mehr Wahlmännerstimmen auf sich vereinigt. Es soll nicht das letzte Mal sein, dass die Welt sich über das seltsame Wahlsystem der Amerikaner wundert.

George W. Bush hat als Unternehmer in der Ölindustrie gearbeitet, und obwohl er zwei Firmen in den Wüstensand setzte, war er immerhin so gut im Geschäft, dass er Direktor der Ölförderfirma Harken Energy Corporation wurde, bevor seine politische Karriere richtig durchstartete. Eine Verquickung von Wirtschaft und Politik, die schwerwiegende Folgen hat: Bushs Beratergremium ist gespickt mit Leuten aus der Ölindustrie.

Unter anderem ist Philip Cooney sein Stabschef für das Council on Environmental Quality, das den Präsidenten auch in Klimafragen berät. Cooney hat vorher als Anwalt und Lobbyist für das American Petroleum Institute gearbeitet. Er musste seinen Posten räumen, als rauskam, dass er wohl etliche Studien und Berichte zur globalen Erwärmung eigenhändig abgeändert hatte, um das Risiko herunterzuspielen. Plötzlich waren Ungewissheiten »erheblich und grundsätzlich«, ohne dass die Forscher dies jemals so formuliert hätten.

Eine der ersten Amtshandlungen von George W. Bush ist daher wenig verwunderlich: 2001 verkündet er, dass die USA das Kyoto-Abkommen nicht ratifizieren würden.

Die Weltrettung ist erst mal auf Eis gelegt.

> Wir hätten es ja schrittweise machen können, wenn wir in den Neunzigern damit angefangen hätten. Aber wir haben versagt. Was wir in jener Zeit taten: Wir haben einen kohlenstoffintensiven Lebensstil globalisiert, wir haben diesen konsumistischen Lebensstil exportiert, nach China, nach Indien.
> NAOMI KLEIN

Dabei könnte der dritte Sachstandsbericht des IPCC, der 2001 erscheint, den Ernst der Lage nicht besser deutlich machen, denn er enthält eine neue, alarmierende Erkenntnis: Sie kommt in Form eines Hockeyschlägers daher. So jedenfalls sieht das Diagramm des Klimaforschers Michael Mann aus.

Michael Mann leitet heute das Zentrum für Geowissenschaften an der Pennsylvania State University. Vor Veröffentlichung seiner Forschungsergebnisse, in den Neunzigern, ist er noch ein Nachwuchswissenschaftler, der den Klimaveränderungen in der Erdgeschichte auf der Spur ist.

Viele von uns schwanken in dieser Zeit zwischen Spaß in der Technodisco und Schock über die Nachrichten vom Krieg ums schwarze Gold in Kuwait, wo der Rauch der brennenden Ölfelder in den Himmel aufsteigt, und wundern sich später um das Trara, das rund um Amerikas berühmteste Praktikantin gemacht wird.

Unterdessen sammelt Michael Mann in mühsamer Kärrnerarbeit die Temperaturdaten der vergangenen tausend Jahre, indem er Korallen, Sedimente, Baumrinden und Eisbohrkerne analysiert. Das Ergebnis bildet er in einer Grafik ab, die bis heute als bahnbrechend gilt und

Mann Beschimpfungen und Morddrohungen von Klimaleugnern einbringt: Bis zum Jahr 1850 verläuft die Temperaturkurve der Erde weitgehend waagerecht, dann aber, genau zu dem Zeitpunkt, als wir Menschen anfangen, Kohle, Öl und Gas zu verbrennen, steigt sie steil nach oben. Kurz: Sie hat die Form eines liegenden Hockeyschlägers.

Damit ist dann endgültig bewiesen und für alle sichtbar, was Michael Manns Vorgänger schon behauptet haben: Die zusätzlichen Treibhausgase, die unsere Autos, unsere Fabriken und unsere Flugzeuge ausstoßen, heizen das Klima an – ohne dass Besserung in Sicht ist. Wir rasen gerade wie Thelma und Louise mit dem Auto auf eine Klippe zu und geben auch noch jubelnd Gas.

Ein Expertengremium bestätigt Manns Studie im Namen der National Academy of Sciences, der ranghöchsten amerikanischen Wissenschaftsvereinigung. Ihre Daten werden auch von anderen Stellen geprüft und für korrekt erklärt. Gegenwind kommt einzig von denjenigen, die von den Förderern fossiler Energieträger gesponsert werden.

Die steil ansteigende Kelle des Hockeyschlägers weist darauf hin, dass die Folgen der globalen Erwärmung nur noch mit großer Anstrengung zu bremsen sind, und sie untermauern die Befürchtungen anderer Wissenschaftler: dass in Zukunft verheerende Stürme (wie später die schlimmen Hurrikane in den USA), Dürren (siehe Afrika und Naher Osten) und Überschwemmungen (heute auch bei uns zu Hause) ganze Landstriche verwüsten werden, Menschen an Hunger leiden (check), Gletscher und Polkappen schmelzen (check), der Meeresspiegel steigt (check) – und sich Millionen auf dem ganzen Erdball auf der Flucht befinden (check).

Vielen ist Anfang der Nullerjahre endlich klar: Es geht nicht mehr länger nur um das mögliche Aussterben des Eisbären – sondern um uns und unsere Lebenswelt.

Die globalen Temperaturen sind gestiegen, der CO_2-Gehalt der Atmosphäre hat sich erhöht, und der Meeresspiegel ist angeschwollen. Der Klimaschutz müsste jetzt so richtig losgehen. Das denkt auch Michael Mann. »Wir dachten, wir hätten unsere Arbeit erledigt«, sagt er. »Wir dachten, ab jetzt ginge es um Politik und nicht mehr um Wissenschaft.«

Geht es auch.

Nämlich um Interessenpolitik.

George W. Bush bestimmt als neuen Vorsitzenden des Umweltausschusses Senator James Inhofe aus Oklahoma, einem traditionell konservativen Bundesstaat mit den fünftgrößten Rohölreserven der Vereinigten Staaten. Inhofe ist Republikaner und wird von nun an mit seinen Aussagen zum Klimawandel immer wieder für Wirbel sorgen. Manns Studie zur globalen Erwärmung nennt er »berüchtigt« und behauptet, dass sie viele Fehler enthielte. Die Umweltbehörde verspottet er als »Gestapo-Bürokratie«, das Vorgehen des IPCC vergleicht er mit einem Gerichtsverfahren bei den Sowjets. Über den Klimawandel sagt er: »Könnte es sein, dass die menschengemachte globale Erwärmung der größte Schwindel ist, der jemals mit dem amerikanischen Volk abgezogen wurde?« Zum Beweis bringt er einmal sogar einen Schneeball mit in den Senat, um zu zeigen, dass die Erde sich nicht erwärmt haben kann, wenn es draußen schneit. Inhofe glaubt: »Gott ist noch immer da oben. Ich finde es unerhört, dass die Leute die Arroganz besitzen, zu denken, wir Menschen hätten Einfluss darauf, was Er mit dem Klima macht.« Und er bezieht sein Wissen lieber aus Thrillern von Michael Crichton denn aus langatmiger Forschungsliteratur: »Ich habe *Welt in Angst* sehr genossen und das Buch zur Pflichtlektüre des Komitees gemacht.« In jenem

Werk schürt Crichton Zweifel an der globalen Erwärmung, die er als Instrument für Strippenzieher in Politik und Wirtschaft darstellt; ausgezeichnet wurde es mit dem Journalismus-Preis der American Association of Petroleum Geologists, die der Ölindustrie nahesteht. Der Roman passt ausgezeichnet in die Jahre nach 9/11, denn zu dieser Zeit grassieren die Verschwörungstheorien – nicht zuletzt landet Dan Brown mit *Illuminati* einen Weltbestseller –, und nichts ist für die Fossilstoffclique einfacher, als den Klimawandel ebenfalls als eine solche zu verkaufen.

Inhofe veranstaltet im Senat sogenannte »Scientific Integrity Hearings« – eine Art Tribunal gegen Wissenschaftler, das an einen beliebten Zeitvertreib amerikanischer Politiker in der Ära von McCarthys Kommunistenjagd erinnert. Die renommierten Forscher sitzen auf der Anklagebank und müssen zusehen, wie ihre Arbeit von Laien hinterfragt wird. Diese wissen oft die Fakten nicht zu deuten, weil sie die Zusammenhänge nicht verstehen. So picken sie auf der Temperaturkurve der globalen Erwärmung – die zwar in kurzem Auf und Ab, insgesamt aber stetig nach oben verläuft – gerne mal jene kürzeren Abschnitte heraus, die den Trend nicht wiedergeben. Das Verwirrspiel funktioniert, der amerikanische Senat bekommt Zweifel am Klimawandel und lehnt am 30. Oktober 2003 den *Climate Stewardship Act* mit 55 zu 43 Stimmen ab. Heute wiegt dieses Versäumnis CO_2-tonnenschwer: Wäre das Gesetz angenommen worden, hätte es die klimaschädlichen Emissionen der USA ab 2010 auf das Niveau des Jahres 2000 eingefroren. Und alles wäre heute etwas cooler.

Die Thesen der Klimaskeptiker verbreiten sich inzwischen in aller Welt – und auch diesseits des großen Teichs bekommen wir sie zu hören.

Anfang des neuen Jahrtausends erscheint in Deutschland das Buch *Klimafakten: Der Rückblick – ein Schlüssel für die Zukunft*. Eine Schrift mit ziemlich offiziösem Charakter, denn sie basiert auf der Studie *Klimaänderungen in geologischer Zeit*, die von der Bundesanstalt für Geowissenschaften und Rohstoffe (BGR) fünf Jahre zuvor in ihrer *Zeitschrift für Angewandte Geologie* veröffentlicht wurde. Kernaussage des Werks: Das CO_2 sei bei der globalen Erwärmung völlig wurst. In Wahrheit liege alles nur an einer veränderten Sonneneinstrahlung.

Was damals niemand weiß und was erst 2016 ein Recherchekollektiv von WDR, NDR und *Süddeutscher Zeitung* herausfindet: Die Bundesbehörde veräppelt uns ganz schön.

Sie hat jahrelang über eine Stiftung Schotter von Unternehmen der Chemie-, Energie- und Rohstoffbranche kassiert. »Bayer, Degussa, die Energiekonzerne Preussag und Rheinbraun, der Gasförderer Wintershall und der Stahlriese Salzgitter, sie alle machten mit«, schreibt die *Süddeutsche*. »Schon im Gründungsjahr 1982 verbucht der Finanztopf der Wirtschaft Einnahmen von 120 000 Mark.«

Unabhängig und wissenschaftlich objektiv geht irgendwie anders.

Aber egal, bis heute gilt das Buch *Klimafakten* als Referenz unter allen, die nicht recht an den menschengemachten Klimawandel glauben mögen.

Während man sich in Deutschland beim Klimaleugnen noch auf das gedruckte Wort verlässt, sind die Meinungsmacher auf der anderen Seite des Atlantiks schon in der neuen digitalen Welt angekommen. Ihnen spielt in die Karten, dass es durch den Siegeszug des Internets, durch Blogs, Podcasts und Videos, einfacher ist denn je, seine Botschaft unters Volk zu bringen – ohne dass irgendjemand vorab prüft, ob das, was man da verbreitet, überhaupt wahr ist. Einmal losgelassen, ist der Zweifel in der Welt. Egal, ob die Daten der Forscher dagegensprechen.

Es sind amerikanische Blogger wie der erzkonservative Klimaleugner Marc Morano, der die populäre Seite climatedepot.com gründet, die diesen Zweifel weiter säen und befeuern. Moranos Arbeitgeber ist das Committee for a Constructive Tomorrow (CFACT), finanziert vom Automobilhersteller Chrysler (gerade durch Abgaslügen bei ihren hauseigenen Dreckschleudern aufgefallen), dem Ölkonzern ExxonMobil (verantwortlich für Tankerunglücke, explodierende Pipelines und weltweit einer der größten Anwender des umstrittenen Frackings) und dem Energielieferanten Chevron (glücklicher Gewinner des Lifetime-Awards des Public Eye on Davos – eines Umweltsünder-Negativpreises für besonders gewissenloses Handeln und jahrelanges Ablehnen der Verantwortung für Umweltschäden). Die *ZEIT* zitiert Morano später mit den Worten: »Wir sollten die Klimawissenschaftler treten, solange sie am Boden liegen. Sie haben es verdient, öffentlich ausgepeitscht zu werden.«

Morano ist einer der Multiplikatoren, die im November 2009 ihre Chance für eine Schmutzkampagne wittern: Hacker sind in einen Server der University of East Anglia eingedrungen und haben E-Mails und Dokumente des Instituts für Klimaforschung gestohlen – es kommt zum »Climategate«, als diese Daten via russische Server geleakt werden. Darunter finden sich angeblich Belege, dass die Wissenschaftler sich nicht einig sind, dass sie Klimadaten vor der Öffentlichkeit zurückgehalten und sogar Daten manipuliert haben – was den Klimawandelgegnern rechtzeitig zur anstehenden UN-Klimakonferenz in Kopenhagen gerade recht kommt. Die Zitate aus den

E-Mails, die weltweit in Umlauf geraten, sind aber aus dem Zusammenhang gerissen und enthalten noch nicht abgesicherte Modelle und Rohdaten.

Wenige Wochen später sprechen parlamentarische Untersuchungsausschüsse die Forscher zwar von allen Vorwürfen frei, doch der Schaden ist angerichtet: Kopenhagen wird zum Waterloo für die Klimaretter, da man sich zum fünften Mal nach Kyoto wieder nur auf den kleinsten gemeinsamen Nenner einigen kann – der besagt, dass die Vertragsparteien das Vorhaben, die globale Erwärmung auf zwei Grad Celsius zu beschränken, lediglich zur Kenntnis nehmen. Der US-Senat schmettert in der Folge das von Präsident Barack Obama in dessen zweitem Amtsjahr eingebrachte Klimaschutzgesetz ab, weil die Republikaner gesammelt dagegenstimmen.

Das Chaos ist perfekt, die Klimaleugner können abklatschen: Alle Welt, viele von uns eingeschlossen, hält die Klimatologie plötzlich für eine ziemlich vage Angelegenheit, und alle sind reichlich verwirrt – wer soll noch kapieren, ob die Welt wirklich untergeht, wenn es die Forscher offenbar selbst nicht wissen?

Es ist fast so, als wäre es dem Imperium in *Star Wars* gelungen, den Rebellen einzureden, der Todesstern sei nur eine harmlose Großraumdisco, und sie bräuchten nichts zu unternehmen.

Und so geht die Zeit dahin.

Bis heute.

Trotz der seit Jahrzehnten eindeutigen wissenschaftlichen Faktenlage hat sich die Skepsis an der Klimaforschung in unseren Köpfen festgesetzt. Die Leugner sind inzwischen auch in Deutschland heimisch.

Frauke Petry meint gegenüber dem YouTube-Kanal *Jung & Naiv:* »Dass es einen Klimawandel gibt, da bin ich dabei, weil es den zu allen Zeiten gegeben hat. Allein, ich halte die Hypothese, ob der Mensch dafür verantwortlich ist, nicht für bewiesen.« Der Berliner Kreis der CDU meint 2017, dass »die mit dem Schmelzen des polaren Meereises verbundenen Chancen (eisfreie Nordpassage, neue Fischfangmöglichkeiten, Rohstoffabbau) vermutlich sogar größer als mögliche negative ökologische Effekte« seien. Und auch in den Medien haben die Klimawandelskeptiker nach wie vor Konjunktur.

2013 erscheint die Broschüre *Und sie erwärmt sich doch. Was steckt hinter der Debatte um den Klimawandel?*, in der das Bundesumweltamt die Namen von Publizisten und Autoren veröffentlicht, die den Klimawandel »mit Thesen, die dem wissenschaftlichen Konsens widersprechen«, infrage stellen. Einer von ihnen ist Fritz Vahrenholt, der Umweltsenator von Hamburg war, bevor er als Vorstand zur Deutschen Shell AG wechselte und später Aufsichtsratsmitglied des Energieversorgungskonzerns RWE wurde.

Er veröffentlichte 2012 zusammen mit einem Geologen das Buch *Die kalte Sonne. Warum die Klimakatastrophe nicht stattfindet.* Es führt den Klimawandel auf veränderte Sonnenaktivität und Meeresströmungen zurück. CO_2 als Faktor für die Erwärmung hält Vahrenholt für überschätzt.

Ein weiterer ist der Wirtschaftsjournalist und Filmemacher Günter Ederer, der 2011 bei *Welt Online* unter der Überschrift »Die CO_2-Theorie ist nur geniale Propaganda« die gesamte Klimawissenschaft für Quark erklärt.

In der Broschüre werden auch die Journalisten Dirk Maxeiner und Michael Miersch genannt, die in ihrer Kolumne für *Die Welt* unter dem Titel »Klimadebattenwandel« behaupten: »Es ist nämlich nicht wärmer geworden – die Welttemperatur stagniert seit nun weit über zehn Jahren, 2011 eingeschlossen.«

Sie strengen eine Klage gegen das Bundesumweltamt an, die aber in letzter Instanz abgewiesen wird. Begründung: Zu den Aufgaben des Umweltbundesamtes gehöre nun mal die Aufklärung der Öffentlichkeit in Umweltfragen, und diesem Auftrag sei es mit der Broschüre nachgekommen. Ausnahmsweise mal ein Punktsieg für die Klimaforschung.

Auch im Internet trommeln in Deutschland zahlreiche Blogs und Webseiten gegen die wissenschaftlichen Erkenntnisse zum Klimawandel, darunter das offiziös klingende Europäische Institut für Klima und Energie e.V., kurz EIKE, das über sich selbst schreibt: »EIKE ist ein Zusammenschluss einer wachsenden Zahl von Natur-, Geistes- und Wirtschaftswissenschaftlern, Ingenieuren, Publizisten und Politikern, die die Behauptung eines ›menschengemachten Klimawandels‹ als naturwissenschaftlich nicht begründbar und daher als Schwindel gegenüber der Bevölkerung ansehen. EIKE lehnt folglich jegliche ›Klimapolitik‹ als einen Vorwand ab, Wirtschaft und Bevölkerung zu bevormunden und das Volk durch Abgaben zu belasten.« Keine weiteren Fragen, vielen Dank.

Gegründet hat EIKE der Historiker Holger Thuß, der ihm bis heute vorsteht. Thuß hat auch CFACT Europe ins Leben gerufen, das seinerseits wiederum Gründungsmitglied von EIKE ist – beide residieren in Jena unter dem gleichen Postfach. CFACT Europe ist ein Ableger des amerikanischen Committee for a Constructive Tomorrow, dem Auftraggeber von Blogger Marc Morano. Zur Erinnerung: Es ist eine klimaskeptische Organisation, die in der Tasche von Chrysler, Chevron, ExxonMobil und Koch Industries steckt. CFACT erhielt beispielsweise 2008 fast 600 000 Dollar von ExxonMobil und gehörte damit zu den vom Ölkonzern am großzügigsten bedachten Spendenempfängern.

Und damit wären wir dann wieder in den USA. Dort, wo der Zweifel am Klimawandel seinen Anfang genommen hat und wo bei den mächtigen Lobbygruppen wohl gerade Partystimmung herrscht, weil mit Donald Trump ein veritabler Klimawandelleugner ins Oval Office eingezogen ist, der Mitte 2017 mit den Worten aus dem Pariser Klimaabkommen austrat: »Als jemand, dem die Umwelt sehr am Herzen liegt, kann ich nicht guten Gewissens einen Deal unterstützen, der Amerika abstraft.«

Als amerikanischer Präsident sieht er seine Hauptaufgabe darin, amerikanische Firmen und amerikanische Jobs zu schützen. Insofern passt die Skepsis, die er und viele andere Republikaner gegenüber dem Klimawandel haben, durchaus ins Bild.

Letzten Endes sind die Investitionen, die viele Energiefirmen oder Autohersteller tätigen, um die Erkenntnisse zum Klimawandel ad absurdum zu führen, durchaus verständlich: Sie schützen damit ihr Revier, was in einem Wirtschaftssystem, in dem jeder sich selbst der Nächste ist, ein absolut rationales Verhalten ist. Und das gilt auch außerhalb von Firmen: Welcher Privatmensch will sich schon von seiner Regierung vorschreiben lassen, wie umweltfreundlich sein Lebensstil zu sein hat, ob er noch genüsslich sein Steak grillen und SUV fahren darf?

So weit, so nachvollziehbar.

Was dabei alle nur übersehen: Auch der Klimawandel gefährdet Jobs weltweit. Er könnte Börsenkurse einstürzen, Versicherer pleitegehen, ganze Branchen kollabieren lassen, weil Naturkatastrophen den Planeten verwüsten. Er könnte dazu führen, dass wir unseren Lebensstil gravierend umstellen müssen, weil Ernten ausfallen und das Wasser knapp wird. Er könnte sogar Regierungen hinwegfegen, weil die Gesellschaften den aberwitzigen Flüchtlingsströmen aus überschwemmten und unbewohnbaren Regionen nicht mehr gewachsen sind.

Schließlich ist es doch so: Es geht nicht um die üblichen politischen und wirtschaftlichen Sandkastenspiele.

Es geht um unser aller Ärsche.

Der Klimawandel ist real. Die Mehrzahl der Prognosen, mit denen uns Klimaforscher schon seit über einem Jahrhundert vor allzu rabiaten Eingriffen in das Klimasystem unseres Planeten warnen, sind eingetreten. Viele davon früher und heftiger als selbst in den pessimistischsten Modellen angenommen. Unsere Welt ist dabei, sich zu verändern – wenn wir nicht aufpassen, wird sie es so lange tun, bis unser Lebensraum für uns nicht mehr bewohnbar ist. Unsere Erde hat sich im Zeitraum von 1850 bis 2017 in Bodennähe im Mittel um 1 Grad Celsius erwärmt – ein ähnlicher Temperatursprung wie der, durch den in der Kleinen Eiszeit das Chaos ausbrach.

Wollen wir den Thermostat noch weiterdrehen?

Wollen wir das Risiko wirklich eingehen, abwarten und gucken, was passiert? Dann spielen wir russisches Roulette mit mehr als einer Patrone in der Trommel.

Die wissenschaftliche Tatsache, dass der Klimawandel menschengemacht ist, verliert vielleicht ihren Schrecken, wenn wir uns klarmachen, was das auch bedeutet: Nämlich, dass wir noch eine Chance haben. Wir haben das Klima kaputt gemacht, also können wir es vielleicht auch wieder reparieren.

Es lohnt sich also, sich alles noch einmal anzuschauen, was wir bisher gesichert wissen – und uns zu fragen: Stellen wir mit diesem Wissen etwas an, oder lassen wir es uns gepflegt egal sein?

KAPITEL 4

Denn sie wissen nicht, was sie alles wissen

Der Stand der Erkenntnisse

> An der Erwärmung des Klimasystems gibt es keinen Zweifel. Sie wird durch den durchschnittlichen globalen Temperaturanstieg der Luft und der Ozeane, das weitverbreitete Abschmelzen von Schnee und Eis sowie den Anstieg des Meeresspiegels bewiesen.
>
> 4. IPCC-BERICHT, FEBRUAR 2007

> Der erste Schritt, ein Problem zu lösen, ist, zu erkennen, dass es eins gibt.
>
> JEFF DANIELS, IN: *THE NEWSROOM*

August 1987. Während einige von uns hierzulande die laue Sommernacht genießen, steigt rund 14 000 Kilometer weiter südwestlich der NASA-Pilot James Barrilleaux auf einem Militärflughafen im chilenischen Punta Arenas in den weißen Rumpf seines ER-2-Erkundungsflugzeugs. Er weiß, dass er von dieser Mission vielleicht nicht zurückkehren wird. Dennoch startet er – um uns allen buchstäblich die Haut zu retten. Ein Unterfangen, das ein wenig an den Film *Armageddon* erinnert, in dem Bruce Willis sich selbstlos bei einer waghalsigen Spaceshuttle-Mission opfert, um die Erde vor dem Exitus durch Kometeneinschlag zu bewahren. Nur: Das hier ist das echte Leben.

Eingepfercht in ein enges Ein-Mann-Cockpit steuert Barrilleaux die Maschine hinaus Richtung Südpazifik, hinweg über die Magellanstraße mit ihren wilden Fjorden und den Touristenbooten, die auf dem Weg zu den Pinguinkolonien sind. Er steigt zügig auf eine Flughöhe von 21 Kilometern und nimmt direkten Kurs auf den Eispanzer der Antarktis. Hier oben herrscht eine Außentemperatur von minus 90 Grad Celsius. Barrilleaux hat deshalb vor dem Abflug Anweisung gegeben, gar nicht erst nach ihm zu suchen, falls etwas schiefgeht. Am Fallschirm würde er in dieser Höhe sofort erfrieren. Bei einer Notlandung blüht ihm das gleiche Schicksal.

Barrilleaux und zwei seiner Kollegen absolvieren in jenem Jahr insgesamt zwölf solcher Himmelfahrtskommandos. Ihre Flugzeuge sind umgebaute Versionen des amerikanischen Spionageflugzeugs U-2, jenes Modells, das bei der Kubakrise eine entscheidende Rolle spielte, als es Startvorrichtungen für Luftabwehrraketen der Sowjets erspähte. Ein Team der NASA hat die Militärjets mit allerhand wissenschaftlichen Messgeräten ausgestattet – 120 Forscher und Techniker sind es insgesamt, die unter der Leitung von Robert T. Watson an dem Antarktis-Projekt arbeiten. Ihr Ziel: herauszufinden, warum der Ozonmantel, der die Erde umgibt und uns vor gefährlicher ultravioletter Strahlung aus dem All schützt, über dem Südpol immer durchlässiger wird. Die Hauptverdächtigen heißen FCKW (Fluorchlorkohlenwasserstoffe) – die US-Regierung hat Spraydosen mit den Treibmitteln schon 1978 verboten, weil einige Wissenschaftler Verdacht geschöpft hatten, dass sie in der Atmosphäre großen Schaden anrichten.

Bei uns in Deutschland gelten die Stoffe derweil auch in den Achtzigern noch lange als unbedenklich, kommen als Kältemittel in Kühlschränken und als Treibmittel in unseren Haarsprays, zum Aufplustern von Schaumpolstern und in Hamburger-Verpackungen zum Einsatz. Kein Wunder, denn die Industrie spielt die Warnungen der Wissenschaftler herunter und zögert ein entschlossenes Handeln der Politiker hinaus. Erst ab Mitte des Jahrzehnts setzt sich auch in der breiten Öffentlichkeit die Erkenntnis durch, dass es da vielleicht wirklich ein Problem gibt. Das ist neben den Kampagnen der Umweltbewegung dem Umstand zu verdanken, dass unsere Sonnenanbeternation Angst vor Hautkrebs durch verstärkte UV-Strahlung bekommt.

Als James Barrilleaux 1987 mit seinem Jet über dem Südpol kreist, hat das Leck in der Schutzhülle der Erde zum Entsetzen vieler Wissenschaftler bereits die Größe Nordamerikas erreicht. Doch zum Glück ist bereits eine internationale Rettungsaktion in die Wege geleitet.

Schon im März 1985 haben sich unter dem Vorsitz der Vereinten Nationen 197 Staaten in einem völkerrechtlichen Vertrag, dem Wiener Abkommen zum Schutz der Ozonschicht, grundsätzlich darauf geeinigt, dass sie was gegen die drohende Verbrutzelung der Erde unternehmen wollen. Nur eine Absichtserklärung, aber immerhin.

Das Überraschende an der ganzen Sache: Das Übereinkommen ist geschlossen worden, obwohl die Datenlage der Forscher eigentlich recht dürftig ist. Der wissenschaftliche Beweis, dass FCKW und Ozon tatsächlich in der Höhe miteinander reagieren und so ein Loch in die Atmosphäre reißen, steht nämlich noch aus.

Die erste Vermutung, dass dies so sein könnte, hatten der Meteorologe Paul J. Crutzen und die Chemiker Mario Molina und Frank Sherwood Rowland schon 1974. Später sollten sie für ihre Forschung den Chemie-Nobelpreis erhalten, aber in diesen frühen Tagen war ihre Theorie noch kein Anlass, Großalarm auszurufen.

Doch dann entdeckte der Geophysiker Joe Farman zusammen mit Kollegen durch Messungen der britischen Antarktisstation Halley Bay etwas Beunruhigendes: ein Loch in der Ozonschicht – direkt über ihnen. »Starke Verluste des Gesamt-Ozons in der Antarktis«, betitelten sie den Artikel, den sie im Mai 1985 in der Fachzeitschrift *Nature* veröffentlichten und der in aller Welt für Aufsehen sorgte.

Eigentlich wäre das Riesenloch schon früher aufgefallen – wenn die NASA nicht gepennt hätte. Sie hatte mit einem Satelliten schon Anfang der Achtziger Löcher im Ozon festgestellt, aber diese einfach als einen Rechenfehler abgetan –, weil sie zwar von der theoretischen Möglichkeit eines Ozonabbaus wusste, diesen aber in viel höheren Schichten der Atmosphäre vermutet hätte.

Nun war auch ihnen klar, dass die Ozonschicht tatsächlich dünner wurde – nur der Zusammenhang mit den FCKW war immer noch Theorie. Doch die reine Aussicht auf ein globales Klimadesaster genügt damals den Politikern, um für ihre Verhältnisse recht zügig zu handeln.

Im September 1987 unterzeichnen die Mitgliedsstaaten der Vereinten Nationen im kanadischen Montreal ein Abkommen, das die Produktionsmenge der schädlichen Stoffe um 95 Prozent gegenüber 1987 reduzieren soll und so die Ozonschicht schützt. Das Montreal-Protokoll beruht damit auf dem »Vorsorgeprinzip«. Einfach gesagt, bedeutet es: Vorsicht ist besser als Nachsicht. Konkreter formuliert es 1992 die UN-Klimakonferenz von Rio de Janeiro:

Angesichts der Gefahr irreversibler Umweltschäden soll ein Mangel an vollständiger wissenschaftlicher Gewissheit nicht als Entschuldigung dafür dienen, Maßnahmen hinauszuzögern, die in sich selbst gerechtfertigt sind. Bei Maßnahmen, die sich auf komplexe Systeme beziehen, die noch nicht voll verstanden worden sind und bei denen die Folgewirkungen von Störungen noch nicht vorausgesagt werden können, könnte der Vorsorgeansatz als Ausgangsbasis dienen.

Zusammen mit dem Wiener Übereinkommen ist das Montreal-Protokoll der erste Vertrag in der Geschichte der UN, den alle Mitgliedsstaaten ratifiziert haben.
Und niemand bereut es.

Denn keine zwei Wochen nach Unterzeichnung des Vertrags präsentiert das NASA-Team um Robert T. Watson die Ergebnisse der Messflüge über dem Südpol, bei denen James Barrilleaux und seine Kollegen ihr Leben riskiert haben. Sie hatten die FCKW quasi auf frischer Tat ertappt und deren Ozonabbau mittels ihrer Messgeräte nachgewiesen. Die Spurengase waren damit endgültig als Ozonkiller überführt.

In den folgenden Jahren wird die Ozonschicht dann auch über dem Nordpol und Europa dünner, also direkt über unseren Köpfen, was dazu beiträgt, dass das Montreal-Abkommen seine Dringlichkeit behält und mehrere Male verschärft wird, bis die FCKW und andere ozongefährdende Chemikalien endgültig ausrangiert sind.

Heute ist das Ozonloch zwar immer noch da, doch es schließt sich langsam. Die FCKW, die wir Menschen vor dreißig Jahren freigesetzt haben, sind weiterhin in der Atmosphäre und verdünnen den natürlichen Schutzschild über dem Nord- und Südpol, wo die Winde und die Temperaturen für die Reaktion besonders zuträglich sind. Außerdem werden auch Lachgas und Methan, ebenfalls ozonschädlich, weiter ausgestoßen, was nicht ganz zu verhindern ist – immerhin macht die Natur das zum Teil selbst: durch die Fäulnisprozesse beim Nassreisanbau, durch pupsende Kühe und beim Auftauen des Permafrostes – dabei zersetzen Mikroben die darin enthaltenen organischen Überreste von Pflanzen und Tieren und geben Kohlendioxid, Methan und Lachgas an die Atmosphäre ab.

Es wird daher noch Jahrzehnte dauern, bis das Leck wieder vollständig abgedichtet ist, doch Ozonexperten sind sich inzwischen einigermaßen sicher, dass unsere Kinder und Enkel wieder ganz vor UV-Strahlen geschützt sein werden.

Und diese Chance verdanken sie ausschließlich einer vorausschauenden Entscheidung, die vor gut dreißig

Jahren von den Staatschefs dieser Welt getroffen wurde, obwohl die Faktenlage nicht eindeutig war.

Heute wäre es wieder Zeit, Vorsorge zu treffen.

Wieder droht der Menschheit großes Unheil – und wieder müssten alle gemeinsam und verantwortungsvoll handeln, um es zu vereiteln. Und im Unterschied zu damals liegen uns bereits jetzt eindeutige Beweise vor. Beweise, dass der Klimawandel wirklich geschieht und katastrophale Auswirkungen haben wird. Und zwar jede Menge.

> Die meisten Menschen haben nie begriffen, wie knapp das damals war.
> PAUL J. CRUTZEN

Die globale Erwärmung ist inzwischen von Klimaforschern besser dokumentiert denn je. Die Nachfolger von Wissenschaftlern wie Joseph Fourier und John Tyndall beobachten mit Wetterstationen, von Flugzeugen, Helikoptern und Wetterballons aus das Klima und die Atmosphäre; selbst in den unwirtlichen Gegenden der Arktis und Antarktis stehen Messstationen. Auf den Weltmeeren treiben unzählige Sonden, um die Temperatur, die Zusammensetzung des Wassers, die Höhe der Wellen und die Strömungen zu überwachen. Erdbeobachtungssatelliten vermessen aus dem Orbit jeden Millimeter, schicken Bilder von Wolkenlagen und Druckgebieten, messen Temperaturen und erforschen die Atmosphäre. Forscher streifen durch die Wälder und sammeln Indizien für die Verschiebungen der Brutzeiten von Vögeln, Wanderungsrouten von Amphibien oder das Erblühen verschiedener Pflanzen. Mithilfe von Eisbohrkernen und Baumringen, die uns als Klimaarchive Auskunft über die Niederschlagsmengen, Winde, Treibhausgaskonzentrationen, Boden- und Lufttemperaturen oder die Sonnenaktivität früherer Zeiten geben, blicken wir weit in die Klimageschichte unseres Planeten zurück. Und Computersimulationen zeigen uns, wie sich das Klima unter bestimmten Voraussetzungen entwickeln wird.

Ja, der Planet ist verdammt groß, und es gibt noch etliches, was die Forscher nicht wissen. Aber viele Zusammenhänge – früher wie heute – sind inzwischen so gut vermessen wie ein perfekt sitzender Maßanzug.

Gerade unsere Generation ist dank frei zugänglicher Informationen im Internet hervorragend informiert – vielleicht besser als jede andere vor uns.

Wir wissen, was vor sich geht.

Wir wissen, dass die Hitzerekorde zunehmen. Jede der letzten drei Dekaden war laut Weltklimarat wärmer als die vorhergehende und auch wärmer als alle Jahrzehnte, deren Temperaturen wir seit 1850 aufgezeichnet haben. Achtzehn der wärmsten Jahre seit Beginn der Klimaaufzeichnung sind uns in der Zeit von 2001 bis 2018 beschert worden. Die allerheißesten jemals gemessenen Jahre waren die vergangenen fünf.

MANCHE MÖGEN'S HEISSER

Wie die globalen Temperaturen steigen

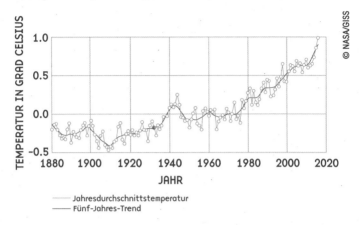

— Jahresdurchschnittstemperatur
— Fünf-Jahres-Trend

Die Temperaturen der Erdoberfläche (Land und Wasser) in Relation zu den Durchschnittstemperaturen zwischen 1951 und 1980. Von Abkühlung weit und breit keine Spur.

Wir wissen, dass die Erde sich beständig erwärmt – nach dem neuesten Bericht des IPCC, liegen die Temperaturen des Jahres 2017 bereits 1 Grad über dem Durchschnitt der vorindustriellen Zeit. Wobei das Thermometer nicht überall gleichmäßig klettert: In Europa stieg zum Beispiel die durchschnittliche Bodentemperatur im Zeitraum von 2002 bis 2016 laut der europäischen Umweltagentur EEA bereits um 1,3 Grad. Der Grund: Land erwärmt sich schneller als Wasser.

**Wir sind es eigentlich gewohnt, Temperaturrekorde in Bruchteilen von Grad zu messen –
das hier ist wirklich etwas ganz anderes.**
PETTERI TAALAS, WMO-GENERALSEKRETÄR

Wir wissen, dass Treibhausgase wie Wasserdampf, Kohlenstoffdioxid, Lachgas und Methan bewirken, dass sich unser Planet aufheizt. Erhöht sich der Gehalt dieser Gase in der Atmosphäre, erwärmen sich Böden, Wasser und Luftschichten – schon geringe Mengen zeigen deutliche Auswirkungen. Nach Wasserdampf ist CO_2 das mächtigste Klimagas. Seine Konzentration in der Atmosphäre ist eng mit den globalen Temperaturen verknüpft. Und anders als beim Wasserdampf kann der Mensch am CO_2-Gehalt durchaus viel drehen.

Wir wissen deswegen, dass der Klimawandel, den wir gerade erleben, von uns Menschen verursacht wird. Selbst wenn die Trumps, Gaulands und Wilders dieser Welt wie kleine Kinder trotzig auf den Boden stampfen: Es bleibt unsere Lebensweise, die derzeit der Hauptverursacher der globalen Erwärmung ist – unsere Autos, unsere Fabriken, unsere Flugzeuge, unsere fleischlastige Ernährung.

DAS IST SPITZE!
Wie die CO_2-Werte in der Atmosphäre steil gehen

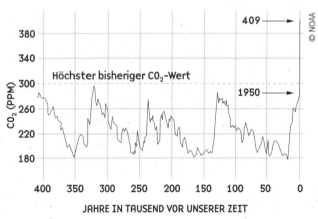

Die CO_2-Werte aus den letzten Jahrtausenden, rekonstruiert aus Eisbohrkernen. Das CO_2 stieg nie über 300 Teile pro Million – bis wir die Motoren anwarfen.

Mit jeder Tonne CO_2, die in die Atmosphäre gelangt, verschwinden in der Arktis drei Quadratmeter sommerliches Eis – das haben deutsche und amerikanische Klimaforscher für das Fachblatt *Science* errechnet. Für einen Flug von Berlin nach New York fallen gut anderthalb Tonnen CO_2 an, macht viereinhalb Quadratmeter Eis weniger – pro Passagier. Ein Jahr Autofahren im Mittelklassewagen, also rund zwölftausend Kilometer Strecke, kosten sechs Quadratmeter. Und eine vierzehntägige Schiffsreise auf einem der modernen Kreuzfahrtpötte schlägt mit über zehn Quadratmetern pro Passagier zu Buche. (Ganz zu schweigen von den Schwefelemissionen aus dem Schweröl, das die Schiffe als Treibstoff gebrauchen und das so ziemlich das Giftigste ist, womit man ein Fahrzeug betreiben kann.) Positiver Nebeneffekt: In Zukunft wird für diese Art von Reisen mehr Wasserfläche zur Verfügung stehen.

Wir wissen, dass der Gehalt von CO_2 in der Atmosphäre heute, Stand Oktober 2018, bei über 409 ppm liegt, das nämlich hat die NASA gemessen. Nie war die Konzentration in den vergangenen 800 000 Jahren höher als 300 ppm. Klar, in der Zeit davor waren es auch schon mal mehr, zum Beispiel so um die 1500 ppm vor 100 bis 250 Millionen Jahren, im Mesozoikum. Allerdings trampelten da die Dinosaurier über die Erde, und am Nordpol herrschten mitunter 20 Grad Celsius, während die Ozeane bis zu 35 Grad heiß waren und weite Teile der Kontinente bedeckten.

OH WHAT A KEELING
Die längste CO₂-Messung der Welt

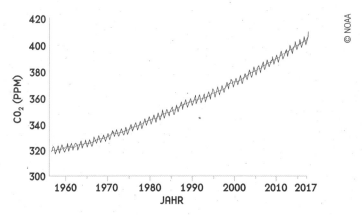

Die Messungen, die Charles David Keeling 1958 in der Mauna-Loa-Station auf Hawaii begann, machten allen klar: Die steigenden CO$_2$-Werte gehen auf den Menschen zurück.

Wir wissen, dass derzeit etwa die Hälfte des von uns ausgestoßenen CO$_2$ in der Atmosphäre verbleibt. Der Rest wird von sogenannten Kohlenstoffsenken aufgenommen – dazu zählen vor allem die Ozeane, Wälder, Pflanzen, Savannen und Steppen. Doch deren Ökosysteme leiden auch darunter – unsere Ozeane nehmen beispielsweise 25 Prozent des CO$_2$ auf, das wir ausstoßen –, und dabei versauern sie zusehends. Die Speicherkraft der Senken ist deswegen begrenzt – blasen wir zu viel CO$_2$ in die Luft, winken die Meere und Bäume irgendwann ab. Gleichzeitig baut sich das CO$_2$ in der Atmosphäre nur langsam ab – es verbleibt dort so lange, dass es selbst zu Zeiten unserer Urenkel und deren Urenkel noch auf das Klima wirken wird: Die Universität von Chicago hat berechnet, dass zehn Prozent der CO$_2$-Menge, die wir Menschen zusätzlich in die Atmosphäre eingebracht haben, noch in 10 000

Jahren dort herumhängen werden. Das zusätzliche CO_2 setzt eine Erwärmungsspirale in Gang: Eine wärmere Atmosphäre enthält mehr Wasserdampf – das stärkste Treibhausgas –, was die Erwärmung zusätzlich verstärkt.

Nur wenn es uns gelänge, die Konzentration der Treibhausgase durch irgendeinen technischen Kniff wieder auf vorindustrielles Niveau zurückzufahren, hätten wir eine Chance, dass die Durchschnittstemperaturen auf unserem Planeten wieder zurückgehen.

Wir wissen, dass uns allmählich die Luft zum Atmen knapp werden könnte. Denn genau diese Atemluft verändern wir mit jeder Tonne CO_2, die wir in die Atmosphäre emittieren. Eine Studie der Harvard School of Public Health fand 2015 heraus, wie sich unsere kognitiven Fähigkeiten verringern, wenn die CO_2-Konzentration in der Luft steigt. Bereits bei 1000 ppm – übrigens dem, was durch schlechte Belüftung und viele Mitarbeiter bereits jetzt in vielen Büros herrscht – sanken Handlungsfähigkeit, Informationsverstehen, Gefahrenreaktion und strategische Fähigkeiten um 21 Prozent. Die Testergebnisse der Probanden wurden mit steigendem CO_2-Gehalt immer schlechter. Wenn wir unsere weltweiten CO_2-Emissionen also nicht rasch senken, bedeutet das konkret: Noch sind wir nicht zu doof, die Welt zu retten – wir könnten es aber in Zukunft sein.

Wir wissen, dass die Eispanzer der Erde mit zunehmender Geschwindigkeit schmelzen – in der Arktis wie in der Antarktis und in Gletscherregionen weltweit. Das hat den Meeresspiegel allein im 20. Jahrhundert bereits um etwa 17 Zentimeter steigen lassen. Ein Trend, der sich ebenfalls beschleunigt: Aus 1,7 Millimetern im Jahr 1900 sind nach Angaben der NASA im globalen Durchschnitt aktuell 3,4 Millimeter pro Jahr geworden. Natürlich steigt das Wasser an manchen Orten schneller als an anderen. Und da laut *World Ocean Review* heute über eine Milliarde Menschen in tief liegenden Küstenregionen leben, sind sie bereits vom Anstieg der Ozeane betroffen oder werden es zukünftig sein, wenn die globale Erwärmung das Wasser weiter anschwellen lässt.

MEHR ALS ZWANZIG ZENTIMETER, KLEINER PETER
Wie der Meeresspiegel anwächst:
derzeit über 3 Millimeter pro Jahr

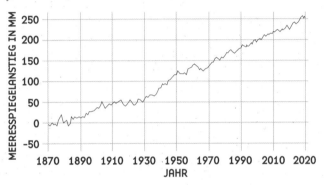

Der Anstieg des Meeresspiegels wird von zwei Faktoren bedingt: dem Schmelzwasser der Eismassen von Grönland und der Antarktis sowie der Tatsache, dass Wasser sich ausdehnt, wenn es wärmer wird.

Wir wissen auch, dass die Ozeane deshalb so warm sind, weil sie 95 Prozent der Wärme speichern, die wir Menschen durch das Verbrennen fossiler Energieträger seit der Industrialisierung erzeugt haben. Wie Johan Rockström, Professor am Stockholm Resilience Center, erklärt: »Wir leben auf einem blauen Planeten, und die Ozeane sind der Thermostat unserer Erde. […] Würde die gesamte gespeicherte Wärme aus dem Meer auf einmal in die Atmosphäre frei, hätten wir von heute auf morgen einen Temperaturanstieg von 36 zusätzlichen Grad.«

> Das ist ein Katastrophenszenario. Das letzte Mal, als sich die Erde zwei Grad erwärmte, stieg der Meeresspiegel um mindestens 15 Meter.
>
> JAMES E. HANSEN

Wir wissen, dass es in der Erdgeschichte immer wieder Klimaveränderungen gegeben hat – wechselnde Kalt- und Warmzeiten, beeinflusst von der Umlaufbahn des Planeten um die Sonne, der Neigung der Erdachse, veränderter Sonneneinstrahlung, der Kontinentaldrift, Veränderungen der Meeresströmungen, Vulkanausbrüchen oder auch Meteoriteneinschlägen (ja, die Sache mit den Dinosauriern). Ein gutes Beispiel ist die Kleine Eiszeit – geringere Sonnenaktivität und ein schwacher Nordatlantikstrom brachten damals so einiges durcheinander.

Wir wissen, dass einige der großen Massenaussterben, die sich auf unserem Planeten in den vergangenen 520 Millionen Jahren ereignet haben, mit einer deutlichen Erhöhung der globalen Temperaturen einhergingen. Das hat der britische Forscher Peter Mayhew von der University of New York mit einigen Kollegen 2007 in einer Studie beschrieben, in der sie die Temperaturentwicklung mit der Artenvielfalt verglichen. Ergebnis: In warmen Phasen der Erdgeschichte hatte es das Leben immer schwer. Schon heute befinden wir uns vielen Wissenschaftlern zufolge wieder mitten in einem großen Massensterben – auch wenn es nicht ausschließlich mit dem Klimawandel zu tun hat, sondern damit, dass wir Menschen die Meere mit Schleppnetzen malträtieren, seltene Arten bejagen und überall unseren atomaren, toxischen oder unkaputtbaren Müll deponieren – zu Lande, zu Wasser und in der

Luft. In einem Bericht von 2006 gehen die Vereinten Nationen übrigens davon aus, dass dieses Vorgehen im Verein mit dem Klimawandel ausgesprochen effektiv ist: Das Artensterben geht diesmal 1000-fach schneller vonstatten als zu früheren Zeiten.

Wir wissen aus Erfahrung, welche Veränderungen ein Klimawandel mit sich bringt. Wüsten, Gletscher, Eisberge breiten sich aus oder ziehen sich zurück. Der Meeresspiegel sinkt oder steigt. Manche Region wird sengend heiß, eine andere bitterkalt, wieder andere werden von lang anhaltenden Regenfällen heimgesucht oder trocknen völlig aus.

Wir wissen, dass die Folgen der Klimaveränderungen sich ziemlich gut mit den Geschicken der Menschheit in Beziehung setzen lassen: Der Aufstieg großer Reiche wurde oft von einem regionalen Klimaoptimum begleitet, ihr Fall von einer deutlichen Klimaverschlechterung: Die alten Pharaonen konnten ihre Macht am Nil festigen, weil sie dort über Jahrhunderte mitten in der Wüste ein fruchtbares Tal vorfanden. Als sich das Klima änderte und das Nilhochwasser ausblieb, wirkte sich das auf die Herrschaft aus. Und das Weströmische Reich zerfiel während der Völkerwanderung nicht nur, weil die Hunnen die Germanen, Goten und andere Völker vor sich hertrieben, sondern weil wetterbedingte Ernteausfälle in diesen Gebieten die Menschen zur Flucht veranlassten und sie schließlich in ihrer Not den Limes niederrannten. Und 1816, das »Jahr ohne Sommer«, ist besonders dadurch in Erinnerung, dass überall das Chaos ausbrach, weil in Indonesien der Vulkan Tambora hochgegangen war und den kompletten Erdball mit einer dicken Ascheschicht einhüllte, was zu Frost, Missernten und Hungersnöten führte.

Wir wissen, dass schon kleine Temperaturschwankungen große Auswirkungen haben können. So fielen in der Kleinen Eiszeit, die unseren Vorfahren turbulente Jahre bescherte, die Temperaturen lediglich geringfügig: Von 1580 bis 1720 war es in der Region nördlich der Tropen um etwa ein Grad kälter als in der Zeit der Wetteraufzeichnungen von 1885 bis 1960. Europa kühlte etwas stärker ab, nämlich in der Zeit von 1550 bis 1880 um 2,5 Grad Celsius. Wir steuern auf eine ähnliche Temperaturentwicklung zu. Nur diesmal ist sie ansteigend.

Wir wissen unter anderem deswegen, dass diese Veränderung menschengemacht ist, weil sich die aktuellen Klimaveränderungen viel rascher vollziehen als ähnliche Szenarien in der Vergangenheit. Der Wechsel zwischen Warm- und Kaltzeiten dauerte früher Hunderttausende Jahre. Heute passiert ein solcher Umschwung in wenigen Jahrzehnten, und die Erwärmung verläuft analog zu unserem Ausstoß schädlicher Klimagase. Zudem haben Berechnungen mit Klimamodellen ergeben, dass natürliche Klimaeinflüsse wie Sonneneinstrahlung oder Vulkanausbrüche zwar auch einen Teil zur Erwärmung beisteuern, aber allein nicht ausreichen, um die deutliche und rapide Erwärmung seit 1950 zu erklären.

Es ist später, als wir dachten.
SUSAN SALOMON, US-KLIMAWISSENSCHAFTLERIN, 2007

Wir wissen, welche gravierenden Folgen dies für uns alle haben kann: Ernteausfälle, die ein dramatisches Ausmaß erreichen wie 2018 in Europa, lange anhaltende Dürren und Wassermangel wie aktuell in der Sahelzone; Hitzewellen wie 2017 und 2018 in Indien, Überschwemmungen wie zuletzt in Japan und im Kaukausus sowie Tropenstürme, die Inseln versenken wie 2018 in Hawaii – all das kann das öffentliche Leben zum Erliegen bringen, Seuchen verursachen und ganze Regionen unbewohnbar machen. Arten können sterben oder neue Gebiete besiedeln – was dann gefährlich ist, wenn es Insekten sind wie die bereits in Deutschland angesiedelte Tigermücke, die in den Tropen und Subtropen Krankheiten wie Chikungunya- und Denguefieber verbreitet. Durch Hungersnöte und soziale Ungerechtigkeit können riesige Flüchtlingsströme entstehen, was für soziale Unruhen sorgt und selbst demokratische Gesellschaften vor eine Zerreißprobe stellt.

Wir wissen das, weil all dies bereits zu früheren Zeiten geschehen ist – mit dem Unterschied, dass heute sieben Milliarden Menschen auf der Erde leben. So viele wie noch nie, Tendenz steigend. Und wir schaffen es leider noch nicht einmal unter normalen Umständen, alle zu ernähren und jedem ein gutes Leben zu ermöglichen.

Wir wissen, dass die Sache teuer wird: Der Klima-Risiko-Index, den die Umwelt- und Entwicklungsorganisation Germanwatch 2016 veröffentlichte, weist Deutschland global gesehen mit Rang 18 als am stärksten betroffene Industrienation aus. Schuld daran: Überflutungen, Stürme und der Hitzerekordsommer 2003. Durchschnittlich entstanden dadurch Schäden von über drei Milliarden Euro pro Jahr.

> **Es ist billiger, den Planeten jetzt zu schützen, als ihn später zu reparieren.**
>
> EU-KOMMISSIONSPRÄSIDENT
> JOSÉ MANUEL BARROSO, DEZEMBER 2009

Wir wissen, dass wir dabei sind, den klimatischen Wohlfühlkorridor zu verlassen, in dem Menschen leben und überleben können – unser Lebensraum könnte bald im Eimer sein.

Und trotz aller wissenschaftlichen Erkenntnisse hegen einige noch unberechtigte Zweifel. Wie das Potsdamer Institut für Nachhaltigkeitsstudien 2017 ermittelte, glauben 16 Prozent der Deutschen nicht an den Klimawandel. Das sind mehr als in anderen europäischen Ländern. Und drei von vier Deutschen meinen, dass die Wissenschaftler sich nicht einig sind. Was so nicht ganz stimmt. *Wir wissen* nämlich, dass eine überwältigende Mehrheit der Wissenschaftler hinter der Erkenntnis steht, dass der Klimawandel vom Menschen verursacht wird. Genauer gesagt: 97 Prozent. Das hat der Sprecher des Klimainstituts der University of Queensland, John Cook, 2013 bei einer Untersuchung aller zum Klimawandel veröffentlichten Studien ermittelt.

Cooks Ergebnisse wurden oft angezweifelt. Aber: Zu einem ähnlichen Befund kam 2004 schon Naomi Oreskes, Professorin für Geschichte und Wissenschaftsforschung an der Universität von Kalifornien. Sie untersuchte 928 Artikel zum Thema Klimawandel, die von wissenschaftlichen Gremien begutachtet und zwischen 1993 und 2003 in Fachzeitschriften veröffentlicht worden waren. Die Zahl der Wissenschaftler, die in ihren Aufsätzen der These von der menschengemachten Erwärmung widersprachen: null.

Und auch William R. L. Anderegg, Biologe an der Universität von Utah, analysierte 2010 die Publikationen und Aussagen von 1372 Klimaforschern, mit der Erkenntnis: 97 bis 98 Prozent der Wissenschaftler hegen keinerlei Zweifel, dass wir Menschen selbst den Klimamurks in Gang gesetzt haben.

97 Prozent – für wissenschaftliche Verhältnisse eine ziemliche Sensation. Immerhin beruht die Arbeit der Forscher auf ständigem Prüfen, Zweifeln und nochmals Überprüfen, es gibt also nie absolute Gewissheit, und Ergebnisse, die veröffentlicht werden, müssen erst von mehrköpfigen Gremien für schlüssig befunden werden. Wenn sich dann trotzdem derart viele Forscher in einer solchen Sache einig sind, ist das so außergewöhnlich, als wären alle Bundesligafans einhellig der Meinung, dass der FC Bayern München der allerbeste Rasenballsportverein der Welt ist.

Zugegeben, die Klimaforscher sind sich in vielen anderen Punkten uneins – was bei der Komplexität der Materie und der Tatsache, dass viele Mechanismen im Klimasystem erst noch untersucht werden müssen, aber auch nicht besonders verwunderlich ist.

Die Unsicherheit der Forscher bezieht sich vor allem darauf, wie rasch genau die globale Erwärmung, der Anstieg der Meeresspiegel und das Abschmelzen des Eises voranschreiten. Die große Frage ist: Wie schlimm wird es noch – und wann wird die letzte Möglichkeit verstrichen sein, das Ruder noch rumzureißen und unseren Lebensraum zu retten?

KAPITEL 5

Heiter bis Weltuntergang

Und wie schlimm wird es nun?

> Ich habe da ein ganz mieses Gefühl.
> HAN SOLO

Neu-Delhi, Juni 2017.

Es ist Mittag, die Sonne steht hoch am Himmel, und das Quecksilber zeigt 47 Grad Celsius. Im Schatten. Die Luft ist so feucht, dass den Menschen die Klamotten am Leib kleben. Manche schützen sich mit einem Schirm vor der Sonne, andere suchen Schutz unter einem Baum oder einer Markise, springen zur Abkühlung in einen Teich, und wer eine besitzt, setzt sich gleich vor die Klimaanlage.

Kishan nicht. Er muss strampeln. In kurzer Leinenhose, T-Shirt und mit einem Tuch um den Kopf karrt er mit seiner Rikscha Touristen durch die schmalen Straßen der Altstadt von Delhi. Es herrscht das übliche Verkehrschaos, die Luft steht, und die staubverklebten Klimaanlagen der Häuser pusten durch ihre Lamellen zusätzlich Wärme nach draußen. Von den Autos, Bussen und Lkws, an denen Kishan sich mit seiner Fahrradkutsche vorbeiquetscht, weht ihm weitere Hitze entgegen. Der Schweiß läuft ihm übers Gesicht, Arme und Beine hinab. Es ist, als würde er im Backofen strampeln. Und das jeden Tag, sieben Stunden lang.

»Was sollte ich sonst machen?«, meint Kishan, zuckt mit den Schultern und lächelt verlegen. »Irgendwie muss ich ja Geld verdienen.« Bis zu dreihundert Rupien am Tag, etwas mehr als vier Euro, bekommt er fürs Radeln, wenn's gut läuft. Davon muss er die Pacht für die Rikscha bezahlen, sich etwas zu essen kaufen und die Familie versorgen, seine Frau und zwei Kinder, die in seinem Heimatdorf leben. Ein Zimmer in Delhi kann er sich nicht leisten. Nachts schläft er oft in irgendeinem Park oder unter der Rikscha.

Hitze ist Kishan gewohnt, dreißig bis vierzig Grad sind hier nicht weiter erwähnenswert. Trotzdem macht er sich Sorgen.

Indien hat in den vergangenen Jahren Hitzewellen mit Rekordtemperaturen von über 50 Grad Celsius erlebt. Schon 2013 war es schlimm, mit vielen Hundert Toten. 2015 starben sogar mehr als zweitausend Menschen, und auch 2016 waren es wieder über tausend, die den hohen Temperaturen erlagen.

2017 kletterte das Quecksilber im März erstmals auf vierzig Grad und mehr. Die Hitze hielt wie in den vergangenen Jahren weit in den Juni hinein an, bis der Monsun endlich Abkühlung brachte.

Die hohen Temperaturen veranlassten die Behörden dazu, die Bevölkerung davor zu warnen, sich in der Mittagshitze draußen aufzuhalten – denn auch wenn Menschen in diesen Breitengraden grundsätzlich an Hitze gewöhnt sind: Unser menschlicher Organismus funktioniert nur in einem schmalen Temperaturfenster. Übersteigt die Außentemperatur die Körpertemperatur von 37 Grad, wird es für uns Menschen gefährlich; besonders, wenn wir der prallen Sonne ausgesetzt sind: Der Körper erhitzt sich stark und kann die Wärme irgendwann nicht mehr nach außen abgeben. Herrscht zudem noch hohe Luftfeuchte, setzt irgendwann auch der körpereigene Kühlmechanismus, das Schwitzen, aus. Was dann geschieht, hat der eine oder andere schon mal auf einem Rockkonzert erlebt, wenn die Menschenmassen und die Anstrengung zu groß werden: Wir klappen zusammen.

Kishan hat in den vergangenen Jahren schon selbst

miterlebt, wie zwei seiner Kollegen mit einem Hitzschlag vom Fahrrad gekippt sind; und er hat weitere ähnliche Geschichten gehört. Es erwischt vor allem jene Inder mit körperlich anstrengenden und schlecht bezahlten Jobs, jene, die wie Kishan im Freien arbeiten müssen und es sich nicht leisten können, in der Gluthitze einfach den Hammer fallen zu lassen. Und davon gibt es verdammt viele.

In einer Studie, die 2017 im amerikanischen Fachblatt *Science Advances* erschien, haben Forscher ermittelt, dass die Wahrscheinlichkeit tödlicher Hitzewellen in Indien zwischen 1960 und 2009 um 146 Prozent gestiegen ist. Besonders fatal: Für diesen extremen Anstieg genügte auf dem Subkontinent ein durchschnittlicher Temperaturanstieg von 0,5 Grad Celsius. Eigentlich nicht viel, aber genug, wenn es in der betreffenden Region ohnehin schon heiß ist. Falls die Temperaturen in den kommenden Jahren erneut um die gleiche Gradzahl steigen, würde dies das Land in ein Desaster stürzen. Leider steht genau das zu erwarten, wenn wir, wie im Pariser Klimaabkommen vereinbart, die Erderwärmung erst bei zwei Grad bremsen.

Kishan fragt sich, wie heiß es wohl noch werden wird und was das für sein Leben bedeutet.

Viele Menschen stellen sich derzeit solche Fragen.

Denn Indien ist nicht das einzige Land, in dem das Wetter auch 2017 mal wieder nicht das tut, was wir gerne hätten.

Weil schon in den Frühlingsmonaten die Temperaturen in vielen Regionen Spitzenwerte erreichen, warnt die World Meteorological Organization zu Beginn des Sommers vor extremer Hitze in weiten Teilen der Welt. In den USA sind es in Kalifornien, Nevada und Arizona an die 50

Grad Celsius. Es fallen sogar reihenweise Flüge aus: Kleinere Maschinen stoßen bei den Backofenverhältnissen an ihre maximale Betriebstemperatur. Aber auch manche größere Jets kommen wegen der Hitze nicht hoch – die warme Luft dehnt sich aus, hat also eine geringere Dichte, und so braucht der Flieger eine höhere Startgeschwindigkeit. Eine entsprechend lange Startbahn ist aber nicht überall vorhanden.

In Afrika herrscht derweil eine schwere Dürre, betroffen ist der halbe Kontinent: Äthiopien, Südsudan, Somalia, Dschibuti, Eritrea, Kenia und Teile von Uganda, Tansania und der Sudan. Und dabei war es in den meisten dieser Länder schon in der vergangenen Zeit viel zu trocken. Im Mittelmeer sind schon im Frühling wieder Tausende in Schlauchbooten auf der Flucht, auch um den kargen Lebensbedingungen und den Klimakapriolen zu entfliehen.

Auch Europa schwitzt: London verzeichnet den heißesten Junitag seit 1976, Spanien setzt einen Temperaturrekord nach dem anderen, während Portugal gegen schlimme Waldbrände kämpft, bei denen über 60 Menschen sterben. In Italien klagen die Bauern über Ernteausfälle wegen der Hitze und Trockenheit, und weil das Wasser knapp wird, rufen einige Regionen den Notstand aus. In Österreich verhängen die Behörden wegen der hohen Waldbrandgefahr vorsichtshalber lieber Rauch- und Grillverbote. Selbst auf eintausend Metern Höhe werden in den Schweizer Alpen 30 Grad gemessen.

Die Wärmewelle schwappt von dort aus weiter, bis tief nach Sibirien, wo in Krasnojarsk stolze 37 Grad gemessen werden. Nahe dran am Allzeitrekord ist die Stadt Turbat in Pakistan, wo 54 Grad herrschen. Heißer war es nur 1913, als im amerikanischen Death Valley

56,7 Grad Celsius gemessen wurden. Allerdings liegt das auch mitten in der Mojave-Wüste.

In Deutschland erleben wir 2017 derweil das, was inzwischen gemeinhin »Wetterschaukel« genannt wird: Hitze und Unwetter wechseln sich ab, so wie in den Jahren zuvor. Nach einem kühlen Start ins Jahr wird es schnell warm: Schon der Mai ist mit 34 Grad in etlichen Regionen hochsommerlich heiß. Kaum ist es nach heftigen Unwettern, die in einigen Orten wieder Schlammlawinen auslösen, ein wenig abgekühlt, legt sich im Juni eine tropische Hitzewelle übers Land, mit Temperaturen über 40 Grad. Der Deutsche Wetterdienst warnt vor sehr hoher UV-Strahlung, Bayern verhängt die höchste Waldbrandgefahrenstufe. Danach kommt der große Regen – im Norden, Osten und Süden schüttet es gebietsweise an einem Tag doppelt so viel wie sonst in einem Monat, und Berlin wird durch Regengüsse Ende Juni so geflutet, dass Straßen, Keller und U-Bahnen unter Wasser stehen und ein Scherzkeks in einem YouTube-Video unter einer Brücke schwimmt wie in einem Pool. Alle stöhnen auf der Wetterachterbahn, mal wegen der Hitze, mal wegen der Regenmassen, mal wegen krasser Temperaturstürze. Im darauffolgenden Jahr 2018 dann das andere Extrem: Dürre und Hitze bis spät in den Herbst.

Bei allen Debatten um Trumps Kohleliebe und Klimakatastrophenignoranz geht ein Gedanke dieser Tage um die Welt: Was ist, wenn es stimmt? Wenn der Klimawandel wirklich da ist?

Und wie wird es erst sein, wenn er richtig Fahrt aufnimmt?

> Meine Stadt hat Fieber
> Sie tropft und klebt
> Wir haben schwere Glieder
> Der Kopf tut weh
> Wir sind wie 'n alter Hund
> der grad noch steht
> Wir ham's verzockt, verbockt
> der Doktor kommt zu spät.
>
> PETER FOX

Vor heftigen Folgen warnt einer der bekanntesten Klimaforscher, James Hansen, seit Jahren. Hansen war früher mal Direktor des Goddard Space Flight Center der NASA und ist heute Professor für Erd- und Umweltwissenschaften an der Columbia University. Bekannt geworden ist er in den Achtzigern – für seine Klimastudien und besonders für seine Auftritte vor dem US-Kongress, wo er als einer der ersten Klimawissenschaftler Tacheles redete und die Politelite vor den desaströsen Folgen des Klimawandels warnte. Inzwischen ist er mit Ende siebzig in einem Alter, in dem andere ihren Rasen mit der Nagelschere stutzen oder ihre Münzsammlung polieren. Hansen denkt lieber drüber nach, die Regierung zu verklagen, er schockt sein Publikum bei einer TED-Konferenz mit der Rechnung, dass sich die Erde durch den Klimawandel pro Tag mit einer Geschwindigkeit von 0,6 Watt pro Quadratmeter mit Energie auflädt – was der Energie entspricht, die durch das Zünden von 400 000 Hiroshima-Bomben freigesetzt würde. Und er demonstriert gegen eine potenziell klimaschädliche Ölpipeline, wofür er vor dem Weißen Haus verhaftet wird.

Hansen hat gute Gründe für sein Engagement: seine Enkelkinder. Und die Tatsache, dass viele seiner Prognosen bereits eingetreten sind.

Anfang der Achtziger vermutete er, dass die weltweite Temperatur bis zum Jahr 2010 um weitere 0,45 Grad steigen würde – tatsächlich wurden es 0,48 Grad. Hansen war also ziemlich nah dran. Er sah auch die langen Perioden extremer Dürre voraus, die Nordamerika, Asien und Afrika heute heimsuchen. Er prophezeite den Zerfall des westantarktischen Eisschilds zu einer Zeit, als viele seiner Kollegen diesen noch für unverwüstlich hielten. Und als sich das arktische Meereis 2007 zum ersten Mal so weit verflüchtigt hatte, dass die Nordwestpassage befahrbar war, ging damit eine weitere Hansen-Vorhersage in Erfüllung.

Wenn ein Mann wie James Hansen also im fortgeschrittenen Alter noch mal auszieht, das Klima der Zukunft zu bestimmen, tut man ganz gut daran, ihm zuzuhören.

Hansen hat sich nämlich eine interessante Frage gestellt: Wie mag so eine 2-Grad-Welt, auf die wir gerade zusteuern, eigentlich aussehen?

Antworten darauf hat er im Eem gefunden, der letzten Warmzeit vor der heutigen. Gemeinsam mit achtzehn anderen Klimaforschern hat Hansen tief in den Daten aus dieser Zeit gegraben und 2016 die viel beachtete Studie »Ice Melt, Sea Level Rise and Superstorms« veröffentlicht.

Rund 120 000 Jahre vor unserer Zeit lagen die weltweiten Temperaturen schon mal zwei Grad über jenen des vorindustriellen Zeitalters. Die Eismassen von Grönland und der Antarktis waren geschmolzen, der Meeresspiegel sechs bis neun Meter höher als heute, Superhurrikane rasten durch die Karibik, Dürre machte sich breit, in Europa tobten Staubstürme und Waldbrände, der Golfstrom verlief weiter südlich, und die Winterstürme in nördlichen Breiten traten häufiger auf und waren heftiger.

So könnte unsere Welt vielleicht wieder aussehen. Hansen und sein Team beschließen ihre Studie mit den Worten: »In der umgangssprachlichen Bedeutung des Wortes ›gefährlich‹ sind zwei Grad Erwärmung gefährlich.«

Sie gehen dabei wie viele andere Forscher inzwischen davon aus, dass es innerhalb der Mechanismen des Klimasystems Kippelemente gibt, die eine Schlüsselrolle haben. Timothy M. Lenton, Stefan Rahmstorf und Hans Joachim Schellnhuber haben sie erstmals 2008 in ihrem Artikel »Tipping Elements in Earth's Climate System« beschrieben, der in der US-amerikanischen Fachzeitschrift *Proceedings of the National Academy of Sciences* erschien.

Zu den Kippelementen unserer Welt zählen unter anderem die großen Eisschilde der Polkappen, aber auch die Meeresströmungen oder die tropischen Regenwälder. Sie beeinflussen sich gegenseitig und bilden ein fein austariertes Gleichgewicht aus Eis- und Schneemassen, Winden, Wüsten und Ozeanströmungen und bestimmen entscheidend Wetter und Klima. Zusammen sind sie dafür verantwortlich, dass das Klima im Zeitalter des Holozäns, in dem sich fast die gesamte Menschheitsgeschichte abgespielt hat, für erdgeschichtliche Verhältnisse bislang sehr stabil war.

Die Kippelemente sind damit praktisch so etwas wie die lebenswichtigen Organe unseres Klimasystems – flippt eines von ihnen aus, sind heftige globale Klimaänderungen die Folge. Und das Blöde ist: Sie alle sind in einigermaßen schlechter Verfassung – unserem Planeten droht ein multiples Organversagen.

Denn jedes der Kippelemente hat seinerseits einen Kipppunkt, an dem es unwiderruflich zu Bruch geht. Kipppunkte sind eine Art Schwelle, ab der sich – wenn sie überschritten wird – die Prozesse verselbstständigen, sie werden schneller oder fangen total an zu spinnen. Ab diesem Punkt ist keine Umkehr mehr möglich. Ob wir sie überschreiten, entscheidet, wie sich der Klimawandel entwickelt und ob sich die klimatischen Verhältnisse auf unserem Planeten grundlegend ändern.

Sollte die globale Erwärmung ungebremst weitergehen, so die Annahme, könnten diverse Kippelemente ihren Kipppunkt überschreiten. Dann wäre ein drastischer, sich selbst beschleunigender Prozess losgetreten, der eine Kettenreaktion im Klimasystem auslöst, die gravierende Folgen für den Meeresspiegel, die globalen Temperaturen und die Klimazonen hat. Die Hitzewellen, Dürren und Überflutungen, die uns heute schon plagen – und die aller Wahrscheinlichkeit nach in naher Zukunft noch heftiger ausfallen –, wären nur ein blasser Vorgeschmack der wahren Katastrophe. Die klimatischen Bedingungen auf diesem Planeten könnten dann den schmalen Korridor verlassen, der für Menschen vernünftig bewohnbar ist.

Es mag sein, dass das Ganze so schnell geht, dass wir keine Zeit haben, uns den neuen Bedingungen anzupassen. Zumindest nicht alle sieben Milliarden Menschen – oder wie viele wir dann auch immer sein mögen, wenn die Weltbevölkerung weiter so rasant anwächst.

Die große Sorge der Forscher ist, dass der Weltklimarat in seinen Berichten und Berechnungen, die auch der Pariser Klimakonferenz zugrunde lagen, davon ausging, der Klimawandel wäre eine *lineare* Entwicklung. Sprich: Die Eismassen schmelzen und die Temperaturen oder der Meeresspiegel steigen zwar, aber das alles geschieht stetig in gleichbleibender Geschwindigkeit, sodass wir Menschen eine Chance haben, entsprechende Maßnahmen zur Anpassung zu ergreifen.

Doch das könnte ein viel zu optimistisches Szenario sein. Sollte nämlich eines der Kippelemente den Punkt ohne Wiederkehr überschreiten, könnte das einen abrupten Klimawandel auslösen. Und abrupt bedeutet in diesem Fall: innerhalb eines Menschenlebens.

Zu den Wackelkandidaten rund um den Globus gehören vor allem der Nord- und Südpol, die wohl wichtigsten Kippelemente. Sollten sie weiter dahinschmelzen, würde das gleich mehrere andere Elemente über die Klippe stoßen – und damit eine weltweite Klimakatastrophe auslösen.

Und so tobt dort im ewigen Eis gerade die Schlacht um unsere Zukunft.

> **Eine Kultur, die glaubt, mit dem Klimasystem verhandeln zu können, ist zweifellos irre.**
> HARALD WELZER, SOZIOLOGE UND AUTOR DES BUCHES *KLIMAKRIEGE*

90° 0′ N
DER NORDPOL
SCHWARZES EIS

Hier oben im hohen Norden geht gerade einiges zu Bruch. Das arktische Meereis siecht dahin; die Gletscher Grönlands und anderer Arktis-Anrainer stürzen krachend in den Ozean und lösen damit die eine oder andere Flutwelle aus.

Die Klimaforscher, die sich mit den Kippelementen befassen, vermuten, dass wir den Moment bereits verpasst haben, an dem wir die große Nordpolschmelze noch hätten aufhalten können.

Durch die globale Erwärmung, die durch unsere CO_2-Emissionen ausgelöst wurde, haben wir im ewigen Eis einen Prozess in Gang gesetzt, der sich selbst verstärkt und der nicht mehr zu stoppen ist – selbst wenn wir auf einen Schlag alle Kohlenstoffemissionen unterbinden würden. Die Folgen für den Meeresspiegelanstieg sind gravierend, ebenso wie für das gesamte Klimasystem der Erde.

Die Schmelze geht inzwischen immer schneller vonstatten und hat sich kaum an bisherige Prognosen gehalten, sondern diese meist hinter sich gelassen. Die Fläche des arktischen Meereises schrumpft seit Jahrzehnten. Im Frühjahr 2017 – in dieser Jahreszeit ist seine Ausdehnung nach dem Winter am größten – hat es nach Angaben des National Snow and Ice Data Center zum dritten Mal in Folge ein Allzeitminimum erreicht.

LIEBLING, WIR HABEN DAS EIS GESCHRUMPFT
Die Arktis könnte im Sommer bald eisfrei sein

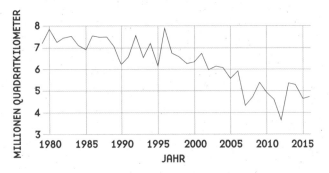

Das Meereis der Arktis nimmt mit einer Quote von rund 13 Prozent pro Jahrzehnt ab. Diese Werte wurden seit 1979 mit einem Satelliten gemessen.

Für den Meeresspiegel scheint das erst mal kein Drama zu sein – haben wir nicht im Physikunterricht das Experiment mit dem Wasserglas und dem Eiswürfel gemacht, das trotzdem nicht überlief, auch als das Eis schmolz? Der Eiswürfel verdrängt exakt so viel Volumen, wie sein Schmelzwasser hinterher einnimmt. Eis, das im Meer schwimmt, wie das in der Arktis, dürfte den Meeresspiegel also nicht verändern. Doch Forscher der Uni Leeds haben inzwischen herausgefunden, dass sich das im Meer etwas anders verhält: Die Dichte des Gletscherschmelzwassers ist geringer als die Dichte des Meerwassers, sodass das Volumen des Meeres durchaus zunimmt.

Das Problem am Nordpol ist aber noch ein anderes: Dort, wo das Eis im Sommer schmilzt, wird dunkleres Meerwasser frei. Dieses reflektiert – wir denken an die Sache mit der Eis-Albedo aus Kapitel 3 – weniger Sonnenlicht als das Eis und erwärmt sich folglich. Das lässt weiteres Eis schmelzen, das wiederum mehr Ozeanfläche freigibt und so weiter.

Dadurch, dass die Temperaturen insgesamt steigen – in der Arktis doppelt so schnell wie im globalen Durchschnitt –, verlängert sich die sommerliche Schmelzperiode. Es bildet sich also mit jedem Jahr eine größere dunkle Wasseroberfläche, die sich aufheizt und noch mehr Eis schmelzen lässt.

Nun könnte man annehmen, dass es eine natürliche Bremswirkung gibt, wenn im Winter die Sonneneinstrahlung abnimmt und während der Polarnacht irgendwann ganz aussetzt. Ist aber nicht so. Denn auch in der kalten Jahreszeit gibt der Ozean die Wärme, die er im Sommer aufgesogen hat, weiter an die kühlere Umgebung ab und heizt diese auf. Und, klar, je wärmer das Wasser, desto mehr Wärme kommt an die frische Luft.

Das hat Auswirkungen auf das neue Eis, das sich im Winter bildet. Es wird nämlich wegen des warmen Wassers und der warmen Luft weniger dick – wodurch es im nächsten Sommer schneller schmilzt und damit wiederum die Erwärmung des Wassers verstärkt, was mehr Eis schmelzen lässt und dann im Winter wieder die Eisbildung behindert et cetera.

Die Forscher nennen das »positive Rückkopplung«, was etwas euphemistisch klingt. Platt gesagt: Es ist ein Teufelskreis – der einen weiteren Teufelskreis antreibt. Denn durch diese Erwärmungsspirale nimmt auch die Verdunstung in der Arktis immer weiter zu, sprich, es entsteht mehr Wasserdampf, der seinerseits ja das mächtigste aller Treibhausgase ist und deshalb das arktische Fieber zusätzlich ankurbelt.

Mit der wachsenden Menge an Wasserdampf entstehen auch mehr Wolken. Diese reflektieren die Sonnenstrahlen aus dem All, haben also theoretisch eine kühlende Wirkung – was in der Polarnacht, wenn keine Sonne scheint, allerdings ziemlich wurst ist. Sie haben aber auch einen großen Nachteil: Wolken reflektieren nämlich leider mit ihrer Unterseite die langwellige Strahlung, die vom erwärmten Meer oder Boden ausgeht. Und das bedeutet: noch mehr Treibhauseffekt über der geplagten Arktis.

Inzwischen ist die Luft über dem Nordpol selbst im Winter viel zu warm. Seit 2015 werden dort immer wieder Temperaturen gemessen, die bis zu dreißig Grad über den Normalwerten liegen.

Einer der Gründe für die veränderten Temperaturen ist, dass die üblichen Muster der Luftzirkulation durcheinandergeraten: Tiefdruckgebiete ziehen neuerdings bis hierher in die Arktis und bringen warme und feuchte Luft mit, sodass es kräftig zu regnen beginnt. Und was mit Eis passiert, wenn es draufregnet, ist ja klar.

An dieser Stelle wird es hinsichtlich des Meeresspiegelanstiegs interessant. Denn all diese Effekte – wärmere Luft, wärmeres Wasser, mehr Wolken, mehr Regen – haben nicht nur einen Einfluss auf das Meereis, sondern auch auf die Eismassen Grönlands. Und die schwimmen nicht auf dem Wasser, sondern türmen sich an Land auf. Dabei handelt es sich um so viel Eis, dass es, sollte es mal komplett abschmelzen, die Weltmeere um sieben Meter steigen lassen würde.

Grundsätzlich sind hier in Grönland die gleichen Mechanismen am Werk wie auf dem Wasser, es gibt aber noch weitere Dinge, die dem Eis zusetzen: Durch die Schmelze verliert der Grönländische Eisschild an Höhe. Jene Teile von ihm, die sich bislang in hohen, kalten Luftschichten befanden – wo das Eis nicht so schnell schmilzt –, sinken ab und sind dann wärmerer Luft ausgesetzt, die das Eis schneller tauen lässt. Das Abfließen des Schmelzwassers durch Spalten im Eis beschleunigt den Abtauvorgang wiederum auf seine Weise.

Inzwischen hat die rasante Eisschmelze in Grönland sogar den Verlust durch kalbende Gletscher überholt: Zwischen 2000 und 2008 ging beim Abtauen der Eisfläche noch genauso viel Masse verloren wie durch den Abbruch der Eisberge. Zwischen 2011 und 2014 hat sich das Gleichgewicht verschoben: Von den 286 Milliarden Tonnen Schnee und Eis, die jährlich in Grönland verloren gehen, können ganze 70 Prozent auf das Konto der Eisschmelze gebucht werden. Grönlands Beitrag zum Anstieg der Ozeane hat sich auf diese Weise zwischen 1992 und 2011 auf 0,74 Millimeter im Jahr verdoppelt.

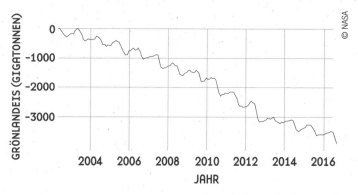

Die Daten der NASA-Satelliten sind eindeutig: Das ewige Eis verschwindet. Der Eisschild an Land nimmt seit 2002 rapide ab.

Die vielen Effekte, die auf das Eis einwirken, waren schon länger bekannt. Zwei Drittel der Schmelze entstehen zum Beispiel allein durch Sonneneinstrahlung. Doch da das Eis schneller abtaute, als es sich allein mit diesem Wissen erklären ließ, kamen die Klimawissenschaftler irgendwann auf den Gedanken, dass es da noch was geben müsste.

Im Sommer 2016 begab sich deshalb eine Expedition unter Leitung von Martyn Tranter, einem Biogeochemiker der University of Bristol, auf den Weg in die Gletscherwelt von Grönland, wo sie eine überraschende Entdeckung machte.

Tranters Team fand zunächst heraus, dass der Schnee, der auf den Gletschern liegt, gar nicht so weiß ist, wie es für das menschliche Auge scheint. Durch den immerwährenden Prozess von Abtauen und Gefrieren waren die kantigen Eiskristalle runder und dunkler geworden. Dadurch reflektieren sie weniger Sonnenlicht und nehmen mehr Wärmestrahlung auf, was die Schmelze beschleunigt.

Wesentlich beunruhigender war allerdings der Fund, den Tranter und seine Kollegen am westlichen Rand des Eisschildes machten, dort, wo der Schnee geschmolzen und das Gletschereis freigelegt war. Es war die Farbe des Eises, die ihnen direkt ins Auge stach: Es war schwarz. Nicht sehr überraschend gaben sie dem Bereich daher den Namen »Schwarzeis-Zone«.

Das Schwarzeis sah aus wie ein riesiger Schweizer Käse mit fingerdicken Löchern. Darin hatten sich Wasser und dunkler Schlick angesammelt, der schon im 19. Jahrhundert entdeckt worden war und im Wissenschaftskauderwelsch »Kryokonit« heißt. Klingt ein wenig nach dem Kryptonit, das Superman all seiner Superkräfte beraubt, und so ähnlich verhält es sich auch mit dem schwarzen Schmodder: Er gibt den Gletschern den Rest.

Der Schmutz, der sich hier angesammelt hat, besteht zum einen aus dem Ruß von Kohlekraftwerken und Waldbränden, den die Winde über die Zeit hierhergeweht hatten. Zum größeren Teil besteht er jedoch aus Bakterien, Algen und Pollen, die das Sonnenlicht anziehen und Löcher ins Eis brennen. Da sich die Miniwesen bei den steigenden Temperaturen emsig vermehren, sind sie so etwas wie der heimliche Turbo der Eisschmelze.

Und wie um das Chaos perfekt zu machen, wachsen auf dem Eisschild außerhalb der Schmelzlöcher auch noch Algen. Das hatte schon die Mikrobiologin Marian Yallop aus Bristol bei einer früheren Expedition herausgefunden, und Tranter bestätigte ihren Fund: Die Algen sind resistent gegen die Kälte und schützen sich zudem mit braunen Pigmenten vor der Sonneneinstrahlung. Überall, wo sie auftauchen, färben sie die Eisflächen dunkel – was wiederum die Eisschmelze beschleunigt, da das dunkle Eis schneller Wärme aufnimmt.

Die Arktis stellt uns damit vor vollendete Tatsachen.

Das Eis wird unaufhaltsam verschwinden und die Meere anschwellen lassen.

Die eigentliche Frage ist nur noch: Wie schnell?

Vermutlich haben die Gletscher den Kipppunkt bereits 1997 überschritten. Das haben Wissenschaftler der Universitäten Utrecht und Zürich in einer im März 2017 veröffentlichten Studie berechnet. Bis 1997 behielten die Eiskappen von Grönland trotz Temperaturschwankungen ihre Masse. Seit jenem Jahr haben aber alle von ihnen untersuchten Gebiete deutlich an Eis verloren – der jährliche Verlust ist heute dreimal so hoch wie damals. Und die Forscher gehen davon aus, dass das noch nicht das Ende der Fahnenstange ist.

Das bestätigen auch Erkenntnisse des Potsdam-Instituts für Klimafolgenforschung und der Universidad Complutense de Madrid. In einer Studie gehen sie davon aus, dass der Grönländische Eisschild komplett abschmelzen wird, wenn die Temperatur weltweit im Mittel um

1,6 Grad und mehr im Vergleich zum vorindustriellen Zeitalter steigt – die Studie erschien allerdings 2012, und inzwischen ist diese Grenze zumindest in der Arktis, wo die globale Erwärmung härter zuschlägt als anderswo auf diesem Planeten, längst überschritten.

Der Konsens ist, dass es wohl rund 50 000 Jahre dauern wird, bis alles Eis weg ist, wenn wir die globale Erwärmung auf zwei Grad begrenzen. Bei einer Erhitzung auf acht Grad, so errechneten die Forscher, wären es an die 2000 Jahre.

Sollte sich aber die Befürchtung von Forschern wie James Hansen bewahrheiten und der Prozess der Schmelze exponentiell verlaufen, könnte allein das Tauwasser der Gletscher Grönlands die Meeresspiegel noch in diesem Jahrhundert um mehrere Meter steigen lassen.

Aber das ist noch nicht alles: Denn auf der anderen Seite der Welt tickt die wahre Eisbombe.

> **Niemand hat erwartet, dass es so schnell geht.**
> ISABELLE VELICOGNA, GEOPHYSIKERIN,
> UNIVERSITY OF CALIFORNIA

62° 14′ S, 58° 40′ W
CARLINI-STATION, KING GEORGE ISLAND, ANTARKTIS
DER HOLY-SHIT-MOMENT

Auf der argentinischen Carlini-Forschungsstation am Rande der Antarktis, dort, wo sich der eisige Kontinent dem Kap Hoorn entgegenzurecken scheint, ist man eigentlich richtigen Winter gewohnt. So einen mit zweistelligen Minustemperaturen, meterhohem Schnee und schweren

Winterstürmen. Es ist also eine unwirtliche Umgebung, wie man sie aus John Carpenters *Das Ding aus einer anderen Welt* kennt.

Neuerdings fällt hier auf den südlichen Shetlandinseln allerdings statt Schnee immer häufiger ergiebiger Dauerregen. Und das finden die Forscher gar nicht gut, denn es bestätigt: Der Klimawandel ist auch an diesem entlegenen Zipfel der Welt längst angekommen. Wenngleich er sich in der Antarktis, verglichen mit seinem nördlichen Pendant, zunächst eher unauffällig verhielt.

Lange galt die Tiefkühlkammer des Planeten selbst unter Wissenschaftlern als unverwüstlich. Die Antarktis ist vor rund 35 Millionen Jahren erstmals vereist, als sich der Kontinent von Südamerika und Australien abspaltete. Ihr Eispanzer ist an ausgemessenen Stellen fast fünf Kilometer dick, sein Volumen neunmal so groß wie das der grönländischen Eisschicht – und bei vollständigem Auftauen würde er den Meeresspiegel weltweit wohl um über 60 Meter steigen lassen. Der Geophysiker Jerry Mitrovica aus Harvard nannte die Antarktis deshalb auch mal den »Ground Zero des globalen Klimawandels«. Seit es sie gibt, war die Antarktis bereits des Öfteren eisfrei. Im Eozän wuchsen hier zeitweise sogar mal Palmen, und die Temperaturen lagen bei lauschigen zwanzig Grad. Die bisherige Menschheitsgeschichte hat sich allerdings komplett in der Warmphase einer Eiszeit abgespielt – Eiszeit bedeutet, dass die Polkappen unseres Planeten vereist sind. Eine Totalschmelze hat es am Südpol, solange wir da sind, also zum Glück noch nie gegeben.

Die Beständigkeit des antarktischen Eises liegt vor allem am Zirkumpolarstrom, der mächtigsten Meeresströmung der Erde, die rund fünfmal so viel Wasser transportiert wie der Golfstrom. Der Zirkumpolarstrom wird vom

Wind angetrieben, umfließt die Antarktis in westlicher Richtung und umspült sie mit kaltem Tiefenwasser, was den Eiskontinent vor wärmeren Wassermassen aus dem Norden isoliert. Dazu wehen die antarktischen Winde ablandig, was warme Luftmassen aus den Nachbarregionen meist fern- und die Temperaturen zusätzlich weit jenseits des Taupunktes hält, also bei durchschnittlich minus 55 Grad Celsius. Hinzu kommt noch etwas, das wir Menschen herbeigeführt haben und das einen überraschenden Effekt hat: Das Ozonloch über dem Südpol sorgt für niedrigen Luftdruck. Dadurch hält es wärmere Luftmassen fern und hat die Stratosphäre über dem Südpol in den vergangenen Jahrzehnten deutlich abgekühlt.

Das sind grob umrissen die Umstände, die lange verhinderten, dass die globale Erwärmung in der Antarktis so richtig Fuß fasste – was sich aber mittlerweile geändert hat.

Dass es so kommen würde, hat 1988 schon eine Studie der amerikanischen Wetter- und Ozeanbehörde NOAA und der Princeton University erkannt. Die Forscher berechneten damals, dass die gewaltigen Wassermassen der südlichen Hemisphäre und der Zirkumpolarstrom die Erwärmung um ungefähr fünfzig Jahre hinauszögern würden. Es ging dann, wie schon so oft in der Geschichte des Klimawandels, doch etwas schneller als gedacht.

Im Jahr 2012, also keine 25 Jahre später, machte David Bromwich, seines Zeichens Geografieprofessor an der Ohio State University, eine beunruhigende Entdeckung. Mit ein paar Kollegen sah er sich die Aufzeichnungen der Byrd-Station an, einer Forschungsstation, die wie die Carlini-Station auf der westantarktischen Halbinsel liegt. Der Außenposten hatte ab 1957 die Temperaturen vor Ort verzeichnet. Leider waren die Daten nicht komplett: Die Station war nicht durchgehend besetzt gewesen, und automatische Temperaturmessgeräte hatten wegen Stromausfällen oft den Dienst quittiert, da sich die Solarzellen, die als Notfallersatz hätten einspringen sollen, in der langen Polarnacht wenig überraschend als nicht funktionstüchtig erwiesen. Für rund ein Drittel der Zeitspanne seit Errichtung der Messstation fehlten also brauchbare Daten. Und deshalb hatte bislang auch niemand wirklich etwas mit den restlichen Aufzeichnungen angefangen.

Bromwich und sein Team ergänzten die fehlenden Teile mit modernen Computern und digitalen Atmosphärenmodellen und setzten das Lückenpuzzle so endlich zu einem vollständigen Bild zusammen.

Einem, das sie so wohl lieber nicht gesehen hätten.

Die von der Byrd-Station erfassten Temperaturen sind zwischen 1958 und 2010 um rund 2,5 Grad Celsius gestiegen. »Die Westantarktis ist damit eine der sich am schnellsten verändernden Regionen der Erde«, erklärt Bromwich. Und seine Daten sind inzwischen überholt worden: Laut dem deutschen Alfred-Wegener-Institut, das auf der Carlini-Station ein Labor unterhält, ist die Temperatur der Westantarktis seit 1950 sogar um satte drei Grad Celsius gestiegen – dreimal schneller als der weltweite Durchschnitt. Und doppelt so schnell wie erwartet.

Kleiner Trost: In der Ostantarktis fällt die Erwärmung nicht ganz so krass aus – was aber kein Grund zur Entwarnung ist. Denn neben der Luft hat sich nach einer Studie der NOAA auch das Wasser rund um die Antarktis erwärmt und leckt von unten an den Rändern der Eismassen. Mit fatalen Folgen für den gesamten Eiskontinent.

Der britische Glaziologe John Mercer hatte – wir erinnern uns – schon in den Siebzigern davor gewarnt, dass die Antarktis auftauen könnte. Als Startschuss für eine solch fatale Entwicklung machte er das Zerfallen des westantarktischen Schelfeises aus. Er nannte die Verdächtigen sogar namentlich: unter anderem das Prinz-Gustav-Eisschelf, das Wordie-Eisschelf, das Wilkins-Eisschelf.

In den vergangenen Jahrzehnten geschah Folgendes: Das Wordie-Eisschelf begann bereits Ende der Siebziger, kurz nach Mercers Vorhersage, zu bröseln und brach 2009 endgültig zusammen. 1995 zerfiel das Prinz-Gustav-Eisschelf, und im gleichen Jahr zeigte das lang gezogene Larsen-Eisschelf erste Auflösungserscheinungen. Es ist benannt nach dem norwegischen Kapitän Carl Anton Larsen, der 1893 daran entlangsegelte. Das Larsen-Eisschelf besteht aus verschiedenen Einzelschelfen. Larsen A kollabierte Anfang des neuen Jahrtausends fast zeitgleich mit seinem Bruder Larsen B, der stolze 720 Milliarden Tonnen Eis auf die Waage brachte. Mitte 2017 hat das erwärmte Meerwasser auch einen Teil aus dem Eis des Larsen-C-Schelfs herausgebrochen – ein 175 Kilometer langer, bis zu 50 Kilometer breiter Eisberg hat sich gelöst, siebenmal so groß wie Berlin.

Die Wissenschaftler sind sich noch uneins, was damit passieren wird: Der Rieseneisberg könnte bis zu den Falklandinseln driften und eine Gefahr für Schiffe darstellen – Titanic reloaded sozusagen. Und schließlich steht es auch schlecht um das Wilkins-Eisschelf – ebenfalls im Westen der Antarktis. Es ist seit einigen Jahren im Zerfall begriffen und wird es wohl nicht mehr lange machen.

Fatal wäre es jedoch vor allem, wenn das Landeis der Antarktis kollabiert – jene Gletscher, die rund sechzig Prozent des gesamten Süßwassers der Erde speichern. Und dabei spielen die bröselnden Eisschelfe eine tragende Rolle: Sie sind nämlich ein natürlicher Schutz für die Gletscher.

Diesen Mechanismus beschrieben die Eisforscher Hans Weertman, Robert Thomas und Terry Hughes erstmals in den Siebzigerjahren: Bricht das Meereis der Schelfe weg, beginnt das warme Ozeanwasser damit, auch das Inlandseis, also die Gletscher, aufzulösen. Regen, warme Luft, Sonneneinstrahlung und die Erwärmung der Landmassen, die das schwindende Eis freigibt, tun ihr Übriges. Ein Prozess, der erst dann wieder anhält, wenn die Gletscher komplett abgetaut sind.

Gleich zwei Studien bestätigten 2014 unabhängig voneinander, dass in der Westantarktis mehrere Gletscher schmelzen und den Kipppunkt bereits überschritten haben, vor dem dies noch aufzuhalten gewesen wäre. Die eine Analyse stammt von der NASA und der University of California und hat vor allem ein großes Gletschergebiet in der Amundsensee im Visier. Die andere kommt von der University of Washington, wo man sich den gigantischen Thwaites-Gletscher angesehen hat, der so eine Art Stützpfeiler für das Eis der Region darstellt.

Als diese Nachrichten publik wurden, nannte es der amerikanische Wissenschaftsjournalist Chris Mooney den »Holy-Shit-Moment« der Klimaforschung – denn damit wäre klar, dass der Meeresspiegel um ein Vielfaches ansteigen wird; deutlich höher als bislang erwartet. Allein der Thwaites-Gletscher könnte die Meere um mehr als einen halben Meter steigen lassen; die übrige Westantarktis ist für weitere drei bis vier Meter gut.

Und das könnte lange noch nicht alles sein. Denn auch die Ostantarktis taut. Bislang hatten Klimaforscher eine solche Entwicklung lediglich in der wärmeren Westantarktis für möglich gehalten, wo die Gletscher in riesigen Eisschelfen auslaufen. Der kältere Osten galt als unbedrohter von einem Kollaps, da das Eis hier auf einem Gebirge liegt, das die Gletscher zum Rand hin schützt und dessen felsiger Untergrund zu viel Reibung erzeugt, um das Eis rasch abrutschen zu lassen. Mittlerweile beobachten die Wissenschaftler die zersetzenden Prozesse aber auch in Teilen der Ostantarktis.

Am Südpol schmilzt es also auf breiter Front.

UND SIE TAUT DOCH
Auch die Landeismassen der Antarktis werden weniger

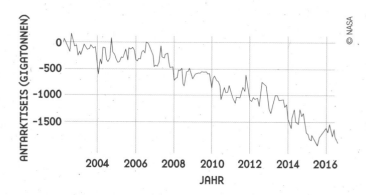

Das Abtauen der Eisschilde des Südpols geht seit 2009 noch mal schneller. Und dabei galt der riesige Eiskontinent lange als stabil.

Die Frage ist nur: Wie viel Wasser kommt da zusammen, und was bewirkt es genau? Und das bereitet gerade der Klimaforschergemeinde einiges Kopfzerbrechen. Denn wie viel Schmelzwasser sich in der Antarktis noch in den Ozean ergießen wird, das ist gar nicht so einfach zu sagen.

Warum, das zeigt ein Blick auf die aktuelle Klimaforschung. Dabei wird klar, was es eigentlich bedeutet, wenn manchmal in den Medien davon die Rede ist, dass sich die Forscher nicht einig seien – und wie viel in Zukunft davon abhängen wird, dass sie ihre Arbeit möglichst genau machen.

Das Grundproblem ist, dass der riesige Eiskontinent so abgelegen und unwirtlich ist, dass es den Forschern erst in jüngster Zeit gelang, ihn mithilfe moderner Satellitentechnik genauer zu vermessen – seit 2009 kreisen für die Klimaforschung Erderkundungssatelliten der ESA um den Planeten, um den Golfstrom, das Gravitationsfeld und das Polareis zu vermessen. Und je nach angewandtem Verfahren, dem vermessenen Ort und dem Zeitraum der Beobachtung kommen dabei eben unterschiedliche Ergebnisse heraus – ziemlich normal, wenn man sich wissenschaftlich auf neuem Terrain bewegt. Durch diese Berechnungen zu steigen, ist dann ein bisschen so wie in *Star Trek*, wenn Captain Picard auf der Brücke über Subraumspalten und Quantenfluktuationen schwurbelt, die noch nie ein Mensch zuvor gesehen hat.

Deshalb, Achtung: Eisbergzahlenbrei voraus!

Ein Team der University of California hat 2009 das Eis mittels einer Satellitenmessung des Schwerfelds der Erde berechnet: Der Eisverlust in der gesamten Antarktis hat sich von 104 Gigatonnen zwischen 2002 und 2006 auf jährlich 246 Gigatonnen zwischen 2006 und 2009 beschleunigt. Eine Gigatonne entspricht einer Milliarde Tonnen, also eine Eins mit neun Nullen. Das ist doppelt so viel, wie alle Menschen der Erde zusammen auf die Waage bringen würden. Na ja, zumindest, wenn es so eine große Waage gäbe.

Ein paar Jahre später, 2014 nämlich, kam eine andere Forschergruppe von der University of Leeds bei einer Höhenmessung der antarktischen Oberfläche mittels Satellit zu der Erkenntnis, dass die Westantarktis zwischen 2010 und 2013 jährlich rund 134 Gigatonnen Eis, die Ostantarktis drei Gigatonnen (»plus/minus 36 Tonnen«) und die westantarktische Halbinsel etwa 23 Gigatonnen Eis verloren haben – summa summarum also so um die 160 Gigatonnen für die gesamte Antarktis, meinen die Forscher, was nach ihrer Berechnung 30 Prozent mehr waren als in der Zeit von 2005 bis 2010.

Alles klar? Nicht wirklich.

Aber egal. Dafür gibt es schließlich den Weltklimarat. Der hat nämlich die Aufgabe, solche Studien zu bündeln. In seinem Bericht von 2013 fasste er die Lage so zusammen: Die Antarktis hat zwischen 1992 und 2001 30 Gigatonnen Masse verloren. Im Zeitraum von 2002 bis 2011 dann 147 Gigatonnen. Ah ... hä?

Das liegt deutlich unter den Zahlen der Studien. Und genau das ist einer der Haken an der ganzen Klimarat-Sache: Es ist schön, dass es ihn gibt, sonst hätten wir vermutlich noch weniger Durchblick – doch seine Angaben sind durchweg konservativ gerechnet, was ihm auch immer wieder von jenen Wissenschaftlern vorgeworfen wird, die meinen, die Lage sei zu ernst für Beschönigungen.

Das andere Problem ist natürlich, dass die aktuellere Studie von 2014 erst nach dem Bericht des Weltklimarats erschien und darin folglich nicht berücksichtigt ist. Dummerweise fußen aber alle politischen Überlegungen wie eben auch das Pariser Abkommen – und in der Folge viele Maßnahmen wie etwa der Küstenschutz – auf den Angaben des Sachstandsberichts.

In der Vergangenheit war es daher so, dass der Weltklimarat mit schöner Regelmäßigkeit seine Angaben in jedem neuen Bericht nach oben korrigiert hat. Und so wird es vermutlich auch bei der nächsten Ausgabe sein. Denn aktuell geht der IPCC in seinem Worst-Case-Szenario noch von einem Anstieg der Meere aus, der maximal 98 Zentimeter bis zum Jahr 2100 beträgt.

Die Differenzen in den Zahlen ändern allerdings nichts am entscheidenden Punkt: Da geht gerade in rasantem Tempo eine irre Menge Eis koppheister.

Allein in der Westantarktis ist es wie schon erwähnt eine Fläche, die den Meeresspiegel langfristig weltweit um zusätzliche drei bis vier Meter steigen lassen könnte. Je nachdem, wie viel aus dem Osten dazukommt, können wir noch ein paar weitere Meter draufpacken. Und dann kommt ja auch noch das Schmelzwasser aus Grönland mit dazu.

Das ist offenbar auch schon zu höheren Stellen durchgedrungen. Anfang 2017 fing der NDR ein internes Schreiben des Bundesamts für Seeschifffahrt und Hydrographie (BSH) an das Bundesverkehrsministerium ab. Der Titel: »Aktualisierung von Informationen zum Meeresspiegelanstieg«. Das BSH warnt darin vor einem deutlich höheren Anstieg als erwartet, nämlich zwischen 1,00 und 1,70 Meter bis zum Ende des Jahrhunderts. Und stellte damit gleich mal die meisten aktuellen Planungen zum Küstenschutz infrage – denn die gehen immer noch von den maximal 98 Zentimetern aus, die der Weltklimarat nennt.

Probleme werden wir in Deutschland und in anderen Küstenregionen allerdings schon haben, noch bevor das Wasser über die Deichkrone schwappt: Flüsse werden bei steigenden Meeresspiegeln in tief liegenden Regionen schlechter ins Meer abfließen können, und das Salzwasser wird sich unter den Deichen hinweg einen Weg ins Grundwasser suchen und es versalzen – im Grunde das, was den Menschen in Miami droht.

Und selbst wenn wir Deiche, Dämme und Fluttore bauen – diese können wir nicht beliebig erhöhen. Irgendwann in der Zukunft werden also viele Leute ihre Habseligkeiten retten und abhauen müssen. Und das gilt auch für Bewohner von so beliebten Küstenstädten wie Amsterdam, New York, London, Rio de Janeiro, Kairo, Kalkutta, Jakarta oder Shanghai.

DIE GROSSE FLUT
Wie hoch das Wasser steigt

Dunkelgrau: Das Zwei-Meter-Szenario. Der IPCC rechnet bis Ende des Jahrhunderts mit einem Anstieg von knapp einem Meter. Vielleicht wird es aber auch mehr. Hellgrau: Wenn die Pole komplett abtauen, steigen die Meere um bis zu 60 Meter.

Wie schnell das alles passieren wird, ist noch nicht so ganz klar. Mittlerweile, das ergab eine Umfrage der Rutgers University in New Jersey, denkt die Mehrheit der Experten, dass die Ozeane deutlich rascher steigen werden als im letzten IPCC-Bericht vermutet. So gibt es einige neuere Analysen, die den Anstieg, so wie das BSH, eher auf 1,80 Meter bis zum Jahr 2100 schätzen. Und eine Studie der amerikanischen Ozeanbehörde NOAA von 2017 errechnet einen Höchststand von 2,50 Metern, falls wir unsere Treibhausgasemissionen nicht in den Griff bekommen. Für diesen Fall ist es auch mehr als wahrscheinlich, dass die Meere über unser Jahrhundert hinaus um mehrere Dutzend Meter anschwellen – was nach allgemeiner Einschätzung allerdings einige Jahrtausende dauern würde. Jedenfalls dann, wenn man davon ausgeht, dass sich das ganze Geschehen linear vollzieht.

Doch manche meinen, es geht alles viel schneller. Wie eben James Hansen. Der predigt schon seit Jahren, man solle sich bloß nicht zu schnell der Annahme hingeben, die große Eisschmelze gehe unbedingt linear vonstatten. Er meint, die Chancen stünden mindestens genauso gut, dass das Ganze wegen der vielen selbstverstärkenden Prozesse in den Eisgebieten eine exponentielle Entwicklung nimmt. Dabei erinnert er gerne an Ereignisse in der Erdgeschichte, bei denen der Meeresspiegel schon mal innerhalb eines Jahrhunderts um viele Meter stieg. Die Eisverluste würden sich bei einer exponentiellen Entwicklung alle paar Jahre verdoppeln, sagt Hansen und rechnet in seiner Studie aus dem Jahr 2015 vor: »Eine zehnjährige Verdopplung würde zu einem Meeresspiegelanstieg von einem Meter im Jahr 2067 führen und von fünf Metern im Jahr 2090. Die gleichen Werte erreichen wir bei einer fünfjährigen Verdopplung 2045 und 2057 und bei einer siebenjährigen Verdopplung 2055 und 2071.«

Die gute Nachricht: Wir werden dann vielleicht noch zu Lebzeiten wissen, ob sich unter dem ewigen Eis in Grönland oder der Antarktis wirklich irgendwo die Stadt Atlantis oder ein Raumschiff mit einem tiefgefrorenen Außerirdischen verbirgt – und Staatslenker vom Schlage Donald Trumps und Wladimir Putins werden bestimmt einen Weg finden, auch dort die letzten Ölreserven anzuzapfen.

Die schlechte Nachricht: Das ist noch nicht das Ende der Klimakatastrophe.

Denn die Eismassen der Arktis und Antarktis haben nicht nur in Teilen einen Kipppunkt überschritten, der ihr Abschmelzen unaufhaltsam macht. Die wärmere Luft über den Polen und die riesigen Süßwassermengen, die sich dort ins Meer ergießen, beeinflussen auch andere Elemente des weltweiten Klimasystems und könnten sie zum Kollabieren bringen – wie etwa die großen Meeresströmungen. Und eine davon ist auch für unser Wetter verantwortlich.

> **Es gibt beim Meeresspiegel keinerlei Grund zur Entwarnung, sondern leider führt die wachsende Instabilität der großen Eisschilde zu immer höheren Anstiegsszenarien, je mehr wir davon verstehen.**
>
> **STEFAN RAHMSTORF**

55° 22′ N, 38° 43′ W
NORDATLANTIK
DER MIT DEM BLOB

Mitten im Nordatlantik zwischen Neufundland und Irland braut sich etwas zusammen. Der Golfstrom, der warmes Tropenwasser führt, ist hier längst zum Nordatlantikstrom geworden, der sich im weiteren Verlauf nach Norwegen und Island verzweigt und uns Europäern seit Jahrtausenden ein gemäßigtes Klima beschert.

Damit könnte es bald vorbei sein, meinen manche Klimaforscher. Denn an jener Stelle unterhalb von Grönland hat sich in den vergangenen Jahren ein riesiger Kältefleck ausgebildet – Cold Blob sagt die Wissenschaft dazu auf Englisch –, wo die Wassertemperaturen deutlich kühler sind als üblich.

Das könnte die gigantische Meeresströmung im Atlantik erheblich beeinflussen, vielleicht sogar zum Stillstand bringen. Gleich mehrere Studien und Fachaufsätze sind in den vergangenen Jahren zu diesem Phänomen erschienen – die maritime Wärmepumpe ist damit gerade eines der am heißesten diskutierten Felder der Klimaforschung.

Um zu verstehen, worum es da genau geht und warum viele Forscher solchen Alarm schlagen, muss man ein bisschen in der Zeit zurückgehen: Im vorigen Jahrhundert stolperte ein Deutscher zufällig über einen Stein, der eine Wissenschaftssensation in sich trug.

Mitte der Achtziger. Ein Forschungsschiff des Deutschen Hydrographischen Instituts dümpelt auf der Höhe von Santiago de Compostela weit draußen vor der Küste Spaniens. Seine Besatzung hat den Auftrag, an dieser Stelle den Meeresboden zu untersuchen, denn in Deutschland fragt man sich gerade, ob es nicht eine gute Sache wäre, lästigen Atommüll hier draußen in der iberischen Tiefsee zu verklappen. Auch Hartmut Heinrich, ein junger Geologe, ist an Bord.

Das Expeditionsteam stellt bald fest, dass der Boden des Atlantiks an dieser Stelle ein zerklüftetes Gebiet ist, mit Höhenzügen und Tälern, die bis zu 4500 Meter hinabreichen. Dort unten jagen zu kräftige Strömungen über den Grund. Will meinen: Das wird hier nix mit dem Atommüllversenken.

Um zu dieser Erkenntnis zu gelangen, haben die Meeresgeologen mit einem Tiefseebohrgerät eine ganze Menge Sand und Gestein vom Grund des Ozeans an Deck des Schiffs gefördert. Als Hartmut Heinrich vor so einem Haufen Sand und Gestein steht, fällt sein Blick auf einen etwa zwanzig Zentimeter großen Basaltbrocken. Ober- und Unterseite des Fundes sind schwarz, und in der Mitte verläuft ein schmaler grauer Streifen, der von rotbraunem Eisenoxid begrenzt ist. Heinrich kennt solches Gestein, es taucht üblicherweise in sauerstofffreiem Sediment auf – zum Beispiel in Böden, die während einer Eiszeit von Gletschern bedeckt waren. Hier im Atlantik hat so etwas nichts verloren.

Hartmut Heinrich geht dem Rätsel auf den Grund. Er findet in den Bohrproben noch weiteres Gestein dieser Art, und im Labor folgert er: Die Steine müssen aus einem tauenden Eisberg stammen, der vor langer Zeit aus dem Norden hierhergetrieben ist. Als sich das Eis auflöste, sanken die Brocken auf den Meeresgrund.

Die wahre Tragweite dieser Entdeckung arbeitet die internationale Klimaforschung erst in den folgenden Jahrzehnten heraus: In der letzten Eiszeit gab es mehrere Warmphasen, in denen der Eisschild des Nordpols gleich sechsmal aufgetaut ist. Damals reichte der Eispanzer noch weit hinunter bis Kanada und Skandinavien. Jedes Mal muss sich eine ganze Armada von Eisbergen von den kalbenden Gletschern auf den Weg in den Nordatlantik gemacht haben, wo sie den Nordatlantikstrom abschwächten und so das Klimasystem durcheinanderbrachten. Die Folge war jeweils ein abrupter Umschwung zu kühlerem Klima.

Die Meeresströmung wird zum Großteil von der Dichte des Wassers angetrieben, die von der Temperatur und dem Salzgehalt abhängt. Das warme, leichte Wasser aus den Tropen erkaltet vor den Küsten Grönlands und Europas und sinkt durch die Kälte und durch einen höheren Salzgehalt, der durch Verdunstung entsteht, in die Tiefe. So wird es Teil eines Tiefenwassers, das wieder in Richtung Süden fließt.

Diesen Kreislauf durchbrachen damals die Eisberge, weil sie neben dem Gestein, das Hartmut Heinrich viel später mit dem Tiefseebohrgerät dem Meeresboden entwand, jede Menge kaltes, salzarmes Süßwasser mit sich brachten. Als sie schmolzen, stieg nicht nur der Meeresspiegel ordentlich an – der Salzgehalt des Nordatlantiks sank durch das zusätzliche Süßwasser zudem stark. Da Süßwasser eine geringere Dichte hat als Salzwasser, konnte der Meeresstrom an dieser Stelle nicht mehr in die Tiefe sinken und brach ab. In Europa wurde es in der Folge binnen kürzester Zeit einige Grad kälter. Und es dauerte jedes Mal viele Jahrhunderte, bis sich die Meeresströmung erholte und wieder milderes Klima in unsere Breiten brachte.

Dass es so gewesen sein muss, haben in den vergangenen Jahrzehnten diverse Studien belegt. Unter anderem bestätigte Wallace Smith Broecker von der Columbia University Heinrichs Idee mit seinen Messungen und prägte für die spontanen, eiszeitlichen Klimawechsel von warm zu kalt den Begriff »Heinrich-Ereignis«, um seinen bescheidenen Kollegen zu würdigen. Außerdem ließen neueste Analysen von Bohrkernen keinen Zweifel mehr aufkommen: Der Nordatlantikstrom war in der Geschichte unseres Planeten einige Male außer Betrieb.

Die Klimaforschung war zunächst der Meinung, dass sich das in der heutigen Zeit nicht wiederholen könne. Immerhin seien die verbliebenen Eismassen in Grönland wesentlich kleiner als jene während der Eiszeit. Selbst wenn sie in großem Stil schmelzen würden, fanden die Wissenschaftler es unwahrscheinlich, dass der Golfstrom darunter leiden könnte.

> Die Zeichen mehren sich, dass wir heute Heinrich-Ereignisse in Grönland und der Antarktis auslösen könnten.
> HARTMUT HEINRICH HIMSELF

An dieser Sicht änderte sich erst 2004 etwas. Damals wurde der Golfstrom zum Kinoschurken, als der Film *The Day After Tomorrow* anlief. In Roland Emmerichs Endzeitthriller, mit dem der Regisseur die mangelhafte Klimapolitik der ölverliebten Bush-Regierung kritisierte, bricht die Zirkulation wegen der schmelzenden Polkappen zusammen, und Nordamerika gefriert binnen weniger Stunden zu einem Eisblock. Wissenschaftlich fragwürdig, dramaturgisch dubios, aber als perfekte CGI-Klimakatastrophe inszeniert, blieben die Bilder vielen von uns im Gedächtnis hängen – und manch einer warf in den Jahren danach immer mal wieder einen verängstigten Blick auf Schlagzeilen zum Thema Golfstrom.

Abgesehen von aller cineastischen Übertreibung beschäftigte das Thema in jenem Jahr aber auch die ernste Forschung. Denn obwohl es kaum in die breite Öffentlichkeit gelangte: Der Film hatte tatsächlich einen realen Hintergrund.

Im April 2004 berichtete ein Wissenschaftlerteam der NASA, ihre Satellitenmessungen ergäben, dass sich der Nordatlantikstrom in den späten Neunzigerjahren im Vergleich zu den Siebzigern und Achtzigern nachweislich abgeschwächt habe. Sirpa Häkkinen, die Hauptautorin der Studie, erklärte damals: »Das ist ein Signal für starke Klimaschwankungen in den nördlichen Breiten. Wenn dieser Trend anhält, deutet er vielleicht auf eine Umstrukturierung des maritimen Klimasystems hin, die Folgen für das gesamte Klimasystem haben könnte. Aber wir brauchen bestimmt noch weitere fünf bis zehn Jahre, um sicher zu sein, ob dies wirklich geschieht.«

Es sollten schon schneller weitere Indizien auftauchen.

Bereits im darauffolgenden Jahr begab sich Peter Wadhams, Professor für Ozeanografie in Cambridge, auf Tauchstation. Er machte mit einem U-Boot der Royal Navy einen Ausflug unter das arktische Eis, um dort Messungen mit Sonar anzustellen, einem Verfahren, bei dem mittels Schallwellen Gegenstände unter Wasser geortet werden können. Wadhams hatte das zuvor schon einige Male gemacht und konnte so Vergleiche anstellen.

Sein besonderes Interesse galt dem Odden-Eisfeld – einem riesigen Schelfeisgebiet, das zu jener Zeit eine Fläche von bis zu 330 000 Quadratkilometern erreichte und sich im Winter vom östlichen Eispanzer Grönlands ins Meer erstreckte. Das Besondere an dieser Stelle: Wadhams hatte bei früheren Expeditionen entdeckt, dass am Rande des Eisschelfs kaltes Wasser absank, und das in gigantischen Säulen, die bis zu 3000 Meter tief reichten. Der Kaltstrom zog wärmeres Wasser nach sich und war damit Teil der nordatlantischen Zirkulation.

Als der Forscher nun, im Jahr 2005, mit dem U-Boot an diese Stelle kam, traute er seinen Augen kaum: Die Kaltwassersäulen waren verschwunden. »In der Vergangenheit konnten wir hier unter dem Schelfeis jedes Jahr zwischen neun und zwölf dieser riesigen Wassersäulen beobachten«, erzählte er später auf einem Treffen von Geowissenschaftlern in Wien. »Bei unserer jüngsten Expedition waren es nur noch zwei, und sie waren so schwach, dass das absinkende Wasser gar nicht mehr bis auf den Meeresboden gelangte.«

Die Erklärung für das Ausbleiben der Kaltwassersäulen lag auf der Hand: Das Odden-Eisfeld hatte sich seit den späten Neunzigern zurückgezogen und bildete sich in den Nullerjahren, als Wadhams erneut vorbeigeschaut hatte, gar nicht mehr. Damit war dieses kleine Rädchen im nordatlantischen Umverteilwerk zerbrochen. Und das hat schwerwiegende Folgen: »Wenn das so weitergeht«, so Wadhams, »dann wird sich das Klima Nordeuropas abkühlen.« Der gleiche Prozess wie in Emmerichs Katastrophenklamotte, nur langsamer – über Jahre statt Tage.

Noch im selben Jahr bestätigten zwei weitere Forschungsprojekte, dass sich im Nordatlantik gerade Bemerkenswertes zutrug. Ein Team von norwegischen und amerikanischen Wissenschaftlern stellte fest, dass der Salzgehalt des Nordatlantiks seit Mitte der Sechziger deutlich gesunken war – sie führten das auf die gigantischen Mengen Süßwasser zurück, die sich von den schmelzenden Eismassen Grönlands in den Ozean ergossen. Und britische Forscher meldeten, dass sich der Golfstrom zwischen 1957 und 2004 um dreißig Prozent abgeschwächt habe.

Bewiesen war damit aber noch lange nichts. Es konnte sich immer noch um Anomalien handeln, die keine wirkliche Aussagekraft besaßen. Dennoch war die Aufmerksamkeit der Klimaforscher geweckt – der Atlantikstrom stand von nun an unter verschärfter Beobachtung.

In den späten Nullerjahren wurde der deutsche Forscher Stefan Rahmstorf vom Potsdam-Institut für Klimafolgenforschung zu einer Galionsfigur bei der Erforschung der großen Meeresströmung im Atlantik. Schon 2008 warnte er, dass der Nordatlantikstrom komplett zum Stillstand kommen könnte, wenn das System einen Kipppunkt überschreitet. Wann genau es diesen Punkt erreichen würde, war nicht absehbar. Und doch war klar, dass dem Strom das viele kalte Süßwasser vom Nordpol auf Dauer nicht guttun würde. Ein Jahr später, als die Arbeiten am neuen Bericht des Weltklimarats bereits auf Hochtouren liefen, erklärte Rahmstorf noch einmal eindringlich, dass die bisherigen Klimamodelle die Stabilität des Nordatlantikstroms vermutlich stark überschätzten. Sprich: Es könnte schwer ins Auge gehen, wenn wir uns in falscher Sicherheit wiegen.

Der Weltklimarat stellte in seinem Bericht von 2013 ebenfalls fest, dass eine Abschwächung der Strömung bis 2100 »sehr wahrscheinlich« sei – was die fachchinesische Formulierung für neunzigprozentige Sicherheit ist. Sollten wir nicht auf die Emissionsbremse treten und sollte die Abschwächung zu stark sein, könnte der Nordatlantikstrom ins Stocken geraten. Der IPCC ist der Ansicht, dass die Chancen dafür in diesem Jahrhundert bei etwa zehn Prozent liegen.

Nicht wirklich beruhigend. Aber auch nicht so katastrophal, um uns deswegen akut Sorgen zu machen. Immerhin heißt es nichts anderes als: Sollte das Ding wirklich mal den Geist aufgeben, bekommt das von uns zumindest keiner mehr mit, allenfalls unsere Kinder und Enkel. Also erst mal alles gut mit dem Golfstrom.

Bis 2015. Dem Jahr, in dem der Blob im Nordatlantik auftaucht.

Sichtbar macht ihn Stefan Rahmstorf mit einigen Forscherkollegen, unter anderem Michael Mann, von dem das Hockeyschlägerdiagramm in Kapitel 3 stammt. Sie haben mithilfe von Eisbohrkernen, Baumringen, Korallen und Bodenablagerungen aus dem Ozean die Temperaturen bis ins Jahr 900 nach Christus rekonstruiert und Veränderungen der Strömungsstärke im Nordatlantik nachvollzogen.

Amtliches Endergebnis: Das komplette Golfstromsystem ist seit 1975 deutlich in die Knie gegangen. Und eine Schwächephase, wie wir sie derzeit erleben, hat es in den vergangenen 1100 Jahren nicht gegeben.

Betroffen ist vor allem die Region zwischen Neufundland und Irland, direkt unterhalb von Grönland, wo sich die Zone mit dem deutlich kühleren Wasser gebildet hat – der Cold Blob, die Kälteblase. Bemerkenswert ist: Selbst 2014, dem bis dahin heißesten je gemessenen Jahr, lagen die Temperaturen in diesem Gebiet ein bis zwei Grad unter jenen der frühindustriellen Phase. Während der Rest der Welt einen kollektiven Fieberschub erlitt, bekam der subpolare Nordatlantik Schüttelfrost.

»Das deutet darauf hin, dass die Abschwächung der Strömung inzwischen noch weiter vorangeschritten ist«, schreibt Rahmstorf auf seinem Blog *Klimalounge*, der auf der Seite des Wissenschaftsmagazins *Spektrum* erscheint. »Die Modelle sagen zwar für die Zukunft eine deutliche

Abschwächung vorher, nicht aber schon so früh, wie die Beobachtungsdaten es zeigen. Dass die reale Strömung womöglich noch instabiler als gedacht ist, das wäre eine schlechte Nachricht für die Zukunft.«

Inzwischen sind weitere Studien und Berichte erschienen, die Rahmstorfs Einschätzung teilen – die Meeresströmung im Atlantik, vor allem der Nordatlantikstrom, schwächelt. Warum das so ist, weiß man allerdings noch nicht so ganz genau.

Letztlich spielen wohl mehrere Faktoren eine Rolle: Das viele Schmelzwasser, das sich von Grönlands Eismassen in den Nordatlantik ergießt, ist einer. Der größte Teil davon wird noch vom Labradorstrom entlang des amerikanischen Kontinents nach Süden geleitet. Das verzögert zwar die Wirkung, doch mit fortschreitender Erwärmung wird das nicht so bleiben. Es gibt schon erste Studien, die besagen, dass der Labradorstrom ebenfalls schwächelt, was wiederum den Rest der atlantischen Meereszirkulation beeinflusst. Auch die erwärmte Luft über der Arktis hat einen Einfluss, weil sie die Abkühlung des Wassers zunehmend verhindert. Und eine aktuelle Studie des Wissenschaftlers Wei Liu von der University of California bringt sogar das weit entfernte Kap der Guten Hoffnung mit ins Spiel: Dort unten, am südlichsten Zipfel Afrikas, trifft nämlich der Agulhasstrom aus dem Indischen Ozean auf den Atlantik. Er bringt jede Menge warmes Salzwasser mit sich, das er in Teilen in den Nachbarozean abgibt – und so bringt er die große atlantische Meeresströmung erst richtig in Schwung. Sollte sich daran etwas ändern, also weniger Salzwasser in den Atlantik fließen, könnte dies die Strömung abschwächen. Wei Liu ging noch einen Schritt weiter. Er verdoppelte, ausgehend von 1990, in einer Simulation die CO_2-Konzentration der

Atmosphäre auf 560 ppm – zur Erinnerung: Wir stehen aktuell bei über 409 ppm. Die Folge: Der Golfstrom war nach dreihundert Jahren Geschichte. Und dabei hatte Wei Liu nach eigenen Angaben das Schmelzwasser Grönlands noch gar nicht in die Berechnung mit einbezogen.

Drängt sich die Frage auf: Was passiert, wenn der Strom tatsächlich einfach zum Stillstand kommt?

Eine Eiszeit wie in Roland Emmerichs Film würden wir wohl nicht mehr erleben – wenn sie einträte, dann lange nach unserem eigenen Ableben. Trotzdem sind die Folgen gravierend, und die Weichen dafür werden jetzt gestellt. Angenommen wird, dass sich das warme Wasser, das derzeit noch in unsere Breiten transportiert wird, vor der Küste Nordamerikas stauen würde. Und da warmes Wasser sich ausdehnt, hätte die US-Ostküste ein fettes Problem: Der Meeresspiegel würde dort drei- bis viermal höher steigen als im globalen Durchschnitt. In Nordamerika und Europa hingegen würden die Sommer, vor allem aber die Winter deutlich kälter ausfallen. Besonders betroffen davon wären Großbritannien und die nordischen Länder, und auch bei uns würde es dann trotz allgemeiner Erderwärmung frostig. Da sich der Atlantik in den südlicheren Breiten zusätzlich erwärmen würde, müssten wir wohl auch mit Superstürmen rechnen, die von dort zu uns nach Europa ziehen. Und weil die Meeresströmung im Atlantik mit allen anderen Ozeanströmungen zusammenhängt, würden sich auch auf dem restlichen Globus Folgen zeigen: häufigere und intensivere El Niños, wärmere Tropen, mehr Regen und Wärme in Alaska und der Antarktis sowie das Versiegen weiterer Meeresströmungen. Betroffen wäre auch die ganze Unterwasserwelt – ein echtes Killerszenario inklusive: Denn sollten die Förderbänder im Meer komplett zum Stillstand kommen, würde sich in den stehenden, sauerstoffarmen Gewässern durch Zersetzungsprozesse Schwefelwasserstoff bilden.

Das ist schon einmal geschehen, so vor 250 Millionen Jahren. Da war es ebenfalls sehr warm auf der Erde, noch heißer als heute, die Meeresströmungen kamen zum Erliegen. Schwefelwasserstoff bildete sich. Zuerst starben die Meeresbewohner, und als das Gas in die Atmosphäre austrat, waren die Landbewohner dran. Es kam zu einem der großen Massensterben in der Erdgeschichte – Leidtragende waren damals unter anderem die Sauropoden, weitverbreitete pflanzenfressende Dinos.

Der Golfstrom ist als Kippelement also eine ziemliche Wundertüte. Und so könnte – Überraschung! – auch alles ganz anders kommen.

Auch das hat mit dem Agulhasstrom zu tun.

Ein internationales Forscherteam um Lisa Beal von der University of Miami hat sich in dem Gebiet vor Kapstadt das Klima der Vergangenheit in Simulationen, für die paläoozeanografische Daten herangezogen wurden, mal genauer angesehen. Offenbar spielte der Strom, der dort warmes Salzwasser in den Atlantik spuckt, beim Ende von Eiszeiten eine nicht ganz unbedeutende Rolle. Wurde das Klima auf der Erde wärmer, verstärkte er sich, leitete warmes Salzwasser in den Atlantik, was die Strömung dort beschleunigte. Damit wurde letztendlich auch die Polschmelze vorangetrieben, und das führte dazu, dass sich das Klima am Ende der Eiszeiten rapide aufheizte.

Sollte dies erneut geschehen, würden wir in Europa keine Abkühlung erleben, sondern eher eine Art Turboerwärmung. Der aufgeheizte Atlantikstrom würde die globale Erwärmung in unseren Breiten in den nächsten Gang schalten.

Unrealistisch ist das nicht. Der Agulhasstrom hat sich

seit den Sechzigerjahren nach Süden hin ausgedehnt und erwärmt – bereits jetzt gelangt mehr warmes Wasser in den Atlantik. Der Grund dafür: Die großen Meeresströmungen werden in Teilen auch von Windströmen beeinflusst. Beim Agulhasstrom spielt unter anderem der Westwindgürtel eine Rolle, der die Antarktis umweht. Rückt dieser weiter nach Süden, ist mehr Platz für die Strömung Richtung Atlantik.

Und die Auswirkungen dieser Mechanismen könnten in Zukunft noch gravierender sein. Denn Klimaprognosen sagen voraus, dass sich die Windmuster der Erde durch die globale Erwärmung verändern werden. Tatsächlich geschieht dies schon jetzt – mit spürbaren Auswirkungen auch für uns in Deutschland.

**HÖHE: 12 000 METER
TROPOPAUSE, ZWISCHEN TROPOSPHÄRE
UND STRATOSPHÄRE
VOM WINDE VERDREHT**

Im Sommer 2003 sterben in Europa 70 000 Menschen, darunter 7000 Deutsche. Eine Hitzewelle lastet zwei Wochen lang auf dem Kontinent, lässt die Temperaturen stellenweise weit über vierzig Grad steigen. Asphalt schmilzt, Wälder stehen in Flammen, Felder verdorren, Rhein, Elbe und Donau führen so wenig Wasser, dass die Schifffahrt eingestellt wird. Schadensbilanz: mehr als zehn Milliarden Euro. Der »Jahrhundertsommer« ist eine der größten Naturkatastrophen in der europäischen Geschichte.

Das Gleiche geschieht 2010 in Russland. Acht Wochen hält ein Hochdruckgebiet die Hitze über dem Land, die

Temperaturen im Juli und August liegen zehn Grad über dem Mittel. Wald- und Torfbrände toben auf mehreren Millionen Hektar Land, darunter auch große Areale, die beim GAU von Tschernobyl verstrahlt wurden, weshalb nun mit dem Rauch der Feuer erneut radioaktive Partikel aufsteigen. Hitze und Smog fordern viele Opfer, und die wirtschaftlichen Verluste – unter anderem Ernteausfälle – summieren sich auf rund 15 Milliarden Euro, weltweit steigen daher die Preise für Getreide.

Etwa zur gleichen Zeit ertrinkt Pakistan in extremem Monsunregen – La Niña verstärkt die Regenlagen um das Zehnfache, und die erhöhte Jahrestemperatur beschleunigt sogar noch das Abtauen der Gletscher. 1738 Menschen sterben, knapp zwei Millionen Häuser werden von den Fluten beschädigt, insgesamt sind vierzehn Millionen Menschen von der Sintflut betroffen.

Zusammen mit der Flutkatastrophe im Dreiländereck Polen, Deutschland, Tschechien (mit insgesamt zehn Toten) sind diese drei weit voneinander entfernt stattfindenden Ereignisse 2010 das Ergebnis einer sogenannten Omegawetterlage, einem großen Hochdruckgebiet, das zwischen zwei Tiefs feststeckt – was den einen extreme Hitze, den anderen extremen Regen beschert.

2011 beginnt in Kalifornien eine nie dagewesene Dürrephase, die erst fünf Jahre später endet und die Wasserversorgung des US-amerikanischen Bundesstaates an den Rand des Kollapses bringt.

Und warm ist es auch 2012, nämlich in Grönland. Zwei Grad über dem Mittel liegen die Werte bis in den September hinein. Es folgt die bis dahin größte Eisschmelze in der Geschichte. Auf 98 Prozent der Fläche von Grönland taut es, bis hinauf in 3000 Metern Höhe. Im Oktober desselben Jahres trifft Hurrikan Sandy – der uns schon im Zusammenhang mit den Verwüstungen in Haiti begegnet ist – mit großer Stärke auf einer ungewöhnlich nördlichen Zugbahn die amerikanische Ostküste und sorgt für Chaos in New York – amtlicher Schaden: 71 Milliarden Dollar. Auch im Februar 2015 spielt das Wetter in den USA verrückt: Während im Westen des Landes Wärmerekorde gebrochen werden, ist es im Osten kalt wie nie. Bis runter nach Miami schneit es, und die Kälte breitet sich bald im ganzen Land aus: Am 1. März ist fast jeder US-Staat mit Schnee bedeckt. In Indien fordert im Sommer darauf die bislang schlimmste Hitzewelle in der Geschichte des Landes rund 2000 Menschenleben. Im Juli schmilzt es auf Grönland wieder rekordverdächtig. Und im Winter schaufelt ein Tief Tropenluft bis rauf in die Arktis.

2018 tritt dann das ein, was sich zumindest in Deutschland viele immer gewünscht haben: Es regnet nicht mehr, der Sonnenschein will einfach kein Ende finden. So schön wie erhofft ist es aber nicht. Ab dem Frühjahr macht sich in einem breiten Band von Kanada über Island und Europa bis ins Baltikum Hochdruckeinfluss breit, der monatelang nicht mehr weichen will. Die Folgen: Hitzewellen, die Äcker verdorren, überall in Europa brennen die Wälder, selbst im sonst eher kühlen Schweden.

Die Liste extremer Wetterlagen, die seit Beginn des neuen Jahrtausends weltweit aufgetreten sind, ließe sich beliebig weiterführen. Und nach den jüngsten Erkenntnissen der Klimaforschung haben sie alle eine gemeinsame Ursache: den Jetstream. Der eiert nämlich.

Die meisten von uns kennen den Jetstream von Transatlantikflügen und haben ihn in guter Erinnerung – er bewirkt nämlich, dass wir auf dem Rückflug schneller zu Hause sind. Der Starkwind weht in der Tropopause, der

Luftschicht zwischen Troposphäre und Stratosphäre, auf einer Höhe zwischen acht und zwölf Kilometern in östlicher Richtung um die Nordhalbkugel. Er erreicht Geschwindigkeiten von bis zu fünfhundert Stundenkilometern, und deshalb dauert der Sprung über den Atlantik mit dem Flieger hin in die USA immer ein bisschen länger als zurück.

Der Jetstream ist eine komplizierte Sache. Stellen wir uns mal ganz dumm: Jetstreams sind Strahlströme. Sie entstehen durch die Dichte der Luft – und durch Wärme. Wenn sich die Luft am Äquator durch die Wärme der Sonne ausdehnt und sich die Luft an den Polen durch die Kälte zusammenzieht, entwickeln sich starke globale Luftdruck- und Temperaturgegensätze. Durch die Druckunterschiede kommen starke Winde zustande, die durch die Coriolis-Kraft – die durch die Drehbewegung der Erde entsteht – auf der Nordhalbkugel nach Osten und auf der Südhalbkugel nach Westen geschickt werden. Es gibt einen äquatorialen und tropischen Jetstream, einen Polarfront-Jetstream und einen Subtropen-Jetstream.

Der Höhenwind weht allerdings nicht in einer geraden Linie um den Globus, sondern in Wellen – die nach ihrem Entdecker, dem amerikanischen Meteorologen Carl-Gustaf Rossby, »Rossby-Wellen« oder auch planetarische Wellen genannt werden. Macht eine solche Welle des Polarjetstreams einen Bogen nach Norden, zieht sie warme Tropenluft mit sich nach Nordamerika, Europa oder Russland, zeigt ihr Buckel hingegen nach Süden, strömt kalte Luft aus der Arktis nach.

Für uns ist der Polarjetstream der Nordhalbkugel interessant. Seine Schlaufen, die von einem Ende zum anderen eine Ausdehnung von eintausend Kilometern erreichen, verteilen die Hoch- und Tiefdruckgebiete in unserer

Gegend und sorgen dafür, dass wir uns zwischen dem 40. und 60. Breitengrad normalerweise in einer recht gemäßigten Wetterzone befinden.

Die Wellen haben seit jeher auch die Eigenart, dass sie sich verlangsamen und sogar an Ort und Stelle verharren können. Die Hoch- und Tiefdruckgebiete stehen dann ebenfalls still – und je nachdem, ob man sich unter einer südlichen oder nördlichen Welle befindet, bekommt man eben Sonnenschein oder Schietwetter. Und das für längere Zeit. Darauf bezieht sich auch die Bauernregel, die wir zum Siebenschläfertag am 27. Juni kennen und der zufolge die aktuelle Wetterlage sieben Wochen anhält. Aberglaube hin oder her, natürlich liegt es nicht an einem bestimmten Tag – aber Ende Juni, Anfang Juli verhält sich der Jetstream relativ konstant, die Wetterlage bleibt stabil.

Im Normalfall nehmen die Rossby-Wellen jedoch nach ein paar Tagen wieder Fahrt auf, und das Wetter ändert sich. Doch genau dieses System scheint seit einiger Zeit eine Macke zu haben.

In den vergangenen Jahren haben sich gleich mehrere Studien mit dem Jetstream befasst – eine stammt von Michael Mann, Stefan Rahmstorf und ihren Kollegen und ist 2017 in den *Scientific Reports* erschienen. Sie kommt wie die vorherigen Untersuchungen zu dem Schluss: Der Jetstream steht neuerdings viel zu oft viel zu lange still und verursacht dadurch lang anhaltende Extremwetterphasen wie wochenlange Hitzewellen, Dürrephasen oder Regen, der selbst nach etlichen Tagen einfach nicht aufhören will.

Der Grund scheint die starke Aufheizung der Arktis zu sein. Sie erwärmt sich schneller als subtropische Breiten, und das bedeutet konkret: Über dem Nordpol ist die Luft nicht mehr so kalt wie früher. Dadurch verringert sich das

Temperaturgefälle zu den Subtropen. Der Luftaustausch, der den Jetstream ja erst richtig in Schwung bringt, ist nicht mehr so stark. Wird der Jetstream schwächer, bewegen sich in der Folge auch die planetaren Wellen langsamer und kommen viel öfter zum Stillstand. Wie störrische Esel verharren sie dann oft wochenlang auf der Stelle und wollen nicht weiter.

Was die Sache noch schlimmer macht: Die Rossby-Wellen schlingern tiefer in Richtung Norden und Süden. So kommt es nicht nur zu Extremwetterlagen – wie den Hitzewellen über Europa und Russland, dem Monstermonsun in Pakistan oder der Dürre in Kalifornien –, sondern das Wetter entsteht auch noch an Stellen, wo es eigentlich gar nichts zu suchen hat, sprich: Es kommt zu ergiebigem Schnee in Florida oder Tropenluft in der Arktis.

In ihrer Studie beschreiben Stefan Rahmstorf und Co., dass sich die Chancen auf stecken bleibende Jetstreamwellen seit Beginn der Industrialisierung um siebzig Prozent erhöht haben, am deutlichsten in den vergangenen vierzig Jahren. Schon in einer früheren Studie kam Rahmstorf zu dem Ergebnis, dass sich solche Extremdellen seit dem Jahr 2000 sogar verdoppelt haben. »Solch persistente Wetterereignisse«, erklärt sein Kollege Michael Mann, »werden wir in Zukunft noch wesentlich häufiger sehen, je höher die Treibhausgaskonzentration in der Atmosphäre steigt.«

Dahinter steckt die einfache Logik: Mehr Treibhausgase lassen das Eis in der Arktis schneller schmelzen, wodurch die Luft sich dort noch mehr erwärmt. Was wiederum den Antrieb des Polarjetstreams schwächt und ihn auf größeren Schlingerkurs schickt.

Gleichzeitig treibt der kaputte Jetstream genau diese Entwicklung selbst an, meint Edward Hanna, ein Klimawissenschaftler der University of Sheffield. Er hat die Rekordschmelzen in Grönland 2012 und 2015 mit den gestörten Rossby-Wellen in Verbindung gebracht. In zwei Studien wies er nach, dass der Polarjetstream in beiden Jahren einen ungewöhnlich weiten Bogen in die Arktis schlug und damit im Sommer 2015 die Schmelzsaison um dreißig bis vierzig Tage verlängerte. Und schmilzt das Eis kräftiger, erwärmt sich die Luft über dem Pol, was wiederum den Jetstream schwächt …

Solche Entwicklungen nachzuvollziehen und im besten Falle sogar vorhersagen zu können ist für die Forscher – und auch für uns alle – eine wichtige Sache: Denn bislang spielen die wild mäandernden Jetstreamwellen in den Berechnungen des Meeresspiegelanstiegs keine Rolle. Sollte er jedoch in der kommenden Zeit häufiger solche Wetterlagen ausbilden und die Schmelze zu allen anderen Effekten zusätzlich ankurbeln, dürfte der Meeresspiegel wohl noch schneller auf weitere Meter ansteigen.

Und manche Wissenschaftler sehen ein weiteres Schreckgespenst: Was, wenn der Jetstream auch einen Kipppunkt hat? Einen Punkt, an dem er komplett stehen bleibt und nicht mehr anspringt. Womit wir in Sachen Wetterextreme dann zu rechnen hätten, wissen auch sie noch nicht.

> **Der genaue Grad an Klimaänderung, der ausreicht, um abrupte und irreversible Änderungen auszulösen, bleibt unsicher; das mit der Überschreitung solcher Grenzen verbundene Risiko steigt jedoch mit höheren Temperaturen.**
> WELTKLIMARAT, FÜNFTER SACHSTANDSBERICHT, 2014

Rund um den Globus existieren noch zahlreiche weitere Kippelemente, die den Klimawandel weiter beschleunigen könnten. Eines davon ist grün, noch jedenfalls: der Regenwald des Amazonas.

Er ist der größte Regenwald der Erde und ungefähr anderthalbmal so groß wie die gesamte Europäische Union. Und er wird zu Recht immer wieder als »grüne Lunge« unseres Planeten bezeichnet. Im Normalfall nimmt der Urwald CO_2 auf und gibt dafür Sauerstoff ab. Er ist damit eine der wichtigen Kohlenstoffsenken (und ganz nebenbei auch noch die artenreichste Region der Erde). Ein Quadratkilometer Regenwald kann etwa 20 000 Tonnen CO_2 speichern – wie die Ozeane haben die Regenwälder bislang gewaltige Mengen CO_2 aufgenommen und verhindert, dass die Erderwärmung noch heftiger ausfällt.

Doch die grüne Lunge ist bedroht – mit Folgen für die ganze Welt. Denn wenn die Wälder abgeholzt werden, wird das darin gebundene CO_2 freigesetzt. Durch die Rodung mit Feuer und durch Abholzung – für den Anbau von Tierfuttersoja, Palmöl oder um Weideland für Rinder zu schaffen – werden jährlich 10,6 Milliarden Tonnen CO_2 ausgestoßen. Das sind 17 Prozent des weltweiten Ausstoßes von CO_2.

Auch der Wasserkreislauf geht durch die Rodung kaputt. Ein Baum im tropischen Regenwald kann normalerweise bis zu 1000 Liter Wasser pro Tag verdunsten, die dann zu Wolken werden und wieder abregnen – eine Art Wasserrecyclinganlage. Ohne den Baum – oder den Wald – versickert das Wasser im Boden oder läuft ab. Es bilden sich keine Wolken, die es wieder regnen lassen, es steigt kein Wasser mehr in die Atmosphäre auf – Dürre, Austrocknung von Flüssen und Verwüstung drohen. Der Regenwald ist de facto gut, um die Luft zu reinigen, das

Wasser zu filtern, Wolken zu bilden, Erosion zu verhindern – und als eines von vielen Elementen das Weltklima zu regeln. Wird es zu heiß und trocken, könnte dieses System kollabieren.

Die Niederschläge im Amazonasgebiet sind bereits um dreißig Prozent zurückgegangen, und 2005 erlebte es eine lange Dürre, bei der einige Nebenflüsse des Amazonas austrockneten. Die gängigen Klimamodelle gehen davon aus, dass es bei einer weiteren Erwärmung um zwei bis vier Grad kritisch für den Regenwald wird und er verdorrt. Ohnehin wird er in einem Tempo abgeholzt, für das eine Studie der Stiftung SOS Mata Atlântica und des Forschungsinstituts INPE ausrechnete, bereits 2050 könnten vierzig Prozent der Fläche verschwunden sein.

Fürs Klima wäre das gar nicht gut.

Kein Wald bedeutet: Erstens kein CO_2-Speicher, also bleibt mehr CO_2 in der Atmosphäre, was die Erwärmung vorantreibt. Zweitens setzen die verrottenden Pflanzen weiteres Kohlendioxid frei, weshalb dann noch mehr des Klimagases in der Luft ist, was die globale Erwärmung deutlich beschleunigt. Das Gleiche gilt übrigens für all die anderen Regenwälder in Westafrika oder Südostasien und auch für die Nadelwälder der Taiga.

Und es gibt weitere Kippelemente des Klimasystems, die Katastrophenpotenzial besitzen:

Darunter sind stärkere El Niños oder La Niñas, die durch die fortschreitende Erwärmung des Pazifiks hervorgerufen werden.

Das Schmelzen der Gletscher im Himalaja. Diese sind mit drei Millionen Hektar die größten Eisflächen nach den Polkappen und Grönland – und aus ihrem Schmelzwasser speisen sich der Mekong, Yangtse und der Ganges, die in China, Indien, Nepal, Pakistan und Bhutan mehrere Hundert Millionen Menschen mit Trinkwasser versorgen. Aber es droht nicht nur Trinkwassermangel, sondern auch ein Turbo für die Erwärmung durch die frei werdenden Böden (Eis-Albedo!).

Dann wäre da noch die Sättigung von Kohlenstoffsenken wie den Ozeanen, Wäldern und Pflanzen. Denn diese haben uns zwar bisher eine große Last des CO_2 abgenommen, können aber ab einem bestimmten Punkt kein CO_2 mehr speichern, weshalb dann deutlich mehr Kohlenstoffdioxid in der Atmosphäre verbleiben würde – es würde noch viel schneller viel wärmer werden.

Außerdem könnte der indische und westafrikanische Monsun durch die fortschreitende Erwärmung der Landflächen, Luftverschmutzung und Rodung von Wäldern gestört werden und entweder heftiger oder schwächer ausfallen – beides wäre schlimm.

Und zu guter Letzt wäre da noch die Sache mit dem Methan.

Methan ist als Treibhausgas weitaus schädlicher als Kohlendioxid: In einem Zeitraum von hundert Jahren wirkt ein Kilo davon so stark wie bis zu 25 Kilo seines Klimagasbruders.

Es lagert unter anderem in gigantischen Mengen am Meeresboden, wo es in sogenannten Methanhydraten gebunden ist – Eiskristallen, die Methanmoleküle enthalten. Wie viel dort genau liegt, weiß man nicht sicher – Schätzungen gehen von 500 bis 3000 Gigatonnen aus, was in jedem Fall ein Vielfaches des Methans ist, das sich aktuell in der Atmosphäre befindet.

Das Methan wird durch niedrige Temperaturen und hohen Wasserdruck an Ort und Stelle gehalten – Bedingungen, wie sie am Meeresboden ab 500 Metern Tiefe herrschen, in polaren Regionen auch schon ab 250 Metern.

Bislang haben sich die Meere hauptsächlich an der Oberfläche erwärmt. Sollten zukünftig auch tiefere Wasserschichten wärmer werden und sich zudem Meeresströmungen verändern und warmes Wasser dorthin transportieren, wo es bislang nicht war, könnten die Methanhydrate instabil werden. Das gespeicherte Methan würde dann entweichen – wobei sein Volumen um das 170-Fache zunimmt, da das Methanhydrat unter den Druck- und Temperaturbedingungen extrem verdichtet ist – und in einem »Blow-out« an die Oberfläche gelangt. Kurz gesagt, eine explosionsartige Entladung einer Gasblase am Meeresboden, die dort einen Krater reißt. Wer im Detail wissen will, wie das alles funktioniert und was dann im schlimmsten Fall geschieht, liest sich am besten noch mal Frank Schätzings Roman *Der Schwarm* durch.

Für die globale Erwärmung wäre so etwas wohl ein echtes Fiasko. Das Methan würde den Treibhauseffekt gravierend antreiben, und durch die dann noch größere Erwärmung würde noch mehr Methan frei, das dann wiederum … na ja, und so weiter eben, wir hätten in diesem Fall wohl eine echte Hypererwärmung an der Backe.

Wann ein solcher Kipppunkt für das Methan erreicht ist und wie schnell das alles tatsächlich gehen würde, ist noch nicht klar. Sicher ist eben nur, dass die globale Erwärmung und der damit verbundene Klimawandel dann komplett außer Rand und Band geraten könnten.

Wenig überraschend – weil dort die gleichen Mechanismen am Werk sind – spielt sich das so ähnlich auch in den Permafrostböden von Russland, Kanada, Alaska und im westlichen China ab. Auch dort lagern in der dauergefrosteten Erde riesige Mengen an Methan. Und der tauende Boden gibt – durch das von Mikroben zersetzte darin enthaltene organische Material – zusätzlich Kohlenstoff ab. Laut Bericht des Weltklimarates haben sich die Temperaturen der arktischen Permafrostböden seit den Achtzigerjahren um bis zu drei Grad Celsius erhöht – sie tauen also auf breiter Front.

Und was dadurch geschieht, dürfte zu diesem Zeitpunkt in unserem Buch ziemlich klar sein: Das Methan und der Kohlenstoff entweichen und beschleunigen den Erwärmungsmechanismus.

> Ich mache mir tatsächlich keine Sorgen darum, dass der gesamte Permafrost plötzlich abtauen könnte – das dürfte schon aus physikalischen Gründen nicht möglich sein. Nichts von dem, was passiert, wird schnell gehen. Es ist eher so wie bei einem Güterzug: Wenn der sich erst einmal in Bewegung gesetzt hat, dann dürfte es fast unmöglich sein, ihn wieder zu stoppen.
>
> ANTONI LEWKOWICZ, EHEMALIGER VORSITZENDER DER INTERNATIONALEN PERMAFROST-GESELLSCHAFT

Die Klimaforscher vermuten, dass bei den meisten Kippelementen der Punkt ohne Wiederkehr bei einer Erwärmung von zwei bis vier Grad Celsius gegenüber vorindustriellem Niveau erreicht ist. Da diese Elemente einen direkten Einfluss auf die globale Erwärmung haben, würde sich diese weiter beschleunigen und wäre im Extremfall vielleicht nicht mehr zu stoppen – was sich dann im englischen Fachsprech »Runaway Greenhouse Effect« nennt.

Gemeint ist damit eine klimatische Kettenreaktion, die dazu führen würde, dass alles Wasser auf unserem Planeten ins All verdampft und es hier irgendwann aussieht wie auf der Venus, dem heißen Zwilling der Erde – wo nach neuesten Erkenntnissen vor vielen Hundert Millionen Jahren das Klima ähnlich wie auf der Erde war und es vielleicht sogar Leben gab, bis ein galoppierender Treibhauseffekt alles Wasser verdampfte. Der Boden ist dort heute – das weiß man durch sowjetische Sonden, die darauf gelandet sind – staubtrocken. Wasser gibt es nicht, und die Oberfläche des Planeten ist von Vulkanen überzogen.

Allerdings, da ist sich die Klimaforschung dann mal einig, wäre ein solches Szenario wirklich sehr, sehr langfristig gedacht, und es müsste schon enorm viel schieflaufen, damit es so weit kommt. Ganz ausschließen kann man es aber nicht. Und zuletzt warnte der Welt berühmtester Physiker Stephen Hawking: »Trumps Handeln könnte die Erde über eine Schwelle zu einer Zukunft als Venus stoßen, bei der Temperaturen von 482 Grad Celsius herrschen und es Schwefelsäure regnet.«

Allerdings wird es auch bereits bei einem wesentlich geringeren Temperaturanstieg sehr ungemütlich für uns Menschen.

Zwei Grad genügen.

In den aktuellen Klimamodellen, die auf den Rechnern der Forscher simuliert werden, könnten wir diese Gradzahl rund um das Jahr 2030 erreichen, wenn wir die Treibhausgasemissionen nicht drastisch senken – eventuell auch früher, wenn die sich untereinander verstärkenden Klimaeffekte das Ganze noch schneller vorantreiben. Falls dies aber nicht geschieht und es uns gelingt, den CO_2-Ausstoß zu senken, würden wir wohl erst 2050 bei zwei Grad landen – wobei wir besser nicht auf Risiko spielen, denn ganz sicher ist auch das nicht.

Auf jeden Fall wäre es bei einer weltweiten Durchschnittserwärmung von zwei Grad in vielen Regionen bereits wesentlich wärmer. Das stellt die Geophysikerin Sonia Seneviratne von der ETH Zürich mit anderen Forschern in einer Studie, die 2016 im Fachblatt *Nature* erschienen ist, in Aussicht. Rund um die Arktis würden die Temperaturen dann um sechs Grad höher liegen, mit entsprechenden Folgen für die Eismassen und den Meeresspiegel. Im Mittelmeerraum müssen wir mit drei Grad plus rechnen. Und auch in vielen anderen Regionen der Welt wäre es deutlich wärmer als zwei Grad.

Der Grund: Zum einen senkt die kühlere Luft über den Meeren den globalen Durchschnitt, während sich die Landmassen stärker erwärmen. Zum anderen gibt es regional große Unterschiede: Dadurch, dass die Eis- und Schneebedeckung abnimmt, steigen zum Beispiel in Finnland die Wintertemperaturen besonders rasant, während sich im Sommer wiederum die Temperaturrekorde in Südeuropa überschlagen. Extreme Hitze und Dürren, so Seneviratne, würden drei- bis fünfmal häufiger auftreten.

In einer 2-Grad-Welt werden sich die Folgen des Klimawandels, die wir heute in Europa und Deutschland erleben, weiter verstärken. Zu diesem Ergebnis kommt auch das Wissenschaftsprojekt IMPACT2C, zu dem unter anderem das Potsdam-Institut für Klimafolgenforschung, die WHO und diverse europäische Unis beigetragen haben und das im Auftrag der Europäischen Kommission die Folgen einer weiteren Erwärmung ausgewertet hat. Hitzewellen, bei denen es ganze Tage oder Wochen über dreißig oder vierzig Grad warm ist, treten dann noch häufiger auf, werden intensiver sein und länger dauern – die Anzahl der Hitzetage würde sich verdoppeln, die Zahl tropisch warmer Nächte zunehmen. Besonders schlimm würde es Spanien, Frankreich und den Balkan erwischen, wo die Hitzewellen um bis zu vier Grad heißer ausfallen würden als heute.

Die Sommerhitze, die uns in letzter Zeit auch in Deutschland zum Stöhnen bringt, wäre dann auf jeden Fall die Regel. Zeitgleich würden extreme Regenfälle fünfzehn Prozent intensiver auftreten – sprich: Überflutungen, wie wir sie heute schon erleben, siehe Braunsbach 2016 oder Berlin 2017, wären dann ziemlich normal.

Die Winter werden den Wissenschaftlern von IMPACT2C zufolge bei einer globalen Erwärmung um zwei Grad auf breiter Front milder werden – zumindest solange der Nordatlantikstrom und der Jetstream standhalten. In Nordeuropa wird die durchschnittliche Zahl der Frosttage von 30 bis 60 Tagen im Jahr auf 15 Tage fallen. Und in den Bergen wird in niedrigen Höhen gar kein Schnee mehr liegen, der Niederschlag fällt hier stattdessen dann als Regen. In höher gelegenen Gebieten könnte sich die Skisaison um ein bis zwei Monate verkürzen – mit entsprechenden Folgen für den Tourismus. Der wird natürlich auch am Mittelmeer leiden, denn bei Hitzewellen und Temperaturen jenseits der vierzig Grad werden viele mit ihrem Handtuch lieber eine Liege in nördlicheren Gefilden reservieren.

Die große Eisschmelze geht natürlich weiter. Zum einen werden Menschen, die in Küstengebieten leben, durch den steigenden Meeresspiegel heimatlos – vielleicht auch in unseren Breiten, besonders gefährdet sind da die deutschen Nordseeküstenbewohner und die Niederländer, siehe Karte auf Seite 170/171. Zum anderen drohen gleichzeitig durch Hitzewellen und Dürren vor allem in ohnehin schon trockenen warmen Gegenden Ernteausfälle, und die Grundversorgung ist nicht mehr ohne Weiteres garantiert. Besonders in Afrika, Südamerika und Südostasien wird die Zahl der Klimaflüchtlinge in den kommenden Jahrzehnten deutlich steigen. Es werden noch mehr Menschen nach Europa kommen, und neben den Problemen, die wir bis dahin selbst haben, werden wir uns überlegen müssen, was mit ihnen geschehen soll.

Stefan Sobolowski, einer der Forscher, die am IMPACT2C-Projekt beteiligt waren, fasst das Ergebnis zusammen: »Es hieß immer: ›Überschreitet nicht die 2-Grad-Schwelle! Sonst geschehen schlimme Dinge!‹ Aber selbst wenn wir es schafften, die globale Erwärmung in diesen Grenzen zu halten – in Teilen Europas käme es trotzdem zu dramatischen Veränderungen.«

Nicht wenige Klimaexperten gehen allerdings inzwischen auch davon aus, dass wir die Klimaziele des Pariser Abkommens ohnehin nicht werden einhalten können und bereits jetzt eine Erwärmung angezettelt haben, die uns weit jenseits der zwei Grad führen wird.

So prognostiziert die europäische Umweltagentur EEA, dass sich die Landtemperatur in Europa bis 2100 um satte vier Grad erwärmen könnte, und auch das Potsdam-Institut für Klimafolgenforschung hält in einem Bericht für die Weltbank eine Erwärmung um vier Grad für nicht unwahrscheinlich. Die Wissenschaftler sind sich einig, dass die aktuellen Reduktionsverpflichtungen und -zusagen der Länder nicht ausreichen, um den Klimawandel aufzuhalten.

Nur so zum Vergleich: Vier Grad Celsius, das ist ungefähr der Temperaturunterschied zwischen heute und dem Ende der letzten Kaltzeit. Um so weit zu kommen, hat die Natur, zuletzt mit viel Hilfe vom Menschen, rund zehn- bis zwölftausend Jahre gebraucht. Wir werden also, wenn es dumm läuft, den nächsten Temperatursprung um drei Grad binnen weniger Jahrzehnte erleben – denn wenn es uns nicht gelingt, die Treibhausgasemissionen zu stoppen, könnten die vier Grad bereits in den Sechzigerjahren dieses Jahrhunderts erreicht sein. Und – siehe Kippelemente und Kipppunkte – es ist wahrscheinlich, dass wir ab einem gewissen Punkt dann auch nichts mehr gegen die immer weiter steigenden Temperaturen unternehmen könnten. Vermutlich werden diese weiter klettern, bis wir irgendwann klimatische Bedingungen erreicht haben, wie sie vor Hunderten Millionen Jahren auf der Erde vorzufinden waren – als hier noch Dinosaurier herumtrampelten.

Sollte die Erwärmung tatsächlich über vier Grad hinausgehen, wird die Lage so richtig ernst. Die Katastrophe würde wohl spätestens bei sieben Grad losgehen, wie die Klimaforscher Steven C. Sherwood und Matthew Huber in einer Studie beschreiben, die 2010 in den *Proceedings of the National Academy of Sciences* erschien. Die Autoren gehen davon aus, dass es dann auf der Erde einfach zu heiß für uns wird.

Ihre Annahmen beruhen auf der Tatsache, dass der menschliche Körper ab Temperaturen von über 35 Grad Celsius Schwierigkeiten mit dem Wärmehaushalt bekommt, besonders bei hoher Luftfeuchtigkeit – wir denken an Kishan mit seiner Rikscha. Heute gibt es solche klimatischen Bedingungen zum Glück noch nicht so häufig auf unserer Welt, außer bei großen Hitzewellen vielleicht. Sherwood und Huber gehen aber davon aus, dass bei einer Erwärmung von durchschnittlich sieben Grad solches Wetter in vielen Regionen der Welt auftreten wird, mit entsprechenden Folgen, nämlich ziemlich vielen Hitzetoten. Bei einer weiteren Erwärmung um elf oder zwölf Grad würde dann der überwiegende Teil der Menschheit in solchen Regionen leben.

»Trotz der Unsicherheiten über die Folgen des zukünftigen Klimawandels wird allgemein angenommen, dass wir Menschen uns jeder möglichen Erwärmung anpassen könnten«, so das Resümee von Sherwood und Huber. »Wir glauben allerdings, dass Hitzestress unserer Anpassungsfähigkeit eine ziemlich klare Grenze setzt.«

Oder kurz gesagt: Das Klima auf unserem Planeten könnte sich so sehr verändern, dass die Erde für Menschen unbewohnbar wird – was das Aussterben mindestens einer Spezies auslösen würde: unserer eigenen.

> **Wir bewegen uns mit beängstigender Geschwindigkeit in unbekanntes Gebiet.**
>
> MICHEL JARRAUD, EHEMALIGER GENERALSEKRETÄR DER WORLD METEOROLOGICAL ORGANISATION

Ob das wirklich alles so kommt? Man kann es nicht mit Sicherheit sagen. Das Klima unserer Erde ist ein ziemlich komplexes System, das die Wissenschaft inzwischen zwar sehr gut vermessen hat – verstanden sind die vielen Faktoren, die eine Rolle spielen und sich gegenseitig beeinflussen, aber noch nicht bis ins letzte Detail. Und immer wieder gibt es überraschende neue Erkenntnisse. Und da die Forscher ebenso wenig wie alle anderen Menschen über die Gabe verfügen, in die Zukunft zu blicken, kann man von ihnen keine definitive Aussage erhalten, wie sich unsere Welt verändern wird. Das wäre für Wissenschaftler auch sehr unseriös, beruht ihr Job doch darauf, Zweifler zu sein, bisherige Erkenntnisse immer wieder infrage zu stellen und gewillt zu sein, diese komplett über den Haufen zu werfen, wenn sich herausstellt, dass es anders ist.

Es könnte also alles gar nicht so schlimm kommen wie vermutet.

Es könnte aber auch tatsächlich so schlimm kommen wie vermutet.

Es könnte sogar schlimmer kommen.

Es könnte viel schlimmer kommen.

Und es könnte sogar den Weltuntergang bedeuten.

Bevor man also die Prognosen und Überlegungen der Klimaforscher ins Abseits stellt, sollte man sich vergegenwärtigen, dass sich in der Vergangenheit die überwiegende Mehrheit davon erfüllt hat. In vielen Fällen ist es sogar schlimmer gekommen, und oft ist es schneller gegangen als gedacht: Die Eisschmelze in der Arktis und in Grönland übertrifft alle Erwartungen. Entgegen früherer Annahmen zerbricht nun auch die Antarktis und schwächelt der Nordatlantikstrom – und den krassen Temperatursprung, der uns in der Zeit von 2014 bis 2018 von 0,73 Grad globaler Erwärmung auf 1 Grad katapultiert hat (siehe Grafik Seite 128), hatte in der Form auch niemand auf dem Zettel. Außerdem stehen wir nun kurz davor, etliche Kippelemente zu Fall zu bringen, die das weltweite Klima völlig durchschütteln könnten.

Die Chancen überwiegen also, dass die Nummer mit dem Klimawandel in irgendeiner Form in die Hose geht.

Wollen wir uns da wirklich weiterhin auf unser Glück verlassen?

Wenn wir nun erneut abwarten, ob die Prognosen der Klimaforscher tatsächlich eintreten, um uns dann mit den Folgen herumzuschlagen, könnten wir überrascht feststellen, dass wir diesen nicht mehr gewachsen sind.

Wir müssen deshalb Verantwortung übernehmen.

Jetzt.

Für uns, für unsere Kinder, für deren Kinder, für unsere Gesellschaft, für unseren Lebensraum.

Verantwortung in dem Sinne, dass wir nicht wie kleine Kinder die Augen verschließen und hoffen, es würde schon alles irgendwie gut gehen und irgendjemand würde bestimmt doch etwas gegen die globale Erwärmung erfinden.

Der Klimawandel ist ernst. Und potenziell tödlich.

Und auch, wenn es schwerfällt: Wir sollten daher den Fakten – den echten, nicht den alternativen – ins Auge blicken und vom schlimmstmöglichen Szenario ausgehen, gemäß Murphy's Law, dem zufolge alles, was schiefgehen kann, irgendwann auch schiefgeht.

Wir dürfen nicht länger träge abwarten, dass einer was gegen die globale Erwärmung erfindet oder sie kurzerhand absagt. Der Grundsatz, dass Vorsicht besser als Nachsicht ist, gilt nämlich vor allem dann, wenn man eine lebenswerte Zukunft im Blick hat. Sollte es dann doch besser kommen, können wir uns immer noch freuen, und die Skeptiker dürfen sich auf Kosten der Klimaalarmisten kräftig auf die Schulter klopfen.

Sind wir uns so weit einig? Dann fangen wir am besten damit an, dass wir uns bewusst machen, wo die Ursache für den ganzen Schlamassel liegt. Wo versteckt sich das ganze CO_2 eigentlich in unserem Alltag?

KAPITEL 6

Wir Klimawandler

Wie wir täglich dafür sorgen,
dass es wärmer wird

> Das Tolle daran, die einzige zwischen
> Richtig und Falsch unterscheidende Art zu sein, ist,
> dass wir uns immer genau die Regeln ausdenken können,
> die uns in den Kram passen.
>
> DOUGLAS ADAMS, *DIE LETZTEN IHRER ART*

> We're so fucked
> Shit outta luck
> Hardwired to self-destruct
>
> METALLICA

Dezember 2015. Bei der Klimarettung läuft alles nach Plan, oder es sieht zumindest so aus. Dem französischen Außenminister, Laurent Fabius, versagt am Ende der UN-Klimakonferenz kurz die Stimme, als er im Verhandlungssaal in Le Bourget, nördlich von Paris, den Hammer schwingt und feierlich verkündet: »Die Pariser Vereinbarung für das Klima ist angenommen.«
Applaus!
Jubel!
Ekstase!
Nach langem Feilschen auch auf anderen Konferenzen haben sich nun endlich alle dem Ziel verschrieben, gegen den Klimawandel vorzugehen: 195 Länder sind an Bord. Lediglich die Nicaraguaner und die Syrer fehlen, wobei Ersteren der Deal nicht weit genug geht und Letztere eine gute Entschuldigung haben. Viel wichtiger aber ist, dass die Weltmächte China und USA mit gutem Beispiel vorangehen wollen.
In der Nähe der französischen Hauptstadt ist also nichts weniger vereinbart worden als die Weltrettung, und das lässt man das Politpublikum rund um den Planeten auch gerne wissen: Der französische Staatspräsident François Hollande spricht zum Abschluss der Konferenz salbungsvoll: »Man hat im Leben nicht oft die Chance, die Welt zu verändern. Ergreifen Sie sie – denn es lebe der Planet, es lebe die Menschlichkeit, und es lebe das Leben!« Angela Merkel äußert sich ebenfalls lobend über den Vertrag, Barack Obama spricht gar von einem Wende-

punkt für die Welt. Und am Ende liegen sich alle freudetrunken in den Armen wie sonst nur die Narren im Karneval.

Viele von uns hören in den Nachrichten vom großen Klimadeal, und kurz werden Erinnerungen an jenen Moment wach, der zuletzt unsere Welt auf den Kopf gestellt hat: an 1989, als sich die großen Staatschefs einig waren und die Menschheit zwischen Mauerfall, Begrüßungsgeld und Bananenglück für einen Augenblick von einer besseren Zukunft und Weltfrieden träumte.

Der Pariser Klimadeal hat den Hauch eines ähnlich monumentalen Ereignisses. Ein Traum von globaler Gemeinschaft und eine Liebeserklärung an den Planeten.

Die Erderwärmung, so der einhellige Beschluss, soll in den kommenden Jahrzehnten auf deutlich unter zwei Grad Celsius im Vergleich zur vorindustriellen Zeit begrenzt werden, im besten Fall sogar nur auf anderthalb Grad.

Um dieses Ziel zu erreichen, dürfen wir allerdings nicht mehr allzu viel CO_2 ausstoßen. Wie viel genau, das haben die Klimaforscher Johan Rockström und Hans Joachim Schellnhuber mit ein paar anderen Kollegen ausgerechnet. Das Ergebnis, einen Fachartikel mit dem Titel »A Roadmap for Rapid Decarbonization«, veröffentlichten sie im März 2017 im Wissenschaftsmagazin *Science*: Demnach sollten wir weltweit bis 2100 nicht mehr als maximal 700 Gigatonnen CO_2 emittieren – wobei selbst dann nicht völlig sicher sei, dass wir die zwei Grad auch tatsächlich einhalten.

Klar ist aber auch: Aktuell setzen wir rund 35 Gigatonnen des Klimagases im Jahr frei. Wenn wir ungebremst so weitermachen, würden wir diese Latte also schon in zwanzig Jahren reißen, und ein weiterer Temperaturanstieg wäre unwiderruflich. Das Leben auf unserem Planeten würde dann ziemlich ungemütlich.

Zwanzig Jahre, das ist nicht viel Zeit.

Denn es ist nicht damit getan, unsere liebsten Fortbewegungsmittel gegen Elektrokarossen auszutauschen, Solarmodule aufs Hausdach zu schrauben und ein paar Windräder in die Nordsee zu pflanzen. CO_2 hat leider die Eigenschaft, dass wir es weder riechen, schmecken noch sehen können. Und es wird bei der Produktion unverdächtiger Gebrauchsgegenstände oder schmackhafter Speisen ausgestoßen – meist bevor wir sie in die Hand bekommen.

Was es bedeuten würde, unsere CO_2-Emissionen komplett gegen null zu fahren, wird erst deutlich, wenn wir uns ansehen, bei welchen unserer Gewohnheiten Treibhausgase freigesetzt werden.

> **Wir gehen mit dieser Welt um, als hätten wir noch eine zweite im Kofferraum.**
> JANE FONDA

07:30 Uhr
Der Radiowecker springt mit einem Knirschen ins eingestellte Programm. Werbung lullt uns aus dem Lautsprecher ein, in dem Versuch, uns zu verführen: Zwei Hosen zum Preis von einer sind bei einem großen Textildiscounter im Angebot, ein Autounternehmen preist eine neue Familienkutsche mit mehr Platz und PS für alle an, und im Supermarkt geht ein neuer Knusperjoghurt an den Start. Am liebsten möchte man den Kopf noch mal tief im Kissen vergraben. Ein Blick auf die Leuchtanzeige des Weckers zeigt jedoch: höchste Zeit aufzustehen.

Und während wir uns langsam in die Höhe hieven, sind bereits die ersten Gramm CO_2 durch den Zähler gelaufen, ohne dass es uns wirklich bewusst geworden ist: Alles, was an dem Radiowecker neben dem Bett blinkt, tönt, brummt und piepst, wird mit Strom betrieben – und bei der Stromerzeugung wird CO_2 freigesetzt.

In Deutschland stammt der größte Teil der Energie aus Braun- und Steinkohle, aus Windenergie sowie immer noch aus Kernkraft. Danach folgen Gas und Solar. Kohle ist mit bis zu 1153 Gramm CO_2 pro Kilowattstunde mit Abstand am schmutzigsten. Erdgas verbraucht immerhin noch bis zu 428 Gramm pro Kilowattstunde. Und selbst Atomenergie (32 Gramm), Sonnenenergie (27 Gramm) und Windkraft (24 Gramm) sind zwar wesentlich klimafreundlicher, aber auch nicht völlig ohne CO_2 zu haben. Im deutschen Strommix, der aus der Steckdose kommt, emittiert die Kilowattstunde laut Umweltbundesamt 527 Gramm CO_2.

Je nach Anbieter kommt uns der Digitalwecker damit am Tag mit rund 23 Gramm und im Jahr 8,2 Kilo CO_2 teuer zu stehen. Omas mechanischer Wecker war vielleicht nicht ganz so schick, funktionierte aber ganz ohne Strom.

CO_2-TAGESZÄHLER: +23 Gramm

07:45 Uhr
Mit nackten Füßen ins Bad tappen, Augen reiben, den Menschen im Spiegel mit misstrauischem Blick beäugen. Auch wenn es sich nicht so anfühlt: In der heimischen Wohlfühloase beginnt der CO_2-Zähler zu rasen. Allein die elektrische Zahnbürste, von denen Schätzungen zufolge in vierzig Prozent der deutschen Haushalte ein Exemplar

brummt, verursacht täglich rund 72 Gramm CO_2. Ganz davon abgesehen, dass die Zahnbürste erst hergestellt werden muss und dabei CO_2 freigesetzt wird, dass sie für mehr Emissionen verantwortlich ist, falls sie den ganzen Tag auf der Aufladestation steht, und dass der Akku oft nur von besonders wagemutigen Besitzern selbst auszutauschen ist und deswegen das Gerät oft auf dem Müll landet, sobald der Akku nicht mehr funktioniert.

Nach dem Zähneputzen geht es ab unter die Dusche. Deutsche brausen sich durchschnittlich sechs Minuten lang ab, und wenn wir Warmduscher das bei einer Wassertemperatur von 40 Grad machen möchten, muss das Nass erst mal per Strom erhitzt werden. Macht dann rund 460 Gramm CO_2 für die Nassstrahlreinigung.

Und für alle Menschen, die ihr Haupthaar danach weder an der Luft trocknen lassen noch eine Glatze ihr Eigen nennen: einmal föhnen = 54 Gramm – manche, die's nicht so heiß mögen wie auf der höchsten Stufe, sparen CO_2.

CO_2-TAGESZÄHLER: +586 Gramm

08:00 Uhr
Rein in die Jeans. Aufgewachsen mit Levi's-Werbespots voller junger Männer mit perfektem Oberkörper und ebenso perfekt sitzender blauer Bux, ist die Jeans für die meisten von uns eine Art Grundnahrungsmittel in Klamottenform. Wer aber weiß schon, dass seine Hose eine Weltreisende ist und die Erdkugel bis zu eineinhalbmal umkreist hat, bevor sie in der Einkaufstüte landet?

Das, was einmal unsere Jeans sein wird, beginnt seine oft 60 000 Kilometer lange Reise als flauschiges Baumwollbäuschchen in Indien, China, USA, Afrika oder auch in Usbekistan. Eigentlich ist Baumwolle eine Pflanze, die in den Tropen gedeiht, doch die watteweißen Bäusche sollen sich nicht mit Regenwasser vollsaugen, also pflanzt man sie aus wirtschaftlichen Gründen in staubtrockenen Zonen an und bewässert sie künstlich, dann besteht keine Gefahr, dass der Grundstoff fürs Garn verfault.

Das Wasser muss in den ausgedörrten Landstrichen allerdings irgendwoher kommen – praktisch ist es zum Beispiel, wenn man einen großen See in der Nähe hat. Und weil man für eine Jeans viele dieser Bäuschchen und für viele Jeans noch viel mehr Bäuschchen braucht, muss man die Pflanzen sehr ausgiebig bewässern. Und ein Bewässerungssystem kostet Energie, bei deren Erzeugung CO_2 frei wird. Vor allem aber verändert der Wasserentzug das Mikroklima der Region.

Welcher Schaden dabei für die Umwelt entsteht, sieht man etwa am Aralsee, der sich über usbekisches und kasachisches Gebiet erstreckt. Oder eher: erstreckte, denn schon in der Sowjetzeit wurden seine Zuflüsse auf die Baumwollfelder umgeleitet. Der See, einst so groß wie die Fläche von Bayern, hat seit den Fünfzigerjahren durch die Landwirtschaft etwa siebzig Prozent seiner Fläche verloren. Die Leute, die drum herum leben, haben kein Trinkwasser mehr, die Böden um den See erodieren, was schlecht für den Ackerbau ist, und durch die fehlende Verdunstung aus dem See werden Salz- und Sandstürme nicht mehr ausgebremst, das Klima ist kontinentaler, die Winter sind kälter als früher, die Sommer heißer. Doch dafür gibt es viele Baumwollbäuschchen für viele Jeans.

Die geerntete Baumwolle wird in die Türkei geflogen, wo die großen Flauschhaufen zu Garn versponnen werden, dann geht's weiter nach Taiwan, um daraus Stoff zu weben. Aus Polen wird derweil chemisch hergestelltes Indigoblau herangekarrt, das sich dann mit dem Stoff aus Taiwan und Garn aus der Türkei in Tunesien zum Färben trifft. Um das Gewebe weich zu machen, wird es in Bulgarien chemisch behandelt und schließlich in China oder in Bangladesch zusammengenäht. Die Schildchen und das Innenfutter für die Jeans kommen aus Frankreich oder der Schweiz, Knöpfe, Reißverschlüsse und Nieten aus Italien. Am Ende der globalisierten Arbeitsteilung werden die fertigen Jeans dann in das Land geflogen, in dem sie verkauft werden.

Für eine einzige Jeans sind bis zu diesem Zeitpunkt rund 8000 Liter Wasser verbraucht und bei der gesamten Herstellungsprozedur – die vor allem durch Transport und Verarbeitung Emissionen freisetzt – beispielsweise laut Textildiscounter KiK knappe sieben Kilogramm CO_2 in die Atmosphäre entlassen worden.

Fünf Milliarden Jeans werden auf diese Weise pro Jahr hergestellt. 100 Millionen Jeans kaufen allein die Deutschen pro Jahr.

Was unsere tägliche CO_2-Bilanz angeht, lassen wir an dieser Stelle allerdings mal fünfe gerade sein. Beim eigentlichen Tragen der Jeans werden ja keine Emissionen frei. Und das soll in dieser Rechnung auch für alle anderen Gegenstände gelten, die wir schon länger besitzen. Sie fließen nicht mehr samt Produktionsemissionen in die Tagesrechnung ein, sondern nur der Ausstoß, der direkt mit dem Gebrauch verbunden ist.

CO_2-TAGESZÄHLER: +0 Gramm

08:10 Uhr
Kaffee! Durchschnittlich 162 Liter von dem schwarzen Wachmacher trinken wir Deutschen im Jahr. Bei seinem Anbau kommen Dünger und Pestizide zum Einsatz, bei deren Herstellung Treibhausgase freigesetzt werden, der Transport fällt ins Gewicht, und seine Zubereitung kostet Energie fürs warme Wasser. Die normale Frühstückstasse Kaffee schlägt mit rund 60 Gramm CO_2 zu Buche.

Wer das Kaffeekochen outsourct und sich auf dem Weg zur Arbeit statt der schnöden schwarzen Heimbrühe einen mittelgroßen Latte to go gönnt, verursacht übrigens das Doppelte an Emissionen: 125 Gramm CO_2 fallen für einen Latte im Pappbecher (der ja auch produziert werden muss) mit Milch und Zucker aus dem Vollautomaten an – wobei die Maschine auch zu Hause grundsätzlich mehr CO_2 produziert als ein Kaffee, den man mit der Filtertüte zubereitet. Stündlich werden in Deutschland nach einer Berechnung der Seite Utopia.de 320 000 Einwegbecher weggeworfen. Am Ende eines Jahres sind das fast drei Milliarden. Um diese Menge an Trinkutensilien herzustellen, werden 1,5 Milliarden Liter Wasser gebraucht, und 43 000 Bäume müssen für die Pappe herhalten. Ganz zu schweigen von den 11 000 Tonnen Kunststoff, die für die Beschichtung bzw. als (ausgesprochen kurzlebige) Plastikdeckel herhalten müssen. 83 000 Tonnen CO_2 werden bei deren Produktion ausgestoßen.

Unser morgendliches Käsebrot schlägt dann noch mal locker 410 Gramm CO_2 obendrauf: Eine Schnitte konventionell hergestelltes Mischbrot, etwa 40 Gramm, verursacht durch den Anbau des Getreides und den Verarbeitungsprozess, für den wieder Energie benötigt wird, 30 Gramm CO_2, für eine Scheibe Käse (etwa 30 Gramm) kommen 255 Gramm CO_2 dazu. Das Getreide, das im

Brot steckt, bindet und wandelt CO_2 nicht so gut in Sauerstoff um wie beispielsweise Mais. Und der Käse verursacht so viel Treibhausgas, weil die Kühe meist Kraftfutter aus Getreide bekommen und man außerdem eine ganze Menge Wärme benötigt, damit aus Milch Käse wird. Und dann haben die Tiere noch ein paar blöde Eigenschaften, auf die wir gleich kommen.

Erstaunlicherweise ist »die gute« Butter, die wir aufs Brot schmieren, besonders schlecht fürs Klima: Ein Kilo verursacht CO_2-Emissionen in der Höhe von sage und schreibe 23 794 Gramm. Auf dem Butterbrot mit Käse sind die fünf Gramm Butter für ganze 125 Gramm von den 410 Gramm CO_2 verantwortlich.

Fünf Gramm klingt erst mal wenig, aber wenn man sich anschaut, dass das tierische Schmierfett überall drin ist – in Kuchen und Keksen, in Soßen oder im Croissant –, läppert es sich. Und so konsumiert jeder Deutsche im Jahr rund 6,5 Kilo des fetthaltigen Aufstrichs.

Wer sich jetzt noch ein Frühstücksei gönnt, schlägt noch mal 200 Gramm CO_2 obendrauf. Denn bevor es bei uns auf dem Tisch steht, müssen dafür erst die Hühner gehalten und gefüttert werden, und dazu benötigt man unter anderem Tierfutter und Strom für den Stall. Für Verpackung und Transport der Eier kommen noch mal ein paar Gramm drauf, genauso wie fürs Eierkochen, wofür man in der Regel Strom benötigt – falls man in der Küche kein Lagerfeuer machen möchte.

Gesamtbilanz fürs Frühstück: 670 Gramm CO_2.

Und dabei bleibt es auch nur dann, wenn man sein Brot nicht mit der elektrischen Schneidemaschine zersägt und dann im Toaster röstet.

CO_2-TAGESZÄHLER: +670 Gramm

08:30 Uhr
Der Weg ins Büro führt für die meisten von uns erst mal mit dem Auto in den Stau. Vorne, hinten, rechts und links qualmen die Auspuffe und das eigene Gefährt natürlich auch. Lebenszeit geht nutzlos drauf, zeitgleich verpesten wir unsere Atemluft, und jede Menge CO_2 steigt auf.

Zwanzig Kilometer pendeln wir Deutschen jeden Tag durchschnittlich zur Arbeit – zehn hin, zehn zurück –, das ermittelte das Kölner Institut der Deutschen Wirtschaft (IW) für das Jahr 2016. Ganze zwei Drittel von uns nutzen dazu das Auto.

Das sorgt für einen fetten Aufschlag auf die Klimabilanz, nämlich insgesamt etwa 4000 Gramm CO_2. Jeden Werktag.

Ein durchschnittliches Mittelklassefahrzeug, Benziner, Baujahr ab 2001 mit einem Verbrauch von rund acht Litern, stößt nämlich etwa 200 Gramm CO_2 pro Kilometer aus. Wer die U-Bahn nimmt, verursacht rund 9,7 Gramm, und ein mit Diesel betankter Bus wiegt CO_2-technisch rund 30 Gramm. Am schlanksten wirkt sich in der CO_2-Bilanz der keuchende Atem eines Radlers aus.

Mobilität stellt generell eine große Portion auf unserem CO_2-Büfett dar: Laut Bundesumweltamt erzeugt jeder von uns nämlich durchschnittlich täglich knapp sieben Kilo CO_2 allein durch seine Fortbewegung – einige fliegen sogar wegen einer Wochenendbeziehung zum Arbeitsort, wenn der sich in einer anderen Stadt befindet. Dabei ist die Fliegerei mit Abstand die klimaschädlichste Art, sich fortzubewegen. Pro geflogenen Kilometer fallen rund 194 Gramm CO_2 an, und die Klimawirkung verstärkt sich um das 2,7-Fache, weil der Ausstoß in großer Höhe stattfindet.

CO_2-TAGESZÄHLER: +4000 Gramm

09:30 Uhr

In welchem Beruf wir auch immer den lieben langen Tag die Zeit totschlagen: Viele starren auf einen Bildschirm, und zwar ab dem Moment, in dem wir im Büro den PC starten.

Und der muss produziert und ausgeliefert werden, bevor er zum Einsatz kommt, dabei spielen auch die bei seiner Herstellung verwendeten Rohstoffe in der CO_2-Bilanz eine Rolle. Im Auftrag der Firma Fujitsu ermittelte das Umweltinstitut bifa den CO_2-Fußabdruck eines PCs von der Rohstoffgewinnung über Herstellung und Nutzung bis zum Recycling: Bei dem untersuchten Modell sind das rund 700 Kilogramm CO_2, wenn er fünf Jahre lang mit deutschem Energiemix betrieben wird. Unter anderem kommt es drauf an, wo der Rechner hergestellt wurde: In Asien erzeugt die Herstellung mehr Emissionen als beispielsweise im Atomland Frankreich, weil in Fernost sehr viel Energie aus Kohle gewonnen wird – und diese eine schlechtere Bilanz hat.

Für diese Kalkulation berechnen wir jedoch nur die CO_2-Emission durch den tatsächlichen Stromverbrauch des Rechners: Eine Stunde im Stand-by-Modus kostet uns 78 Watt, die Arbeit am PC mit Photoshop und Co. liegt bei ungefähr 138 Watt. Macht bei einem Achtstundentag plus einer Stunde Mittagspause rund 1,2 Kilowattstunden. Gesamtbilanz für einen normalen Arbeitstag am PC: 632,4 Gramm CO_2.

CO_2-TAGESZÄHLER: +632,4 Gramm

12:30 Uhr
Die Kollegen stehen in der Bürotür und scharren mit den Füßen: Hunger. Die Koordination des Pausentreffens hat reibungslos mit zwei Dutzend Mails geklappt, nun wird noch kurz geknobelt, wessen kulinarische Vorlieben siegen, dann steht fest: Zum türkischen Imbiss an der Ecke soll's gehen, weil es alle eilig haben.

Der Döner Kebab mit Rindfleisch bringt rund 1500 Gramm auf die CO_2-Waage.

Grund ist unter anderem der Methanausstoß der geschlachteten Rinder. Das Gas entsteht bei den Paarhufern durch die Verdauung, wodurch pupsende und rülpsende Rindviecher tatsächlich beträchtlich zum Treibhauseffekt beitragen. Weil wir weltweit derart viel Fleisch essen, haben die mangelnden Manieren der Tiere einen nicht zu unterschätzenden Effekt.

Auch die Belastung von Boden und Grundwasser durch den anfallenden Stallmist trägt zur schlechten Bilanz von Rindfleisch bei. Hinzu kommen der Transport der Tiere zum Schlachthof und die Auslieferung des Fleisches zum Metzger, samt ununterbrochener Kühlkette. Deshalb gilt logischerweise generell: Regionales Fleisch verursacht weniger Treibhausgas als solches aus weiter entfernten europäischen Nachbarländern – allerdings ist auch dieses unter dem Strich noch klimafreundlicher als Fleisch aus Übersee.

In der Gesamtbilanz spielt dann auch noch das Futter für die Rinder eine Rolle: Oft kommt südamerikanisches Soja zum Einsatz, wofür dort der Urwald gerodet wird – wobei, wir denken ans vorige Kapitel, einerseits CO_2 freigesetzt wird und andererseits wichtige Treibhausgassenken (die Stellen des Planeten, die CO_2 aufnehmen) verschwinden. Der Lebensmittelwissenschaftler und Geophysiker Kurt Schmidinger hat deshalb in die Klimabilanz von Fleisch mit einberechnet, wie viel CO_2-Speicher in Form von Urwald durch den Anbau von Futterpflanzen in Monokulturen verloren geht. Und kommt zu dem erschreckenden Ergebnis: »Das *missed carbon sink potential* [die Kapazität der verschwundenen CO_2-Senken] ist im Schnitt genauso groß wie alle übrigen Emissionen der Tierhaltung. Die Emissionen verdoppeln sich also im Mittel. Mit Abstand am schlechtesten schnitt brasilianisches Rindfleisch ab. Nach unseren Berechnungen ist es etwa 25-mal so klimaschädlich wie bisher angenommen.«

Insgesamt ist die Klimabilanz von Fleisch also eher mies. Spitzenreiter bleibt Rindfleisch, da – je nach Herkunftsland – bei der Haltung der Tiere bis zu 28-mal mehr Land und die elffache Wassermenge verbraucht werden als bei der Produktion von Geflügel- oder Schweinefleisch. Bei einem Kilo Industrie-Geflügel fallen 3508 Gramm CO_2, bei Schweinefleisch 3252 Gramm an. Rindfleisch verursacht mit 13 311 Gramm CO_2 pro Kilo rund die vierfache Menge an Emissionen.

Selbst Biofleisch bringt keine sonderliche Verbesserung, da die Tiere in der Regel länger leben, mehr Getreide verbrauchen und mehr fressen, pupsen und rülpsen.

Inzwischen ist daher fraglich, ob die Fleischesserei bei über sieben Milliarden Menschen auf dem Planeten wirklich noch eine große Zukunft hat: Im globalen Durchschnitt verbraucht ein Mensch rund 43 Kilo Fleisch im Jahr; wir Deutschen essen mit 60 Kilo fast ein Drittel mehr als andere. Die weltweite Fleischproduktion hat sich in den vergangenen fünfzig Jahren von 78 auf 308 Millionen Tonnen pro Jahr gut vervierfacht, und die Viehwirtschaft verursacht inzwischen 18 Prozent der weltweiten Treibhausgasemissionen – also CO_2, Methan und andere Treibhausgase, die in der Herstellungskette anfallen, zusammengerechnet.

So lecker das Steak vom Grill mit einem Bierchen an einem lauen Sommerabend auch ist, wir werden uns davon in Zukunft verabschieden oder zumindest deutlich weniger futtern müssen. Zumal die Alternativen den Weg vom Reformhaus in die Regale vom Supermarkt nebenan gefunden haben.

Tofu, Tempeh oder Seitan sind – noch – Geschmackssache. Beim CO_2-Verbrauch haben sie im Vergleich zu Rindfleisch aber die Nase vorn, nämlich zwischen 2,4 und 3,8 Kilo CO_2 pro Kilo. Noch weniger Emissionen entstehen im Normalfall beim Anbau von Obst und Gemüse – regionales Grünzeug fällt mit durchschnittlich rund 153 Gramm CO_2 dagegen total ab.

Wer also ohne Fleisch auskommt, lebt gesünder und schont die Umwelt: Vegetarier liegen bei ihrer Ernährung bei einer Emission von rund 0,98 Tonnen CO_2 jährlich, Veganer bei einer Emissionsrate von 0,83 Tonnen. Zum Vergleich: Mit einer herkömmlichen Mischkost, also mit Fleisch, kommt man laut Öko-Institut auf 1,32 Tonnen CO_2 pro Jahr.

Aber Vorsicht! Auch eine rein pflanzliche Ernährung kann ein echter Klimakiller sein, nämlich dann, wenn das Grünzeug nicht regional angebaut wird: Von einem Kilo duftender Flugananas oder Flugmango – dem Obst, das so schön reif ist, dass wir es gleich verzehren können – gehen rund elf Kilo CO_2 aus (die gleiche Menge Äpfel aus der Region würden nur mit 230 Gramm CO_2 ins Gewicht fallen).

Geradezu heimtückisch fürs Klima ist auch die bei Vegetariern und Veganern wegen ihres Nährstoffgehaltes beliebte Avocado, ehedem als Alligatorbirne bekannt. Sie muss von weit her transportiert werden, und ihr Anbau erfordert einen enormen Wasserverbrauch in Ländern, die eher trocken und heiß sind. 500 Millionen Stück werden davon inzwischen jedes Jahr auf der Erde geerntet. Für ein Kilo Avocados braucht man rund 1000 Liter Wasser, und es werden pro Jahr allein in Mexiko 600 bis 1000 Hektar Wald für den Anbau des grünen Goldes abgeholzt.

Und egal, ob wir nun Fleisch, Obst oder Gemüse kaufen, generell gilt: Alles, was tiefgekühlt ist, wiegt, was den CO_2-Ausstoß angeht, dreimal so schwer wie ein frisches Lebensmittel – durch die Masse an Energie, die fürs Frosten draufgeht.

Wirklich klimaneutral würden wir also erst dann essen, wenn der ganze Produktions-, Transport- und Lagerprozess ohne CO_2 auskommt.

CO_2-TAGESZÄHLER: +1500 Gramm

15:00 Uhr
»Ich bin drin!«, freute sich Boris Becker in den Neunzigerjahren noch im AOL-Werbespot. Mittlerweile sind wir alle drin, im Internet, und zwar ständig. Im Job geht kaum noch etwas ohne das allwissende Netz – und sei's zum kurzen Zeitvertreib zwischendurch –, wir tragen es mit dem Smartphone in der Hosentasche mit uns herum, und auch zu Hause regeln wir inzwischen weite Teile des Alltags mit der Hilfe des World Wide Web, vom Einkauf über die Adresssuche bis hin zu Handwerkeranfragen. Dabei ist das Internet alles andere als eine saubere Sache: Das Marktforschungsunternehmen Gartner schätzte 2009, dass das Netz einen ähnlich hohen CO_2-Ausstoß hat wie der gesamte Luftverkehr – also etwa zwei Prozent vom weltweiten Gesamtvolumen der Emissionen.

Allein eine Google-Suchanfrage hat durch die Energie, die in den Rechenzentren verbraucht wird, über die unsere Anfrage läuft, einen Ausstoß zwischen einem und zehn Gramm CO_2. Google selbst gibt an, dass eine Suchanfrage durchschnittlich 0,2 Sekunden dauere und dass dies nur einen Ausstoß von 0,2 Gramm CO_2 verursache. Das ist tatsächlich nicht viel, läppert sich bei rund 5,6 Milliarden Suchanfragen pro Tag aber dann doch – laut Statistik-Portal Statista waren es allein 2016 3,29 Billionen Suchaufträge, Tendenz steigend. Macht gesamt pro Jahr: 658 000 Tonnen CO_2.

Gehen wir mal davon aus, dass wir an einem normalen Arbeitstag rund zwanzig Suchanfragen bei Google stellen, dann kommen zwei Gramm CO_2 auf unsere Rechnung.

CO_2-TAGESZÄHLER: +4 Gramm

18:30 Uhr
Nach getaner Arbeit steht das Auto endlich wieder sicher unter dem Dach des heimischen Carports (der Heimweg ist oben CO_2-technisch schon einberechnet). Am Ende eines langen Tages bleibt nichts anderes, als die Wohnungstür in Vorfreude auf das Sofa und einen gemütlichen Fernsehabend aufzuschließen … und innerlich zu stöhnen, dass keine Heinzelmännchen in unserer Abwesenheit aufgeräumt und geputzt haben.

Reinemachen kostet neben Schweiß auch Strom: Eine halbe Stunde Staubsaugen beispielsweise 422 Gramm CO_2, 60-Grad-Wäsche 1060 Gramm und eine Stunde Bügeln 432 Gramm – ein CO_2-Budget, das wir hier anteilig für einen Reinigungsgang in der Woche mit rund 273 Gramm CO_2 veranschlagen.

Besonders schwer würde das wiegen, was die Wäsche

wieder leicht und luftig macht: Der Wäschetrockner schlägt mit 2150 Gramm zu Buche. Das darin getrocknete Hemd ist also ungefähr so clean wie Kohle.

CO_2-TAGESZÄHLER: +273 Gramm

20:00 bis 23:00 Uhr
Wer rechtschaffen hungrig ist, nachdem er oder sie den Putzlappen geschwungen und den Staubsauger durch die Wohnung spazieren geführt hat, kredenzt sich vielleicht noch ein leichtes Reisgericht: 250 Gramm Shrimps – 400 Gamm CO_2. 100 Gramm Reis – 413 Gramm CO_2.

Danach ist Medienzeit angesagt: Eine Folge *The Walking Dead* auf Netflix kostet nicht nur etliche Zombies ihre postmortale Existenz, sondern auch je nach der Art des Geräts (Flachbildfernseher, Notebook, Desktop-PC) rund 72 Gramm CO_2 in der Stunde. Je größer der Bildschirm, umso mehr Strom verbraucht unser Freizeitvergnügen und desto klimaschädlicher ist es.

Im Winter kommen noch Heizung und Licht dazu – die Heizung ist mit durchschnittlich 9500 Gramm CO_2 pro Tag einer der größten Punkte auf der Liste.

Wenn wir schließlich den Kopf aufs Kissen betten, die Nachttischlampe ausknipsen und selig wegdösen, stoßen wir abgesehen von unserem friedlichen Atem (4 Prozent der Ausatemluft ist CO_2) zum ersten Mal seit dem Weckerklingeln am Morgen kein Kohlenstoffdioxid mehr aus. Allein an diesem recht durchschnittlich wirkenden Klimakillertag haben wir als einzelner Mensch einiges an Treibhausgas an die Luft gesetzt:

CO_2-TAGESZÄHLER INSGESAMT: 8573,4 Gramm oder: 8,6 Kilogramm

> Am Anfang glaubte ich noch, ich würde um die Kautschukbäume kämpfen, dann dachte ich, ich wolle den Regenwald Amazoniens retten. Mittlerweile weiß ich, dass mein Kampf dem Überleben der Menschheit gilt.
>
> CHICO MENDES, GEWERKSCHAFTER UND UMWELTSCHÜTZER, 1944–1988

Den täglichen CO_2-Fußabdruck eines Menschen auf eine solche Weise zu vermessen ist keine neue Idee; seit 2013 gibt es sogar eine ISO-Norm, um die CO_2-Bilanz von Produkten zu ermitteln. Der CO_2-Fußabdruck gibt an, wie hoch der Ausstoß an Klimagasen ist, die direkt oder indirekt durch etwas, das wir tun, oder durch die Produktion der Dinge, die wir konsumieren, entsteht. Diese Bilanz zu berechnen ist nicht einfach, vor allem wenn die Produktionskette eines global gefertigten Gutes nicht ganz transparent ist. Daher kann so eine Auflistung natürlich nur einen groben Einblick geben – hängen doch viele Emissionen davon ab, woher wir unseren Strom beziehen, wie und wo die Kuh aufgewachsen ist, die wir essen, welche Marken wir kaufen, und auch, wie lange wir etwas machen oder wie groß die Portion auf unserem Teller ist. Forscher bemängeln außerdem, dass beispielsweise bei der Berechnung unserer Mobilität oft nicht mit einbezogen ist, wenn etwas eine sehr aufwendige Infrastruktur benötigt, die erst gebaut werden muss – wie Bahnhöfe oder Gleise bei der Bahn etwa. Und so hat das Öko-Institut 180 Studien zu den Emissionswerten ausgewertet und ist zu dem Schluss gekommen, dass selbst Untersuchungen, die methodisch genau durchgeführt werden, sich im Ergebnis stark unterscheiden können.

Letztlich ist es aber egal, wie die Berechnungen im Detail entstehen. Denn unter dem Strich bleibt immer dieselbe Erkenntnis: Es ist zu viel CO_2, das jeder von uns in die Atmosphäre schickt.

Rund 11,5 Tonnen Kohlendioxid wiegt der CO_2-Fußabdruck eines Deutschen durchschnittlich pro Jahr, hat das Umweltbundesamt errechnet. Einen Teil davon, nämlich laut Greenpeace 1,5 Tonnen, verursachen wir gar nicht direkt; es ist eher eine öffentliche CO_2-Pauschale pro Kopf. Darin enthalten ist der Betrieb der Infrastruktur unseres Landes: Straßen, Schulen, Krankenhäuser.

Weltweit haben wir Menschen allein im Jahr 2017 alle zusammen 41 Gigatonnen im Jahr ausgestoßen. Zur Erinnerung: 700 Gigatonnen CO_2 dürfen es in diesem Jahrhundert noch werden. Maximal. Damit muss jeder Mensch unter zwei Tonnen CO_2-Ausstoß im Jahr bleiben, wenn wir die Erderwärmung auf das Paris-Ziel begrenzen wollen. Machen wir so weiter, haben wir die Maximalmenge aber schon in 20 Jahren erreicht.

Und das heißt nichts anderes als: Wir werden von unserem gewohnten Lebensstil Abschied nehmen müssen – wenn wir unsere Welt wirklich retten wollen.

Das CO_2, das wir täglich freisetzen, steckt in allem, was wir tun und was uns umgibt: in der Art, wie wir uns fortbewegen, in dem, was wir verzehren, in fast allem, was wir konsumieren. Unsere Wirtschaft kann nicht ohne, für unsere Gesellschaft ist es unvermeidbar, unser gesamtes Leben besteht aus CO_2-Ausstoß.

Müssen wir jetzt deswegen gleich den ganzen Kapitalismus abschaffen, wie oft gefordert wird? Klar ist: Wenn wir bei diesem System bleiben wollen, müssen wir es in Zukunft ohne Treibhausgasemissionen betreiben. Den Klimawandel aufzuhalten bedeutet nichts anderes, als unsere

Welt einer globalen Entzugskur zu unterziehen. Man kann die Zukunft natürlich dem Zufall überlassen und hoffen, dass sich unsere Gesellschaft irgendwie von alleine durch Einsicht, Vernunft und die Kräfte von Angebot und Nachfrage auf eine klimaneutrale Lebens- und Wirtschaftsweise umstellen wird. Und im Grunde haben wir dies in den vergangenen Jahrzehnten auch getan. Wir haben darauf gewartet, dass sich alternative Fortbewegungsmittel, Solarenergie, Windkraft und klimaverträgliche Produktionsprozesse und Nahrungsmittel von alleine durchsetzen. Das hat nur nicht viel gebracht. Und nun läuft uns die Zeit davon.

Was es jetzt bräuchte, wäre daher ein durchdachter, verantwortungsvoller Plan. Doch der existiert nicht – trotz des Pariser Klimaabkommens.

Die Politprofis haben zwar in Le Bourget ausgelassen ihren großen Vertrag gefeiert, doch die prima Partylaune mochte nicht so recht auf alle überspringen, vor allem nicht auf die Insider: Viele Klimaforscher machten eher bedröppelte Gesichter. Sie begrüßten zwar fast durchweg, dass der internationale Politzirkus sich überhaupt mal auf etwas hatte einigen können – seit der ersten Weltklimakonferenz 1979 waren ja immerhin ein paar Jahrzehnte ins Land gegangen, in denen die Staatenlenker außer dem halbgaren Kyoto-Abkommen nicht allzu viel auf die Kette bekommen hatten. Dennoch sind sich die Forscher einig: Aus dem Schneider ist die Welt mit dem Pariser Abkommen noch lange nicht.

Der Kieler Klimaforscher und Umweltpreisträger Mojib Latif bemängelte zum Beispiel, dass sich die Vertragsparteien eigentlich mal wieder nur auf den kleinsten gemeinsamen Nenner geeinigt hätten und der Beschluss viel Spielraum, aber kaum Konkretes enthalte. Damit fasste er ganz gut die Kritik zusammen, die neben allem Lob auch vonseiten vieler Umweltorganisationen wie Greenpeace oder dem WWF auf die Pariser Unterhändler einprasselte.

Die deutlichsten Worte fand der amerikanische Klimaforscher James Hansen. Er nannte die Bemühungen zur Klimarettung »halbherzig und mit halbem Arsch«.

Hansen ließ im britischen *Guardian* Dampf ab: »Wir sind an dem Punkt, wo die Temperaturen die Ein-Grad-Marke erreicht haben und auf gutem Weg sind, sie zu überschreiten«, sagte er. »Was wir aber hören, sind die gleichen alten Hüte wie in Kyoto. Wir bitten jedes Land, seine Emissionen zu kappen oder zu reduzieren. Wenn man in der Wissenschaft ein Experiment in gleicher Form wiederholt, erwartet man das gleiche Ergebnis. Warum wollen wir also das Gleiche wieder versuchen?«

Dass James Hansen den neuen Klimavertrag für knatschbescheuert hält, ist nicht weiter verwunderlich. Er hat schon 2008 in einer Studie vorgerechnet, dass der CO_2-Gehalt in der Atmosphäre 350 ppm nicht überschreiten dürfe, wenn wir das 2-Grad-Ziel einhalten wollen. Bekanntlich haben wir diesen Wert bereits 2015 mit 400 ppm deutlich überschritten.

Vor diesem Hintergrund und den Folgen des Klimawandels, die überall auf der Welt zu sehen sind und den Menschen das Leben schwer machen, ist das gefeierte Paris-Abkommen auf den zweiten Blick tatsächlich eher ein Eingeständnis der weltumspannenden Planlosigkeit. Der entscheidende Haken des Pariser Klimaabkommens ist nämlich: Es gibt eigentlich gar keine richtige gemeinsame Strategie zur Weltrettung.

Man darf sich das eben nicht so vorstellen, als hätten die Politiker und ihre Unterhändler über dreißig Jahre lang auf Konferenzen zusammengehockt, um einen Masterplan auszuhecken, den es jetzt nur noch umzusetzen gilt. Mitnichten. Wie man die Erderwärmung bei zwei Grad, besser noch bei anderthalb Grad stoppen will, ist nach wie vor völlig schleierhaft.

Dabei wartet eine echte Mammutaufgabe auf uns alle. Wie rasant eine Dekarbonisierung unserer Welt – das neue Schlagwort für die Umstellung der Wirtschaft auf niedrigere CO_2-Werte – erfolgen müsste, steht in der eingangs erwähnten »Roadmap«: Bis allerspätestens 2020 dürfen die CO_2-Emissionen noch steigen, dann sollen sie jedes Jahrzehnt um die Hälfte sinken. Heißt also, von 40 Milliarden Tonnen im Jahr 2020 auf 20 Milliarden Tonnen im Jahr 2030, dann auf zehn Milliarden Tonnen im Jahr 2040 und schließlich auf fünf Milliarden Tonnen im Jahr 2050. Um das zu erreichen, muss die Wirtschaft nahezu vollständig die Produktionsweise mit Kohlenstoff aufgeben. Und damit wir unseren Lebensstandard halten, muss die Zahl der Energiequellen ohne Kohlendioxidemissionen parallel steigen – sie muss sich alle fünf bis sieben Jahre verdoppeln.

Grundsätzlich gilt daher: Je länger wir noch warten, desto kürzer wird der Bremsweg, und desto krasser müssen wir in die Eisen steigen. Zögern wir die nötigen Schritte zur Treibhausgasreduktion noch weiter hinaus, werden wir irgendwann vor der Entscheidung stehen: Entweder geht alles den Bach runter, oder wir greifen zu sehr abrupten Maßnahmen. Dann würden vielleicht generelle Verbote drohen, wie die strenge Regelung des Reiseverkehrs, Fahrverbote oder vielleicht sogar Verzehrverbote von Fleisch.

Klingt aus heutiger Perspektive etwas abstrus, doch dass es wirklich so weit kommt, ist nicht unwahrscheinlich.

Denn ein wesentlicher Knackpunkt des Pariser Klimaabkommens ist: Niemand ist gezwungen, etwas zu unternehmen. Wie die einzelnen Staaten die Klimaziele erreichen, ist deren Sache. Die Ergebnisse sollen zwar alle fünf Jahre kontrolliert werden, wer sie jedoch verfehlt, braucht keinerlei Strafe zu fürchten. Und da die gesamte Weltwirtschaft praktisch am Tropf fossiler Energien hängt, ist das Ganze ungefähr so – nur mal zum Vergleich und sehr überspitzt formuliert –, als würde man das Golf-Kartell und Los Zetas freundlich fragen, ob sie den Drogenhandel bitte auf nicht süchtig machende Substanzen umstellen könnten.

Bis heute haben die wenigsten Staaten konkrete Vorhaben vorgelegt, und jene, die es getan haben, gehen in ihren Maßnahmen nicht weit genug. Der weitreichende »Klimaschutzplan 2050« wurde vor allem vom damaligen SPD-Parteivorsitzenden und Wirtschaftsminister Sigmar Gabriel kastriert, der vehement gegen einen zu frühen Ausstieg aus dem Kohleabbau protestierte – ein Schelm, wer da an Lobbyisten im Hintergrund denkt.

So musste Angela Merkel das im Frühjahr 2016 gefasste ehrgeizige Ziel, dass bis 2020 eine Million Elektroautos auf Deutschlands Straßen schnurren, nach einer Studie der Unternehmensberatung PricewaterhouseCoopers im Mai 2017 aufgeben. Der angebliche Klimaheld Deutschland hatte schon im April 2017 so viel CO_2 emittiert, wie eigentlich nach dem Paris-Abkommen bis zum Ende des Jahres erlaubt gewesen wären. Und auch die Autoindustrie hat ein neues Steckenpferd gefunden: Statt auf klimaneutrale Antriebe als Alternative zum Diesel zu setzen, denken manche Manager darüber nach, Erdgas zum neuen Kassenschlager zu machen. Und so bedauert es die neue Umweltministerin Svenja Schulze im Jahr

2018, dass wir zu wenig für den Klimaschutz getan haben: »In der Klimapolitik hat es in den vergangenen Jahrzehnten Versäumnisse gegeben, die man nicht in kurzer Zeit wiedergutmachen kann.«

Fossile Brennstoffe sind immer noch zu billig, und die großen CO_2-Schleudern unter den Ländern können sich weiterhin durch den Handel mit Emissionsrechten freikaufen – eine Art Ökoablasshandel, der das Grundproblem nicht beseitigt: Sind die Treibhausgase erst mal in der Luft, ist der Schaden angerichtet. Und dass Donald Trump 2017 nicht ganz überraschend das Pariser Abkommen aufgekündigt hat, die USA also wohl weiterhin CO_2 in rauen Mengen in die Luft pusten werden, macht es nicht gerade wahrscheinlicher, dass wir den Schnellzug zur globalen Klimakatastrophe noch rechtzeitig bremsen können.

Man bräuchte sie nicht unbedingt, um das zu erkennen, doch inzwischen gibt es diverse Studien, die der internationalen Politelite attestieren: So wird das nix mit der Weltrettung.

> **Wenn wir weiter Kohle und Öl verbrennen und dann später unser Handeln bedauern, wäre die Menge von Treibhausgasen, die wir zur Klimastabilisierung wieder aus der Atmosphäre herausholen müssten, riesig, das wäre nicht zu schaffen.**
> LENA BOYSEN, POTSDAM-INSTITUT FÜR KLIMAFOLGENFORSCHUNG

Der Niederländer Paul Crutzen, der für seine Forschungen rund um Ozon und FCKW den Nobelpreis erhielt, schlug zusammen mit dem Biologieprofessor Eugene F. Stoermer für unsere Zeit den Begriff Anthropozän, also Menschenzeitalter, vor. Sie wollten ausdrücken, wie sehr die aktuelle Epoche der Erdgeschichte vom Menschen geprägt ist. Für Crutzen und Stoermer beginnt das Anthropozän mit der zweiten Hälfte des 18. Jahrhunderts: »Wir wählen [...] dieses Datum, weil die globalen Effekte menschlicher Aktivitäten während der letzten beiden Jahrhunderte deutlich wahrnehmbar geworden sind. Während dieser Periode zeigen die Daten, die aus glazialen Eisbohrkernen gewonnen wurden, den Beginn einer Zunahme der atmosphärischen Konzentrationen mehrerer ›Treibhausgase‹, insbesondere CO_2 und CH_4. Ein derartiges Anfangsdatum fällt auch zusammen mit der Einführung der Watt'schen Dampfmaschine im Jahre 1784.«

Noch mal: Wir Menschen sind für den Klimawandel verantwortlich (neben vielen anderen widerwärtigen Problemen wie Plastikmüll, Kriegen und Analogkäse). Grundsätzlich ist das schlecht, und mittlerweile sind selbst Angehörige unserer eigenen Spezies der Meinung, die Welt wäre ohne uns besser dran.

Das Gute aber ist: Wenn weder eine höhere Macht noch ein Vulkanausbruch oder Godzilla für unser Problem verantwortlich ist, sondern nur wir selbst – dann haben wir auch den Schlüssel in der Hand, um zu überleben. Wir müssen ihn nur endlich benutzen, und dabei müssen so viele von uns wie möglich mitmachen.

Wir Menschen sind im Angesicht der Katastrophe schon immer sehr erfinderisch gewesen. Die US-Amerikaner haben aus Angst vor der Überlegenheit Nazi-Deutschlands alle Kräfte gebündelt und in Windeseile mit unbeschreiblicher Manpower und irrsinnigem Budget die Atombombe entwickelt. (Fragwürdig, aber immerhin.) Als in den Achtzigerjahren klar war, dass der Wald stirbt (oder man es zumindest dachte), waren schnell Filteranlagen und Katalysatoren Pflicht. (Gute Sache.) Und im Angesicht des drohenden Ozonlochs wurden innerhalb weniger Jahre die FCKW verboten. (Einwandfrei.)

Not macht eben erfinderisch. Und so beruht auch ein nicht unwesentlicher Teil der Hoffnung, die Erwärmung auf unter zwei Grad zu begrenzen, darauf, dass man das CO_2 mit moderner Technik wieder aus der Atmosphäre saugen kann. Solche Methoden existieren. Doch ihre Entwicklung steckt noch in den Kinderschuhen. Und niemand kennt die Nebenwirkungen. Aber sag niemals nie – diese Technik könnte schneller einsatzbereit sein, als man heute noch vermutet.

Zumindest müssen wir das hoffen. Denn nutzen wir solche Technologien nicht, muss der große CO_2-Cut noch viel früher erfolgen – spätestens ab 2040 darf dann kein CO_2 mehr emittiert werden.

Und deswegen muss die Lösung beide Wege einschlagen: Reduktion und Ausgleich. Kurz: Es muss ein Paradigmenwechsel stattfinden, der unsere Werte neu definiert, damit endlich die richtigen Maßnahmen getroffen werden können – innerhalb kürzester Zeit und so, dass wir alle auf die Reise mitgenommen werden. Keine halbherzigen Subventionen für Elektroautos und Solarzellen mehr, sondern Eigeninitiative, ein angemessener Preis für Emissionen und die Infrastruktur für ein nachhaltiges Leben – es ist Zeit, die Welt zu retten. Wir brauchen einen Plan, einen, der es uns und unseren Kindern auch weiterhin erlaubt, auf diesem Planeten zu wohnen.

Und dafür benötigen wir mutige Politiker, die sich ohne

Angst vor unpopulären Lösungen und gegen den Druck der Lobby für das entscheiden, was dringend getan werden muss, um unsere Zukunft auf diesem Planeten zu retten.

Denn der Plan, den wir brauchen, umfasst nicht nur einen klar abgesteckten Weg, unsere ganze Gesellschaft auf eine emissionsfreie Lebensweise umzukrempeln. Er muss auch Maßnahmen enthalten, wie wir mit den Folgen des Klimawandels bereits in naher Zukunft umgehen wollen. Denn sonst droht das Chaos.

Was kann also jeder Einzelne von uns und was müssen Politiker und Industrie tun, um die Welt zu retten?

KAPITEL 7

We will survive

Der 10-Punkte-Masterplan
zur Weltrettung

> We're not gonna sit in silence,
> We're not gonna live in fear.
>
> JOHN FARNHAM

1 HINTERM MARS GLEICH LINKS. RETTEN WIR UNSER ZUHAUSE

> So remember, when you're feeling very small and insecure,
> How amazingly unlikely is your birth,
> And pray that there's intelligent life somewhere up in space, cause there's bugger all down here on earth.
>
> MONTY PYTHON

Der erste Mensch, der die Schöne im All in ihrer ganzen Pracht auf Film bannt, ist der amerikanische Astronaut Harrison Schmitt. Er befindet sich gerade mit Apollo 17 auf dem Weg zum Mond – der bis heute letzte bemannte Flug dorthin. Am 7. Dezember 1972 um 10:39 Uhr standardisierter Weltzeit greift Schmitt zu seiner 70-Millimeter-Hasselblad-Kamera und drückt auf den Auslöser. Ihm gelingt ein bemerkenswertes Bild, das den hell erleuchteten Erdball zeigt: Die ganze Küste Afrikas ist darauf zu sehen, Madagaskar, die arabische Halbinsel, ein Teil von Asien, und unter ein paar spiralförmigen Wolken sogar der riesige Eispanzer der Antarktis.

Das Foto geht unter dem Titel »Blue Marble« in die Weltgeschichte ein – weil es einen Planeten zeigt, der wie eine blaue Murmel mitten im nachtschwarzen Meer des Weltraums schwebt. Mutterseelenallein und irgendwie verletzlich.

Die blaue Murmel ist unser Zuhause. Die Erde.

Anders, als unsere Vorfahren zunächst vermuteten,

und entgegen sich hartnäckig haltender Gerüchte ist sie keine Scheibe und auch nicht der Mittelpunkt des Universums. Die Erde ist einer von acht Planeten – nach neuesten Erkenntnissen vielleicht auch neun –, die um die Sonne kreisen. Unsere nächsten Nachbarn sind Venus (Abstand mindestens 39 Millionen Kilometer) und Mars (mindestens 55 Millionen Kilometer). Beide sind nach allem, was wir heute wissen, unbewohnt.

Das Sonnensystem, in dem unser Heimatplanet seine Bahnen zieht, ist Teil der Milchstraße, einer Galaxie aus annähernd 300 Milliarden anderen Sternen. Im Gegensatz zur Erde hat sie tatsächlich die Form einer Scheibe, und in ihrer Mitte befindet sich vermutlich ein Schwarzes Loch. Das von uns aus betrachtet nächste Sonnensystem in der Milchstraße ist Alpha Centauri – in einer Entfernung von 4,34 Lichtjahren. Ein Lichtjahr sind rund 9,5 Billionen Kilometer. Ziemlich weit weg also.

Die Milchstraße hat ungefähr die Ausdehnung von 100 000 Lichtjahren, ist aber leider auch nicht das Zentrum des Universums, wie wir erst im 20. Jahrhundert herausgefunden haben, sondern nur eine von vielen anderen Galaxien, die sich zu Haufen gruppieren, die wiederum Superhaufen formen, welche sich zu sogenannten Filamenten (Materieansammlungen) und Voids (Hohlräumen) verbinden, die dann irgendwie die Struktur des Universums formen – und das soll ja potenziell unendlich sein. Für unseren Verstand schwer bis gar nicht vorstellbar.

Ob wir die einzige intelligente Lebensform sind, bleibt ungewiss. Am wahrscheinlichsten ist allerdings, dass wir eher zu den dooferen Lebensformen gehören. Denn wir haben eins noch nicht verstanden:

Der einzige Ort, an dem wir bislang existieren können, ist unser eigener Planet.

Und der hat schon von selbst seine Tücken. Er kann von Asteroiden, Meteoriten oder Kometen getroffen werden. Supervulkane können ausbrechen. Änderungen in der Umlaufbahn und das Kippen der Erdachse können zu abrupten Klimaveränderungen führen (es wäre in der Erdgeschichte nicht das erste Mal). Eine Supernova umgebender Sterne könnte alles Leben auf der Erde auslöschen. Und schließlich wird sich in ungefähr fünf Milliarden Jahren unsere eigene Sonne zu einem roten Riesenstern aufblähen, wobei sie vermutlich die Erde schluckt. Spätestens dann ist Schicht im Schacht.

Schon aus all diesen Gründen sind wir eine ziemlich gefährdete Spezies. Denn in der Weite des Alls sind wir ohne weitere Hilfsmittel wie Raumanzüge oder Raumschiffe nicht lebensfähig.

Menschen wie Harrison Schmitt, die das mal selbst erlebt haben, betrachten die Erde mit einem anderen Blick – sie haben verstanden, wie fragil sie wirklich ist. Zuletzt fasste das Schmitts jüngerer deutscher Kollege Alexander Gerst in Worte. Berühmt geworden ist er durch seine lebensnahe Berichterstattung als Bordingenieur der ISS.

»Es ist manchmal sehr bedrückend«, so Gerst, »aus dem Weltraum auf diese Erde herunterzuschauen und zu sehen, wie wir Menschen damit umgehen. Wir haben da tatsächlich Dinge gesehen, die mich schockiert haben. Wie zum Beispiel, wie viel vom Amazonas schon gerodet ist. Wenn wir jemals Besucher aus dem Weltraum kriegen würden, die würden sehen, wie wir unseren eigenen Ast absägen, auf dem wir sitzen, wie wir uns bekriegen. Man kann sich fragen, ob die uns als intelligentes Leben ansehen würden. Man sieht auch ganz deutlich, dass wir keinen Planeten B haben. Die einzige Chance, die wir Menschen haben, ist, auf diesen Planeten aufzupassen.

Und noch dazu ist erschreckend, wie klein der eigentlich ist und dass alles auf dieser kleinen blauen Steinkugel endlich ist.«

Für eine logisch denkende Spezies, die sich dieser Sachlage stellt, müsste sich daraus eine Überlegung ergeben:

Wie überleben wir?

Seltsamerweise spielt diese Frage, auf der doch alle anderen erst aufbauen, in unserem Alltag keine Rolle.

Wir diskutieren lieber die Tweets eines augenscheinlich verrückten US-Präsidenten. Wir jagen Pokémons und schauen Katzenvideos. Wir überlegen, welches Smartphone wohl das bessere Display hat. Wir lernen alle Verwandtschaftsgrade bei *Game of Thrones* auswendig. Wir streiten waffenmächtig ums Öl, das sowieso irgendwann alle ist. Und wir widmen unser Dasein der Ansammlung von möglichst vielen Gegenständen, von denen die liebe Verwandtschaft einen Großteil an die Fürsorge spendet oder auf den Sperrmüll schmeißt, sobald wir mal die Radieschen von unten betrachten.

Vor allem arbeiten wir hart daran, uns selbst auszulöschen: durch einen globalen Atomkrieg – und neuerdings, indem wir einen weltweiten Klimawandel angezettelt haben. Nicht, dass es im Weltall außer uns irgendwen kümmern würde – aber wir sind dabei, unsere Erde ein für alle Mal für Menschen unbewohnbar zu machen.

Da wir noch nicht herausgefunden haben, wie wir andere Planeten kolonisieren, also keinen zweiten Planeten in der Hinterhand haben, steht zweierlei fest:

Erstens geht es um unseren Lebensraum und den unserer Kinder und Kindeskinder, also das Überleben unserer Spezies.

Zweitens sitzen wir alle im selben Weltraumboot. Kein Mensch und kein Land werden das Problem alleine lösen.

Deshalb müssen wir global zusammenarbeiten, ungeachtet der Nationalität, Religion, Hautfarbe, politischen Gesinnung, des Alters oder Geschlechts und ganz gleich, welchem Fußballklub wir anhängen.

Lange vor Balkonbepflanzung, Altersvorsorge und Karriereplanung haben wir alle eine gemeinsame Aufgabe:

Retten wir unser Zuhause.

Retten wir unsere Existenz.

2 WE HAVE A DREAM. LERNEN WIR, WIEDER ZU TRÄUMEN

> Furcht, Zorn, aggressive Gefühle. Die Dunkle Seite der Macht sind sie. Begibst du dich auf diesen Pfad einmal, für immer wird beherrscht davon dein Schicksal.
>
> YODA, JEDIMEISTER

Bastian Blum ist Prepper. So werden Menschen genannt, die sich auf einen großen Stromausfall, einen Krieg oder auf den nahenden Weltuntergang vorbereiten. Bastian würde nach eigenem Dafürhalten wohl jede dieser Extremsituationen überstehen. In seinem Keller, den man über eine schmale Treppe erreicht, stapeln sich die selbsterhitzenden Konserven, Trinkwasser in Tüten und der Erste-Hilfe-Kram. Sein Weltempfänger funktioniert per Batterie, Gasmasken gegen Gift aus dem nahe gelegenen Chemiewerk liegen griffbereit.

Bastian ist jedoch nicht irgendein Prepper, er hat auch die PGD gegründet, die Prepper Gemeinschaft Deutschland, laut Eigenaussage »das größte deutschsprachige Prepper-Fachportal«.

Der YouTube-Kanal der PGD wirbt mit den Worten: »Besucht uns, denn das Leben ist nicht nur leicht, es kann uns auch an die Grenzen bringen.« Da ist sicher was dran. Aber soll man deswegen nur für Katastrophenszenarien vorsorgen, statt den Ernstfall abzuwenden?

> **Lasst uns an die Stelle von Zukunftsängsten das Vordenken und Vorausplanen setzen.**
> WINSTON CHURCHILL

Den Weltuntergang anzukündigen hat bei uns Menschen gute Tradition. Eines der ältesten Weltuntergangsszenarien stammt aus dem meistverkauften Buch aller Zeiten – der Bibel – und handelt vom Jüngsten Gericht. Im 16. Jahrhundert dann kam der französische Apotheker Nostradamus mit seinen Prophezeiungen groß raus, im Epochenumbruch des ausgehenden 19. Jahrhunderts wiederum gründete sich die Endzeit-Sekte der Zeugen Jehovas, die dem skurrilen Hobby frönen, alle paar Jahre den Weltuntergang anzusagen, und eine Idee des Schriftstellers H. G. Wells erwies sich Anfang des 20. Jahrhunderts sogar als ausgesprochen wirkungsvoll: 1938 zettelte er quasi den *Krieg der Welten* an und löste mit diesem auf echt gemachten Radiohörspiel eine Massenpanik in New York und New Jersey aus. Auch heute wird noch ständig geunkt, dass die Welt untergeht: 2012 waren viele in Aufruhr, weil der Maya-Kalender angeblich das Ende der Welt voraussagte. Für 2014 peilte die Wahrsagerin Baba Wanga einen Chemiewaffenkrieg (Syrien?) und Epidemien (Ebola?) an. Und für 2016 sah Pfarrer Ricardo Salazar in Tokio eine Kombi aus Antichrist (Trump?) und Atomkrieg (Kim Jong-un?!) auf uns zukommen.

Als Generation, die mit den Fantasien Hollywoods aufgewachsen ist, sind wir praktisch fixiert aufs Ende der Welt. Wir haben im Kino gesehen, wie bei einem Kometeneinschlag alles zu Bruch geht *(Deep Impact, Armageddon),* uns feindlich gesinnte Außerirdische ins nächste

Jahrtausend bomben *(Independence Day, Battleship, Die 5. Welle, Krieg der Welten)*, Naturkatastrophen aller Art über uns hereinbrechen *(Erdbeben, Volcano, San Andreas)* oder Untote Jagd auf uns machen *(28 Days Later, The Walking Dead, World War Z)*.

Passend dazu ist unsere Grundstimmung, was das reale Leben angeht, ebenfalls mau, wie das Ergebnis einer Allensbach-Studie aus dem Jahr 2016 zeigt: »Die materielle Zufriedenheit wächst, die Sorgen um die Sicherheit des eigenen Arbeitsplatzes bewegen sich auf niedrigem Niveau, aber der Zukunftsoptimismus ist steil zurückgegangen.«

Im Klartext: Wir sind zu einer Truppe von Schwarzsehern, Nölern und Nörglern verkommen. Das Leben? Öde. Die Wohnung? Viel zu klein. Die Kinder? Terror! Der Chef? Blöd. Die da oben? Unfähig! Das Wetter? Schlecht.

Zugegeben, die Großwetterlage macht es uns ja auch nicht leicht. Terroranschläge, nordkoreanische Raketeneskapaden, der Atomwaffencode in den Patschhändchen von Donald Trump, Flüchtlingsströme, Kriege – und jetzt also auch noch der fortschreitende Klimawandel. Es gibt wirklich genügend Gründe, der Zukunft skeptisch entgegenzusehen, vielleicht sogar, Angst davor zu haben. Und diese Angst lernen wir jeden Tag auf Neue, weil wir das Schlechte in unserer Welt immer wieder hautnah von den Medien vorgeführt bekommen – und das im Grunde schon unser Leben lang.

Der Trendforscher Matthias Horx überlegte sich deshalb, dass wir in der Epoche des Immerschlimmerismus leben – und nach Art der Selffulfilling Prophecy wird tatsächlich immer alles schlimmer, je mehr wir darüber reden und nachdenken.

Dabei vergessen wir gerne, dass nichts wirklich sicher ist. Und dass es keine gute Idee ist, sich alles schlechtzureden und sich das Ende der Welt in den düstersten Farben auszumalen.

Wenn die Bedrohung nämlich real ist und wenn wir uns – wie Umfragen zeigen – nach kaum etwas so sehr sehnen wie nach einer heilen Welt, dann ist es doof, uns lieber auf das Schlimmste vorzubereiten, statt heute daran zu arbeiten, dass es gar nicht erst so weit kommt.

Um das zu erreichen, müssen wir uns aber den Best Case vorstellen statt den Worst Case.

Wir brauchen die Vision einer besseren Welt. Und das heißt: Wir müssen wieder träumen lernen. Schließlich wurden einige der besten Dinge beim Träumen entwickelt: die Nähmaschine, das Periodensystem der Elemente und der Welthit »Yesterday«.

Aber beim Träumen darf es nicht bleiben.

»Wenn wir nur träumen und nur positiv über der Wunscherfüllung fantasieren, dann wähnen wir uns schon am Ziel, daraufhin entspannen wir, und wir werden die Energie, die wir brauchen, um die Wünsche zu erfüllen, nicht mehr aufbringen«, sagt auch die Psychologieprofessorin Gabriele Oettingen, die eine passende Strategie entwickelt hat, um uns zu helfen.

Der Clou ihrer Erfindung: Wir müssen uns das Ergebnis und alle Hindernisse plastisch vorstellen. Und einen Plan entwickeln.

Die Psychologin hat ihr Verfahren WOOP genannt, was für *Wish, Outcome, Obstacle, Plan* steht. Dahinter steckt die Idee, dass der Wunsch der Vater des Gedankens ist. Wir stellen uns vor, wie wir uns die Zustände im Idealfall wünschen (Wish). Dann malen wir uns den Wunsch in den schönsten Farben aus (Outcome) – und erzeugen damit ein wohliges Gefühl für das, was wir erreichen wollen. Im Anschluss überlegen wir, was dem entgegensteht (Obstacle), und stellen uns vor, was genau es ist, das uns hindert, unseren Wunsch zu erreichen. Am Schluss schmieden wir einen Plan, wie wir dieses Hindernis überwinden können.

Wer zweifelt, dass diese Methode auch in größeren Zusammenhängen erfolgreich sein kann: Hey, wir haben die besten Voraussetzungen. Wer hat das Ruder wieder rumgerissen, als das Ozonloch immer größer wurde? Wer hat Medikamente erfunden, die schlimmste Krankheiten heilen? Wer ist – auch wenn dieses Unterfangen zu jener Zeit undenkbar erschien – zum Mond geflogen?

Der Mensch ist ein großartiger Planer, und manchen von uns wohnt ein Genie inne. Wir können Ungeahntes schaffen, wir haben es schon in der Vergangenheit getan. Und es gibt genügend Hebel, die wir gezielt in Bewegung setzen können – wenn wir alle zusammenarbeiten und das positive Ziel nicht aus den Augen verlieren.

Woop-woop!

> You may say I'm a dreamer,
> But I'm not the only one.
> I hope someday you will join us
> And the world will live as one.
>
> **JOHN LENNON**

3 WENN NICHT JETZT, WANN DANN? DENKEN WIR REVOLUTIONÄR

> Where's the revolution
> Come on, people
> You're letting me down
> DEPECHE MODE

Wir haben getrödelt. Sehen wir dieser unrühmlichen Tatsache ins Auge. Nicht mit Absicht, natürlich. Es scheint nur irgendwie in der Natur des Menschen zu liegen, dass wir immer erst in die Puschen kommen, wenn die Zeiger der Uhr auf kurz vor zwölf stehen – und manchmal auch, wenn sie eine Zeit kurz danach anzeigen.

Seit der ersten Weltklimakonferenz 1979 in Genf ist es uns jedenfalls weder gelungen, unsere Produktions- und Lebensweisen auf klimaverträgliche Verfahren umzustellen, noch, die weltweiten Emissionen von Treibhausgasen herunterzufahren – im Gegenteil: Wir haben sie seit dieser Zeit verdoppelt. Und nun läuft uns die Zeit davon.

Ende Juni 2017 warnte Christiana Figueres, die ehemalige Generalsekretärin der Klimarahmenkonvention der UN, gemeinsam mit den bekannten Klimatologen Hans Joachim Schellnhuber, Stefan Rahmstorf und Johan Rockström in einem Artikel der Fachzeitschrift *Nature*, dass uns nur noch wenige Jahre bleiben, um das Klima der Zukunft positiv zu beeinflussen: nämlich genau bis 2020. Ab dann muss unser weltweiter CO_2-Ausstoß rapide sinken. Selbst wenn er sich auf demselben Level hält, würde es nämlich nicht mehr ausreichen, um das 2-Grad-Ziel noch zu halten.

Die Zeit, in der wir einfach mal abwarten oder den Kopf in den Sand stecken konnten, ist also unwiderruflich vorbei. Hätten wir schon im vergangenen Jahrhundert entsprechende Maßnahmen eingeleitet, hätten wir unsere Welt noch nach und nach umbauen können. Jetzt geht's nur noch mit radikalen Maßnahmen.

Unsere Treibhausgasemissionen werden wir nur nahe an die Nulllinie heranfahren können, wenn wir unsere gesamte globale Produktionsweise und Energiegewinnung auf eine CO_2-freie Technik umstellen. Und wenn wir so weitermachen wie bisher, wird das nicht in drei Jahren zu schaffen sein.

Deshalb sind jetzt klare Maßnahmen gefragt – Maßnahmen, die den CO_2-Ausstoß hier und heute schnell, maßgeblich und auf globaler Ebene reduzieren und uns weitere Zeit erkaufen.

Es kann gelingen.

Wenn wir alle mitmachen.

Als Politiker, die auch auf unpopuläre Maßnahmen setzen, um den Klimaschutz voranzubringen. Als Unternehmer, die innovative Wege verfolgen, um CO_2 einzusparen. Und als Menschen, die auf lieb gewonnene Gewohnheiten verzichten, um die Welt für ihre Kinder zu erhalten.

Tun wir es. Zetteln wir eine Revolution an.

4 WAT NIX KOST, IS NIX. GEBEN WIR CO_2 EINEN PREIS!

> **Der Preis ist heiß!**
> HARRY WIJNVOORD

Wer Dreck verursacht, muss auch dafür bezahlen. Das ist das schlichte Grundprinzip, mit dem wir einen weiteren, ungebremsten Ausstoß von CO_2 verhindern und den Klimawandel bremsen können. Die Idee: Wir führen einen Mindestpreis für eine Tonne emittiertes Kohlendioxid ein. So bekommt jeder die Folgen unseres immensen Treibhausgasausstoßes zu spüren, nämlich in seinem Portemonnaie.

Der Vorschlag basiert auf einer kleinen Eigenart unserer Spezies: Geld ist für uns nämlich immer noch das beste Argument. Es hat eine psychosoziale Bedeutung, macht den Wert einer Sache sichtbar und reguliert den Konsum. Aus diesem Grund ist klar: Es wird keine Senkung der CO_2-Werte geben, wenn wir nicht endlich ein ordentliches Preisschild an den Ausstoß von Klimagasen heften. Es ist ein Anreiz für die Hersteller wie auch für die Kunden, möglichst nachhaltig und CO_2-neutral zu produzieren und zu konsumieren. Und wenn wir uns den derzeitigen Ausstoß ansehen, bei dem die Industrie mehr als je zuvor den Himmel mit Klimagas zustinkt, weil es kaum was kostet, ist es wahrscheinlich auch der einzige Ansporn.

Acht europäische Staaten, darunter Frankreich, England, die Schweiz und die Niederlande, haben schon eine nationale CO_2-Steuer, bei der die Preise zwischen 110 Euro

(Schweden) und 44,60 Euro (Frankreich) pro ausgestoßene Tonne CO_2 liegen. Die Weltbank fordert den Preis, ebenso der Internationale Währungsfonds IWF, der WWF sowie bekannte Klimaforscher wie James Hansen.

Der CO_2-Preis ist vor allem aus einem Grund in aller Munde: Der bisherige Handel mit Emissionsrechten bringt es nicht. Die EU räumt dabei jedem einzelnen Unternehmen ein maximales CO_2-Budget ein. Pro Tonne CO_2 gibt es ein Emissionszertifikat. Bläst das Unternehmen mehr CO_2 in die Luft, als es Zertifikate hat, muss es entweder Strafe zahlen, oder es kann Emissionsrechte von einem anderen Unternehmen kaufen, das seinerseits beim CO_2-Ausstoß im grünen Bereich ist und noch Zertifikate übrig hat. Angebot und Nachfrage bestimmen deren Preis.

Das System hat sich in der Praxis als ungeeignet erwiesen. Es sind zu viele Zertifikate ausgegeben worden, unter anderem, um besonders CO_2-intensive Unternehmen im internationalen Wettbewerb nicht zu benachteiligen, und weil durch die Wirtschaftskrise die weltweite Produktion gedrosselt wurde und somit Zertifikate übrig blieben. Die Wirkung des Emissionshandels aufs Klima ist also nicht so positiv wie einst gedacht, und inzwischen haben sich auf dem Markt so viele überschüssige Emissionszertifikate angesammelt, dass die Preise niedrig sind (eine Tonne CO_2 stieg an der Energiebörse Leipzig 2018 erstmals auf über 20 Euro; das jedoch entspricht laut OECD noch immer nicht den tatsächlichen Kosten der Emissionen, die etwa 30 bis 100 Euro betragen sollten), was europaweit zu einem ungebrochenen Kohleboom geführt hat und die betreffenden Branchen kaum ermutigt, in saubere Technologien zu investieren. Und so macht dieses Verfahren für viele den Eindruck eines modernen Ablasshandels: Die Industriestaaten müssen nicht reduzieren, sondern können sich von der Schuld der Verschmutzung quasi freikaufen.

Ob durch eine neue Steuer oder einen verbesserten Emissionshandel: Ein CO_2-Mindestpreis würde das ändern, wenn es ihn endlich auch in Deutschland und weltweit gäbe. Der Verursacher zahlt an den Staat, und zwar, wenn es nach dem Bundesverband Erneuerbare Energie geht, zwischen 20 und 75 Euro pro Tonne. Das würde erneuerbare Energien noch attraktiver machen, ebenso Elektroautos und klimaneutrale Produktionsweisen. Denn wer mit sauberer Energie arbeitet und lebt, zahlt weniger.

Der größte Vorteil: Es wäre auf einen Schlag viel wahrscheinlicher, dass wir das 2-Grad-Ziel einhalten.

Besser, der Preis ist heiß, als die Erde.

5 ZU LANDE, ZU WASSER UND MIT GUTER LUFT. BRINGEN WIR NEUE BEWEGUNG IN DIE ZUKUNFT

> **Wo wir hinfahren, brauchen wir keine Straßen!**
> DR. EMMETT L. BROWN, IN: *ZURÜCK IN DIE ZUKUNFT*

Viele von uns nennen eine Wettermaschine ihr Eigen. Manche haben gleich zwei oder drei davon. Es gibt sie in allen Farben, in klein, in groß, mit Extras und ohne. Wir lieben unsere Wettermaschinen. Sie zeigen, wer wir sind, und viele halten sie für ein Indiz, wo wir in der Hackordnung der Gesellschaft stehen. Einige wenden daher ihre ganze Kraft auf, um sich eine besonders schicke Wettermaschine leisten zu können. Und gerade bei Männern sind solche mit besonders großer Wirkkraft beliebt, zum Beispiel rote italienische Wettermaschinen.

Die Rede ist hier vom Automobil – das in seiner herkömmlichen Erscheinungsform durch klimaschädliche Abgase und den Betrieb mit fossilem Brennstoff die globale Erwärmung ankurbelt. Vor über 130 Jahren haben wir Menschen – ohne dass uns das anfangs klar war – ein gigantisches Geoengineering-Projekt gestartet, und unser liebstes Familienmitglied – das Auto – war ein Teil davon, mit zweifelhaftem Ergebnis: Der Verkehr verursacht ein Fünftel des in Deutschland ausgestoßenen Klimagases CO_2.

Wir Wettergötter!

Natürlich sind wir nicht nur mit dem Auto unterwegs. Schiffe, Busse, Bahnen und vor allem Flugzeuge treiben mit dem CO_2, das sie ausstoßen, die globale Erwärmung maßgeblich voran. Allein im Fall des internationalen Flugverkehrs sind das 500 Millionen Tonnen jährlich. Insgesamt macht Mobilität 23 Prozent der CO_2-Emissionen pro Kopf in Deutschland aus. Kein Wunder, denn ein Leben ohne die Freiheiten der modernen Fortbewegung käme uns vor wie lebenslänglich auf dem Felsen von Alcatraz.

Der radikalste Schritt wäre natürlich, die Wettermaschinen einfach nicht mehr zu benutzen. Unsere Autos auf den nächsten Schrottplatz zu bringen oder in der Garage vor sich hin stauben zu lassen. In kein Flugzeug mehr zu steigen. Die Kreuzfahrt im Urlaub durch Kraxeln zu ersetzen.

Das geht natürlich nicht. Wegen der Gewohnheit. Wegen des Vergnügens. Wegen des Prestiges. Wegen der

Werbung, die uns sagt, dass wir das unbedingt brauchen. Wegen der Arbeitsplätze. Wegen der Aktionäre.

Ehrlich?! Seien wir mutig und versuchen wir es. Bis es klimafreundliche Fortbewegungsmittel gibt.

Wie die genau aussehen, das weiß heute natürlich niemand. So wie anno dazumal Kaiser Wilhelm II. das Automobil für eine vorübergehende Erscheinung hielt, die niemals Pferdekutschen ersetzen könnte. So wie wir im 20. Jahrhundert noch nicht ahnten, dass wir im 21. Jahrhundert mal Fernsehen auf dem Telefon schauen würden.

Vielleicht werden unsere Vehikel irgendwann nur noch Elektroantriebe oder Brennstoffzellen haben, deren Energie mit Wasserstoff gewonnen wird. Bei Autos, Lkws und Bussen sind beide Technologien reif für den Massenmarkt. Für kleinere Schiffe gibt es ebenfalls bereits Elektromotoren. Und Airbus bastelt gemeinsam mit Siemens an einem leisen Elektro-Hybrid-Flieger. Prototypen sind bereits entwickelt.

Ob in Zukunft noch jeder ein eigenes Auto besitzen wird? Ungewiss, wenn laut UN-HABITAT bis 2050 etwa 75 Prozent der Weltbevölkerung in Städten lebt und der Platz knapp wird. Dann ist eher Carsharing das Mittel der Wahl. Oder ein flinkes Pedelec – ein Fahrrad, das den Pedalantrieb zusätzlich mit Elektromotor unterstützt. Oder Apps auf dem Smartphone, die uns noch besser zeigen, wie wir mit einer Kombi aus verschiedenen öffentlichen Verkehrsmitteln und dem Rad schneller und geschickter durch die Stadt kommen. Vielleicht werden sich auch computergesteuerte, selbstfahrende Vehikel durchsetzen, wenn bald die Mehrheit der Deutschen im Rentenalter ist und sich freut, wenn der Autopilot sie umherkutschiert.

Es gibt viele Ideen. Welche sich durchsetzen, wird sich zeigen. Klar ist aber schon heute: Eine wirklich klimaneutrale Fortbewegung ist noch nicht entwickelt. Denn selbst »saubere« Elektro- oder Wasserstoffautos müssen produziert werden, und dabei fällt eben CO_2 an. Umso mehr, wenn der Strom, mit dem Elektrokutschen betrieben werden, aus Kohlekraft stammt – dann ist der Auspuff einfach nur outgesourct.

Ein weiter Weg liegt vor uns. Und wichtig ist, dass wir ihn jetzt entschieden einschlagen, statt noch länger abzuwarten. Wie das gelingen kann, dazu gibt es allerhand Vorschläge.

Da forderten zum Beispiel die Grünen im Oktober 2016 doch tatsächlich, ab 2030 keine Autos mit Verbrennungsmotoren mehr neu zuzulassen. Verwegen, oder?

Politiker, Firmenbosse und Lobbyisten hatten rasch ausgemacht, warum das nicht geht: Das sei viel zu schnell, die Technik sei noch nicht so weit, die entsprechenden Netze noch nicht ausgebaut, kurz, wir bräuchten noch mehr Zeit. So meinte der FDP-Vorsitzende Christian Lindner: »Die Klimapolitik der Grünen ist dabei, sich komplett vom gesunden Menschenverstand zu verabschieden. Es ist ökonomisch schädlich, ökologisch unnötig und praktisch unmöglich, bereits 2030 komplett auf Verbrennungsmotoren zu verzichten.«

Was für ein Schwachsinn.

Mal im Ernst – wenn unsere Vorfahren bei der Verbreitung von neuen Technologien wie Autos, Eisenbahnen und Flugzeugen so auf die Bremse gedrückt hätten, würden wir heute noch zu Fuß überallhin latschen. (Was hinsichtlich des Klimas Vorteile hätte.) Autobahnen, Bahnschienen und Flughäfen sind nicht von selbst gewachsen. Die haben wir gebaut.

Es ist sinnvoller, mehr Geld in die Forschung zu stecken und schnell etwas auf die Straße (oder in die Luft) zu bringen, das uns klimaschonend voranbringt. Elon Musk beweist für Tesla schon jetzt, dass schneller Fortschritt geht, wenn man will. Wenn wir den Anschluss verpennen, werden wir vielleicht in ein paar Jahren autofreie Tage verhängen müssen, um die Klimaziele noch zu erreichen. Oder wir werden den Flugverkehr rigoros reglementieren – fliegen darf nur noch, wer einen wirklich triftigen Grund hat. Und »Bock auf Urlaub« wird nicht dazugehören.

> **Alles kann immer noch besser gemacht werden, als es gemacht wird.**
> HENRY FORD

Schöner wäre es natürlich, wenn wir sinnvollen Vorschlägen einfach folgen und die politischen Voraussetzungen dafür schaffen würden. Andere Länder sind schon so weit: Frankreich und Großbritannien (kein Verkauf von Verbrennungsmotoren ab 2040 bzw. 2050), Norwegen (ab 2025) und die Niederlande (ist geplant) haben diesen Weg eingeschlagen. Die Vorteile einer solchen Maßnahme liegen für diese Kandidaten (wie auch Indien und Österreich, wo das Verbot ebenfalls umgesetzt werden soll) auf der Hand: Sie würde maßgeblich helfen, die Klimaziele einzuhalten. Und die Klarheit, die das schafft, zahlt sich für alle aus: Unternehmen und Verbraucher wissen dann, woran sie sind, können entsprechend planen und handeln.

Und auch für den schwedischen Autobauer Volvo scheinen alternative Antriebe kein allzu großes Hemmnis zu sein: Volvo will ab 2019 nur noch Fahrzeuge mit Hybrid- oder Elektromotor herstellen. In Norwegen erleben die Elektroautos gerade einen Boom – sie sind von der Zulassungs- und Mehrwertsteuer befreit. Die Besitzer der Stromwagen müssen keine Maut zahlen und dürfen in Vorreiterstädten wie Oslo überall kostenlos parken, auf der Busspur die Rushhour abkürzen und gratis an die Stromzapfsäule.

Wer denkt, dass er – außer richtig zu wählen – nichts dafür tun kann, die Mobilität und den Klimaschutz zu verbessern: Städte wie Münster, Bremen, Kiel, Kopenhagen, Groningen, Amsterdam oder Bozen zeigen, dass es schon jetzt ganz anders geht. Dort bewegen sich über vierzig Prozent der Bevölkerung mit dem Rad – was nicht nur dem Klima hilft, sondern auch der eigenen Gesundheit.

Abgesehen von der Liebe zum Drahtesel ist es auch sehr förderlich, wenn Verkehrskonzepte umgesetzt werden, die bessere Bedingungen fürs Radeln schaffen – Radschnellwege, beispielsweise. »Nichts ist billiger für eine Stadt, als die Infrastruktur für Fußgänger und Fahrräder auszubauen«, sagt Jan Gehl, Kopenhagener Architekt und Stadtplaner, in dem Film *Tomorrow*, der sich mit grünen Zukunftslösungen beschäftigt. Und nichts stärkt so einfach die soziale Struktur einer Stadt. Setzen wir uns dafür ein, wo immer wir können. In einigen Städten kann man sich der »Critical Mass« anschließen – einer Bewegung, bei der sich Radfahrer scheinbar zufällig treffen, um den Radverkehr sichtbar zu machen und so auch indirekt ihre Rechte einzufordern.

Seien wir zivil ungehorsam.
Treten wir in die Pedale.

6 ISS NICHT WURST. ÄNDERN WIR UNSERE ERNÄHRUNG

> **Nichts wird die Chance auf ein Überleben auf der Erde so steigern wie der Schritt zur vegetarischen Ernährung.**
> ALBERT EINSTEIN

Der Mann, der mit dem Kochlöffel die Welt rettet, ist Niederländer. Er trägt eine dunkelblaue Segelwollmütze auf den mittellangen, leicht angegrauten Haaren. Wam Kat heißt er und kocht mit seiner Fläming Kitchen seit den Siebzigerjahren auf Großdemos. Die Fläming Kitchen ist eine »Volxküche«. Das sind Einrichtungen, die über Spenden funktionieren und bei denen das Essen zum Selbstkostenpreis oder darunter ausgegeben wird, um Aktionen zu unterstützen, die von den Betreibern für gut und wichtig gehalten werden. 2017 versorgte Wam mit seiner Fläming Kitchen Demonstranten auf dem Klimacamp in Tschechien, die friedlichen Protestler beim G-20-Gipfel und bei der Klimakonferenz in Bonn. Die Menschen auf Demos, die Wam Kat mit seinen vegan-vegetarischen Köstlichkeiten versorgt, sollen schließlich nicht entkräftet zu Boden sinken. Sie haben Wichtiges zu tun – die Welt retten. Gutes Essen ist für Wam Kat auch die beste Konfliktlösungsstrategie.

Und für ihn ist klar: Die Karotte aus dem eigenen Garten ist das Beste, was man essen kann. Das schreibt er in seinem Buch *Wam Kats 24 Rezepte zur kulinarischen Weltverbesserung:* »An ihr kleben weder Blut noch

Dünger oder Pestizide, höchstens dein eigener Schweiß.« Und das Beste ist: Sie ist kaum für CO_2-Emissionen verantwortlich – schließlich muss die Möhre nicht über Tausende Kilometer antransportiert werden wie zum Beispiel der Bioapfel aus Neuseeland oder die Avocado aus Mexiko.

So wie Wam Kat sind gerade zahlreiche Menschen unterwegs, um die Welt besser zu machen, indem sie sich um das kümmern, was Leib und Seele zusammenhält: unsere Ernährung.

Da sind zum einen die »Urban Gardener« und die Aktivisten der »Essbaren Städte«. Urban Gardening holt den Anbau dahin, wo auch gegessen wird – in die Stadt. Essbare Städte gehen noch einen Schritt weiter: Der städtische Raum wird an jeder nur möglichen Ecke bewirtschaftet, pflücken darf jede/jeder, die/der vorbeikommt und Appetit hat. Das Konzept kommt aus einer englischen Stadt, die im Deutschen nicht sehr nach lebendigem Anbau klingt: Todmorden. 2017 gibt es in Deutschland bereits 140 solcher Initiativen, von Andernach über Bonn und Bremen, Jena, Lüneburg und Trier bis nach Zella-Mehlis in Thüringen.

Wer sich nicht ans große Ganze wagt, kann mit der Gabel – wie mit dem Spaten – schon viel bewegen. Oder auch, indem er sein Geld sinnvoll für bessere Landwirtschaft ausgibt.

Dabei investieren wir Deutschen vergleichsweise wenig in unsere Lebensmittel, etwa elf Prozent vom Einkommen. 1950 waren es noch satte 44 Prozent, die unsere Vorfahren für die eigene Ernährung ausgeben mussten. Wir könnten uns heute also generell mehr leisten. Und könnten unser Geld auch in »Solidarische Landwirtschaft« (SoLaWi) stecken, bei der wir als Gruppe von

Menschen einen Bauern unterstützen und dafür die Ernte erhalten. Oder wir könnten unser Essen über Foodcoops direkt beim Erzeuger erwerben, könnten Genossenschaften unterstützen oder in Biokisten investieren, an Foodsharing teilnehmen, einem Netzwerk, das Essbares rettet. Wir könnten Biolebensmittel und nachhaltig Erzeugtes kaufen. Leckeres. Gesundes. Etwas, das unserem Körper guttut – und dessen Produktion wir uns (anders als die industrielle Tierhaltung mit ihrem Schnäbelkürzen, Schwanzkupieren und Hörnerausbrennen, mit Tieren, die auf Spaltenböden im Dunkeln ihr Leben fristen) auch ansehen können, anstatt bei den grausamen Enthüllungsdokus auf *Stern TV* wegschalten zu müssen.

Wir könnten Filme wie *Taste the waste, We feed the world* oder *Food, Inc.* ansehen und nicht mehr so viele Lebensmittel wegwerfen. Denn wer sinnloses Wegwerfen – vor allem von CO_2-intensiven Lebensmitteln wie Butter, Käse, Milch und Fleisch – so weit wie irgend möglich vermeidet, der rettet die Umwelt, ohne dafür irgendwas zu tun – und spart sogar noch Geld. Und so kocht Wam Kat gemeinsam mit Tausenden Menschen auf sogenannten Schnippeldiskos – bei denen aus Lebensmitteln, die noch gut sind, aber sonst weggeworfen würden, ein Festmahl bereitet wird.

Vegane oder vegetarische Ernährung zu probieren tut nicht weh – es schmeckt nur ein wenig anders, weil wir eine Mischkost gewohnt sind. Doch das muss kein Hinderungsgrund sein, es nicht zu probieren: Wir Menschen sind Gewohnheitstiere, und das bedeutet auch, dass wir uns auch an Neues gewöhnen können. Vieles von dem, was wir essen, ist ohnehin schon rein pflanzlich oder zumindest vegetarisch, ohne dass es uns groß auffällt: angefangen vom Apfel über die Ratatouille bis hin zu Spaghetti aglio e olio.

Wer nicht auf Fleisch verzichten will, der hat vielleicht bald eine Alternative: In Foodlaboren werden derzeit Produkte entwickelt, die den tierischen verflucht ähnlich sind – ohne dass dafür ein Tier gequält und getötet werden musste. Das Unternehmen Impossible aus San Francisco stellt pflanzenbasiertes Fleisch her, das jeden Geschmackstest besteht und das durch den aus Wurzelknollen von Sojapflanzen hergestellten Stoff Leghämoglobin sogar blutig schmeckt. Und auch an Milchersatz wird gearbeitet – ebenfalls im Silicon Valley entwickelt das Unternehmen MuuFri eine Milch auf Basis von Hefe. »Wenn man die richtigen Zutaten hat, lässt sich Milch überraschend einfach selbst herstellen«, so Firmengründer Ryan Pandya. Mit weniger Emissionen, ohne die für viele unverträgliche Laktose, aber mit vollem Geschmack.

Und wer weiß, in allzu weiter Ferne liegt es vielleicht auch nicht mehr, dass unser Essen wie für die Crew der Enterprise aus dem Replikator kommt. Erste wohlschmeckende Versuche haben der Biophysiker Gabor Forgacs und sein Sohn Anders schon unternommen. Modern Meadows heißt ihr Unternehmen, das künftig sowohl Organe für Transplantationen wie auch Fleisch für den Verzehr aus dem Drucker liefern soll.

Bis bei uns ein gedrucktes Steak auf dem Teller liegt, wäre es allerdings ein echter Fortschritt im Kampf gegen den Klimawandel, wenn wir unsere Ernährung änderten und wenn die Politiker endlich Anreize schafften, dass unsere Landwirtschaft von industriellen auf ökologische Produktionsweisen umgestellt wird. Die Erzeugung von Milch und Fleisch darf nicht mehr wie bisher gefördert werden, denn wenn diese Produkte für ihren wahren Preis gehandelt werden, wird ihr Konsum auch bewusster, und es landet weniger davon im Mülleimer.

Um den CO_2-Ausstoß entsprechend dem 2-Grad-Ziel zu verringern, müsste der Fleischkonsum bis 2050 auf die Hälfte heruntergefahren werden, denn wie die UNO schätzt, entstehen rund 18 Prozent aller menschengemachten Klimagase in der Fleischerzeugung. Das trägt mehr zur globalen Erwärmung bei als Auto- und Flugverkehr zusammen. Wer also das Klima schützen möchte, lässt das Fleisch, sooft es geht, vom Teller. Es wäre auch besser, wenn auf den Weideflächen und dem Land, auf dem Futter für die Tierzucht erzeugt wird, direkt Pflanzen für den menschlichen Verzehr angebaut würden. Vor allem bei den 9,5 Milliarden Menschen, die etwa Mitte des Jahrhunderts auf diesem Planeten heimisch sein werden ...

Last but not least wäre es auch für unsere Gesundheit besser: 165 Gramm Fleisch isst der Durchschnittsdeutsche pro Tag. Ärzten wäre es wesentlich lieber, wenn es nur die Hälfte wäre. So lautet die Gesundheitsempfehlung der Deutschen Gesellschaft für Ernährung, denn vor allem rotes Fleisch steht laut einer 2015 von der WHO durchgeführten Studie im Verdacht, Krebs zu erzeugen. Und fett macht zu viel Fleisch ohnedies, genau wie zu viel davon Bluthochdruck, Diabetes und Gicht erzeugt und das Risiko für Schlaganfall und Herzinfarkt erhöht.

Gesunde, klimaneutrale Ernährung?

Ist nicht wurst. Weder für den Planeten noch für uns selbst.

7 DIE STILLE REBELLION.
KONSUMENTEN AN DIE MACHT

> Wenn wir nur zwei Grad Klimaerwärmung zulassen wollen, weil der Planet sonst nicht mehr bewohnbar ist, dürfte jeder Mensch bei einer Lebenserwartung von 80 Jahren nur insgesamt etwa 220 Tonnen CO_2 verursachen.
> Früher dachte ich, man müsse die Menschen behutsam an ein ökologisches Leben heranführen, inzwischen leben die meisten so rücksichtslos, dass jetzt radikale Änderungen nötig sind. Diese unangenehme Wahrheit meidet die Politik wie der Teufel das Weihwasser. Stattdessen wird so getan, als bräuchten wir nur grüne Produkte und Technologien, könnten aber ansonsten so weitermachen wie bisher.
>
> NIKO PAECH, UMWELTÖKONOM

»Bei mir in der Nähe hat endlich ein Primark geöffnet, und das war für mich, ich sag jetzt mal wirklich, straight away, der Himmel auf Erden.« Lea-Sophie im schwarzweißen Ringelshirt strahlt glücklich in dem YouTube-Video, das sie Anfang 2017 online gestellt hat. Hinter ihr ist ein Arsenal an Make-up-Utensilien aufgebaut, das aussieht, als wäre eine Horde schminkfreudiger Teenager damit ein Jahr lang dicke versorgt.

Lea-Sophie hält ein hellblaues Hemdkleidchen mit einer braunen Gürtelkordel hoch. »Das war gar nicht so günstig, find ich, 14 Euro, aber ich finde, es geht immer noch. Also, bei Fashion geb ich auch gerne mal ein bisschen mehr aus, weil ich finde, Fashion kann man ja auch irgendwie vielseitiger nutzen als vielleicht Beauty-Kram.« Das teuerste Teil aus ihrem Einkauf kostet gerade mal 25 Euro – eine kleine gesteppte schwarze Samthandtasche. Insgesamt hat Lea-Sophie 160 Euro ausgegeben und 45 Teile geshoppt, die meisten im einstelligen Eurobereich: ein »XL-Fashion Haul«, wie es der Videotitel ankündigt. »Haul« ist ein Lehnwort aus dem Englischen und bedeutet Fang oder Ausbeute – also das, was der moderne Mensch in die Höhle schleppt, und zwar in Lea-Sophies Fall aus dem Klamottendiscounter. Über 61 000 Likes gab's für den Großeinkauf von Billigramsch, der anderswo zu fragwürdigen Bedingungen produziert und bei dem jede Menge CO_2 in die Luft gepustet wird.

Ein weiterer neuer Auswuchs unserer Turbokonsumgesellschaft ist die Shopping-Bulimie: Leute wie Annett aus Bergisch Gladbach leiden an ihr. Die 22-Jährige bestellt bei Online-Händlern Unmengen von Kleidern, probiert an und fotografiert sich damit. 30 bis 35 Pakete lässt sie sich im Monat kommen, schickt aber bis auf ein oder zwei Teile alles wieder zurück. »Das ist für mich der ultimative Kick«, gesteht sie. »Ich lebe dafür.«

Shopping-Bulimie ist bereits von Psychologen als neuzeitlicher Defekt ausgemacht worden, und Internethändlern bereitet sie graue Haare: Es geht gar nicht mehr darum, Dinge zu besitzen. Sondern einzig um den schnellen Endorphinrausch beim Kaufklick, den Empfang und das Auspacken des Päckchens. Danach: Return to Sender! Zalando hat beispielsweise eine Retourquote von 50 Prozent. Nicht selten bestellen die Kunden Klamotten, um sie auf einer Party anzuziehen und dann zurückzusenden, und selbst wenn sie am Kauf interessiert sind, lassen sie sich mindestens zwei Größen kommen und retournieren die weniger gut passende. Zalando ist neben Amazon einer der großen Anbieter auf dem Onlinemarkt, aber es gibt eben noch viele andere. Hunderte Millionen Päckchen mit bestelltem Plunder werden daher auf diese Weise jedes Jahr praktisch für nichts und wieder nichts durch die Gegend gekarrt – mit deutlichem CO_2-Fußabdruck. Laut DHL sind es bei einem normalen Transport für ein einziges Paket rund 600 Gramm CO_2, die ausgestoßen werden, ganz zu schweigen davon, dass der Berg an Verpackungsmüll wächst.

Über andere Absonderlichkeiten unseres Wirtschaftssystems machen wir uns schon lange keinen Kopf mehr. Bereits in frühester Kindheit zu perfekten Konsumenten erzogen, die Werbeslogans besser rezitieren als schnöde Weltliteratur, hat sich unser Kaufrausch längst vom eigentlichen Bedarf losgelöst. Wir shoppen die neueste Mode, damit wir in jeder Saison mit den Stars mithalten können, wir holen uns beim schwedischen Möbeldiscounter eine neue Garnitur von Vasen, Kerzen und Stehrümchen, weil wir mal was anderes sehen müssen, und wir kaufen uns jedes Jahr ein neues Handy, weil ... ja, warum eigentlich? Jedenfalls nicht, weil wir ein neues bräuchten. Die alten Sachen sind nämlich meist noch gut, wenn wir sie durch etwas Schickeres ersetzen, dabei würden sie uns viele weitere Jahre gute Dienste leisten. Auch für diverse andere Sachen, die wir im Laufe unseres Lebens so kaufen, haben wir eigentlich gar keinen Bedarf, bis uns irgendein findiger Marketingfuzzi einen Floh ins Ohr setzt.

Dinge regieren unser Leben. Wir sind ihrem Bann verfallen wie Frodo dem Ring. Wir schrecken morgens vom Klingeln des Weckers hoch, stehen im Stau, eilen von Termin zu Termin, rackern uns die Karriereleiter hoch und schlucken unseren Ärger über den Chef runter, damit wir uns möglichst viel leisten können.

Doch je mehr wir konsumieren, desto stärker schröpfen wir die Ressourcen unseres Planeten, desto mehr Energie verbrauchen wir, desto mehr Treibhausgase gelangen in die Atmosphäre – auch, weil vieles von dem, wonach wir uns sehnen, im Ausland hergestellt wird und hierhertransportiert werden muss. Unser Faible für die bunte Warenwelt ist allein in Deutschland für 25 Prozent des gesamten jährlichen CO_2-Ausstoßes eines Menschen verantwortlich.

Das muss nicht sein.

> **Die Wirtschaft der Zukunft funktioniert ein bisschen anders. Sehen Sie, im 24. Jahrhundert gibt es kein Geld … Der Erwerb von Reichtum ist nicht mehr die treibende Kraft in unserem Leben. Wir arbeiten, um uns selbst zu verbessern – und den Rest der Menschheit.**
> JEAN-LUC PICARD, CAPTAIN DER USS ENTERPRISE

Die Öko- und Umweltbewegung hat sich von Anfang an damit unbeliebt gemacht, dass sie den Verzicht predigt. Unser Gesellschafts- und Wirtschaftssystem funktioniert aber anders. Es basiert auf dem »Mehr«. Mehr Waren und mehr Geld für noch mehr Waren. Wir sind damit groß geworden, deswegen finden wir das mit dem Verzicht erst mal doof. Wir meinen, die Birkenstockträger sind vor allem neidisch – so wie früher die Kinder im Sandkasten, die kein Förmchen abbekommen haben und jetzt meinen, allen weismachen zu müssen, dass sich auch ohne Förmchen prima spielen lässt. Spaßbremsen eben.

Man kann das auch anders sehen, und vermutlich werden wir es bald anders sehen müssen, weil sich die Welt ändern wird:

Die Produktion, die unseren Konsum befriedigt, bläst Unmengen CO_2 in die Atmosphäre. Um den Klimawandel zu stoppen, brauchen wir aber eine klimaneutrale Produktion. Ansätze solcher Technologien gibt es bereits: »Cradle to Cradle« heißt ein neues Konzept – es geht darum, Gegenstände so herzustellen, dass sie keinen Müll mehr produzieren: indem sie voll wiederverwertbar sind oder auch komplett kompostierbar. Michael Braungart, Chemiker und Verfahrenstechniker, der als Professor an der Uni Rotterdam lehrt, hat das Konzept entwickelt – und er glaubt, dass dies die nächste industrielle Revolution ist. Einige Firmen folgen dieser Idee bereits, stellen beispielsweise Waren her, die ganz und gar kompostierbar sind.

Doch das Konzept ist nicht ohne Weiteres im großen Rahmen auf unsere gesamte Warenproduktion übertragbar – und frei von Treibhausgasen ist die Herstellung auch noch nicht.

So oder so, es ist also gut möglich, dass wir in Zukunft aus dem Shopping-Paradies ausziehen müssen.

Wir könnten deshalb jetzt trotzig sein. Oder wütend. Oder das alles einfach ignorieren. Wir könnten aber auch überlegen, ob wir wirklich so viel verlieren, wenn wir verzichten – und ob wir in Wahrheit nicht wesentlich mehr gewinnen: nämlich unsere Freiheit.

Jemand, der das sicher sofort bejahen würde, ist Deutschlands bekanntester Wachstumskritiker Niko Paech. Sein Steckenpferd ist die »Postwachstumsökonomie«, die Kunst des Weglassens.

Paech lebt seine Überzeugung. Er ist gegen die Wegwerfgesellschaft, daher flickt er alles, was ihm unter die Finger kommt und sich noch reparieren lässt, vor allem ist er bekennender Fahrradschrauber. Was ihn aufregt, sind Veganer, die Meilen auf dem Vielfliegerkonto sammeln, und SUV-Fahrer, die im Bioladen shoppen.

Trotzdem ist Paech kein Kind von Traurigkeit. Er genießt sein Leben, liebt Musik, spielt selbst in Rockbands, geht gern auf Partys – und ist immer pünktlich, weil er kein Handy hat und nicht von unterwegs anrufen kann, dass er später kommt.

Seine Gleichung für ein glücklicheres Leben im Einklang mit der Natur ist simpel: Konsumverzicht = Freiheit.

Kaufen wir weniger, brauchen wir weniger Geld, müssen wir weniger arbeiten, können wir öfter mal fünfe gerade sein lassen, sind zufriedener – und lassen ganz nebenbei nicht die Umwelt in die Binsen gehen.

»Das ist für mich die wahre Souveränität in einer modernen Gesellschaft«, erklärt Paech. »Sich nicht nur über das zu definieren, was man sich leisten kann, was man schon erlebt hat, sondern sich zu definieren über all die Dinge, von denen man sich befreien konnte. Und damit sich ein bisschen zurücklehnt und sich praktisch kaputtlacht über diejenigen, die in einem Hamsterrad der Selbstverwirklichung inzwischen Schwindelanfälle bekommen und nebenbei auch noch die Ökosphäre ruinieren.«

Keine fünf Küchenmaschinen mehr, die wir nie benutzen, keine zwanzig Kartons mit Gerümpel im Keller, von denen wir nicht mal mehr wissen, was drin ist, und die wir bei jedem Umzug mitschleppen, und nicht jede Schublade bis obenhin mit Wohlstandsschrott vollgestopft.

Vielen dämmert inzwischen, dass steigender Konsum und sich anhäufender Besitz nicht zwangsläufig glücklicher machen.

Und nicht mehr viel besitzen müssen, das ist genau deswegen in unserer Welt für immer mehr Menschen ein

Lebenstraum: Minimalismus nennt sich die neue Geisteshaltung. Bücher über den einfachen Lebensstil sind Bestseller, es gibt professionelle Entrümpler, Filme wie *Minimalism* zeigen, mit wie wenig man auskommen und wie frei der Verzicht machen kann – und wir hören immer öfter, wie schnell man nette Leute im Repair-Café trifft, wo jeder seine Sachen selbst instand setzen kann und andere ihm mit Rat und Tat zur Seite stehen. Die Tiny-House-Bewegung ist ein ähnliches Konzept: Menschen, die in klitzekleinen Häusern oder Anhängern leben, statt sich für eine Stadtwohnung zu verschulden.

Mit Monopoly, dem alten Kapitalistentraum, der uns schon in der Kindheit dazu aufforderte, uns rücksichtslos alles zu nehmen, was es zu holen gibt, hat eine solche Welt nichts mehr zu tun. Der Minimalismus – der Verzicht auf das, was wir nicht brauchen – ist deshalb so etwas wie die stille Rebellion des Konsumenten, der CO_2 sparen will. Was wohl die Herren in der Schlossallee sagen, wenn wir uns von allem Plunder verabschieden und uns aus dem Hamsterrad ausklinken?

Finden wir es heraus.

8 ICH BIN SO SAUER, ICH HABE EIN PLAKAT GEBASTELT! ENGAGIEREN WIR UNS

> Get up, stand up,
> stand up for your right.
> Don't give up the fight.
> **BOB MARLEY**

Er hatte Fotos von Menschen gemacht, immer wieder – die berühmtesten in der Goldmine Serra Pelada im brasilianischen Bundesstaat Pará, wo die Arbeiter umgerechnet 50 Cent am Tag verdienen und die Schürfer ihre Parzellen mit Waffengewalt verteidigen, viele andere während des Bürgerkriegs in Ruanda, wo sich die Leichenberge türmen, oder von den Kriegsflüchtlingen im Kongo, die nur haben, was sie am Leib tragen, der Blick leer, und auch vom Hunger der Menschen in Niger, von zum Skelett abgemagerten Kindern. Er ging nicht einfach hin, machte Fotos und reiste wieder ab, sondern er verbrachte lange Zeit in dem Gebiet, das er fotografieren wollte, blieb in dem Projekt, zog sich das Leid der Menschen gleichsam an, bevor er es abbildete.

Schließlich zerbrach der berühmte Fotograf Sebastião Salgado daran. Nachdem er die Brutalität des Bürgerkriegs in Ruanda angesehen hatte, wurde er krank an Leib und Seele. »Ich wurde von meinem eigenen Staphylokokkus angegriffen«, erzählt er auf einem TED-Talk. »Mein Körper war überall entzündet, und wenn ich mit meiner Frau schlief, dann kam da kein Sperma, sondern nur Blut.« Er ging zu einem Arzt, in der Annahme, er sei ernsthaft krank, doch dieser konnte nichts finden. »Sebastião, du hast so viel Tod gesehen, dass du daran stirbst. Du musst aufhören«, sagte der Doktor.

Salgado folgte dem Rat und ging zurück in seine Heimat, eine Farm im Urwald Brasiliens, wo er seine Kindheit verbracht hatte. Seine Eltern hatten ihm ihr Grundstück vermacht. »Als ich das Land erhielt, war es so tot wie ich.« In Salgados Kindertagen war die Hälfte des Landes von Urwald überwuchert gewesen – davon war nun weniger als ein halbes Prozent übrig. Und so sah es auch auf den umliegenden Grundstücken aus. Der Regenwald war fast restlos abgeholzt worden.

Salgados Frau Léila hatte die Idee, den Regenwald zurückzubringen. »Du hast mir erzählt, dass du im Paradies geboren wurdest«, sagte sie. »Lass uns das Paradies wiederaufbauen.«

Sebastião Salgado, der sich auch in seiner Fotografie immer mit langfristigen Projekten beschäftigt hatte, gefiel der Gedanke. Und er begann zu planen und zu pflanzen. »Langsam wurde dieses tote Land wieder geboren.« Hunderttausende heimischer Gewächse pflanzte er in den Jahren darauf, um das Ökosystem wieder zu errichten, das zerstört worden war – insgesamt sind es bis heute 2,5 Millionen gepflanzte Bäume, etwa 200 verschiedene Arten. Und mit dem Leben der Bäume kamen die Tiere zurück. Heute ist die einstige Farm seiner Eltern ein Nationalpark, und Salgado gründete eine Naturschutzorganisation namens Instituto Terra, um Spenden zu sammeln und sein Projekt auf immer festere Füße zu stellen – weltweit.

Mit dem Leben des Regenwalds kehrte auch der Wunsch zurück, die Kamera wieder in die Hand zu nehmen und zu zeigen, was so wertvoll auf dieser Erde ist, dass wir es unbedingt schützen müssen. Salgado fotografierte jedoch nicht nur die Farm, sondern er reiste um den Globus, um all die noch verbleibende atemberaubende Schönheit unserer Erde einzufangen, Tiere, Pflanzen, gewaltige Landschaften – und auch Menschen, die noch mit der Natur leben.

»Das ist es, worum wir nun sehr hart kämpfen müssen, um es so zu erhalten, wie es ist«, sagt er. »Aber wir leben in einem unglaublichen Widerspruch: Um das zu schaffen, was wir haben, zerstören wir so viel.« 93 Prozent des brasilianischen Urwalds seien bereits weg. Und rund um die Welt sehe es ähnlich aus, in Amerika, in Indien, in Europa. »Wir müssen die Wälder wieder aufbauen. Die Wälder sind die Essenz unseres Lebens. Wir müssen atmen, und die einzige ›Fabrik‹, die CO_2 in Sauerstoff umwandeln kann, ist ein Wald.«

Die von Salgado gepflanzten Bäume binden im Jahr 100 000 Tonnen CO_2 aus der Atmosphäre. Es läuft. »Das Vorbild, das wir in Brasilien geschaffen haben, können wir auch hierher übertragen«, erklärt er dem staunenden TED-Publikum in Longbeach, Kalifornien, am Schluss. »Wir können das überall auf der Welt umsetzen. Und ich glaube daran, dass wir es gemeinsam schaffen.«

> **Ein bisschen gesunder Menschenverstand, ein bisschen Toleranz, ein bisschen Humor – wie behaglich es sich dann auf unserem Planeten leben ließe.**
> **WILLIAM SOMERSET MAUGHAM**

Es ist nicht immer leicht, optimistisch zu sein, was unsere Spezies angeht. Manche meinen ja, dass es uns ganz recht geschehe, wenn der Klimawandel so ausarten würde, dass er eines fernen Tages die gesamte Menschheit ausradiert, oder Gleiches durch einen Asteroideneinschlag oder einen globalen Atomkrieg passierte. Auch T. C. Boyle, unter anderem der Autor von *Ein Freund der Erde* – einem Roman, der im Jahr 2025 spielt, in einer Welt, in der sich unser Klima durch die globale Erwärmung stark verändert hat und die Artenvielfalt Geschichte ist –, meinte Anfang 2017 auf einer Lesung in Köln salopp, ohne Menschen ginge es besser: »Ich werde oft gefragt, was das Beste sei, um die Natur zu schützen. Dann antworte ich, gehen Sie raus zu Ihrem Komposthaufen, legen Sie sich darauf und schießen Sie sich in den Kopf.«

So weit sind wir noch nicht.

Noch haben wir die Chance, das Ruder herumzureißen. Noch ist Zeit, die globale Erwärmung aufzuhalten und die schlimmsten Verheerungen eines weltweiten Klimawandels zu verhindern.

Wir können etwas tun. Und dazu gehört, dass wir uns wieder mehr engagieren. Für unsere Gesellschaft. Für unsere Umwelt.

Das ist das Schöne an einer offenen Gesellschaft, an Demokratie (und das sollte eigentlich klar sein, ist es aber heute anscheinend nicht mehr): Wir können unsere Meinung kundtun. Wir brauchen die Welt, in der wir leben, nicht bloß zu konsumieren und abzuschalten, wenn uns nicht gefällt, was wir sehen. Wir können sie mitgestalten.

Ja, auch du.

Zugegeben, nicht jeder bekommt eine Farm im ehemaligen brasilianischen Urwald überschrieben. Doch jeder kann sich auf seine Weise engagieren. Es gilt, wieder politisch zu werden. Die einfachste Form: wählen gehen. Wer nicht wählt, darf sich hinterher auch nicht beschweren. So einfach ist das. Die Auswahl an Parteien ist in unserem Land wirklich groß genug. Und wer aus Überzeugung gewählt hat und von seiner Partei enttäuscht ist, sollte das auch kundtun – Petitionen starten oder persönliche Briefe an einen Abgeordneten schreiben, das kann jeder. Wirklich jeder.

Wir können einer Partei beitreten. Nicht gleich als nächster Bundeskanzlerkandidat. Ortsverbände freuen sich über neue Mitglieder, und dort können wir Einfluss auf die Dinge vor unserer Haustür nehmen. Das ist wesentlich produktiver als eine fruchtlose Diskussion in sozialen Netzwerken.

Alternativ können wir in einer der gemeinnützigen Nichtregierungsorganisationen mitmischen, wie Attac, aber auch Naturschutzorganisationen wie Greenpeace oder BUND.

Und wer sich nicht an eine Organisation binden will, dem bleibt immer noch das vielleicht mächtigste Mittel der Demokratie: die Demonstration. Dazu muss man nicht als Aktivist Häuser besetzen oder im Baumhaus wohnen. Man kann auch seinen Sonntagsausflug dahin planen.

Auf Demos zu gehen ist etwas aus der Mode gekommen. Dabei ist der öffentliche Protest neben unserer Wahlstimme der direkteste Weg, Einfluss auf die Politik zu nehmen. Ohne die Umwelt- und Friedensbewegung der Achtzigerjahre oder die Montagsdemonstrationen in der DDR hätte die Geschichte an vielen Stellen einen anderen Verlauf genommen. Beispielsweise bemühte sich die Politik auch deshalb um ein rasches Verbot der FCKW, die für das Ozonloch verantwortlich waren, weil der Druck durch die Ökobewegung entsprechend groß war.

Solche Proteste brauchen wir jetzt in Sachen Klimawandel.

Wir müssen unseren Politikern öffentlich zu verstehen geben: Engagiert ihr euch nicht vehement für den Schutz des Klimas, um zukünftigen Schaden von unserer Lebenswelt und nachfolgenden Generationen abzuwenden, werden wir euch nicht wählen.

In jüngster Zeit haben vor allem links- und rechtsextreme Bewegungen mit Demonstrationen in der Öffentlichkeit Aufsehen erregt. Es ist an der Zeit, dass wir, die Mitte unserer Gesellschaft, die Stimme erheben. Denn wir sind in der Mehrheit. Gehen wir auf die Straße, denn die ist bekanntlich für alle da.

> **Wäre die Welt eine Bank, hättet ihr sie längst gerettet.**
> GREENPEACE

Echtes Engagement ist auch von unseren Politikern gefragt. Denn sie wissen schon viel zu lange Bescheid. Als Meilenstein können recht grob die Sechzigerjahre gelten, als Lyndon B. Johnson von seinem Beraterstab jenes Pamphlet vorgelegt bekam, das in Kapitel 3 vorkommt und in dem der Klimawandel, den wir heute an der Backe haben, exakt prophezeit wird. Spätestens von jenem Zeitpunkt an hat sich das Wissen um die globale Erwärmung unter den Politikern weltweit verbreitet. Sie hatten runde fünfzig Jahre Zeit, konkrete Maßnahmen zu beschließen und die Welt vor den Folgen des Klimawandels zu schützen. Viel ist dabei nicht herausgekommen.

Dabei leisten die Mitglieder einer Regierung einen

Amtseid. Der ist je nach Bundesland in seiner Formulierung verschieden, und auch die Bundesregierung hat eigene. Im Kern enthalten sie aber alle einen Satz wie: *Ich schwöre, dass ich meine Kraft dem Wohle des Volkes widmen, seinen Nutzen mehren und Schaden von ihm wenden werde.* Und genau darum geht es beim Klimaschutz: Unsere Politiker müssen Schaden von uns abwenden. Denn letztlich sind sie diejenigen, die den Überblick haben – oder haben sollten – und die Zugang zu Informationen haben, die uns vorenthalten werden oder die erst verzögert zu uns durchdringen.

Wir sind zu Recht frustriert von unseren Politikern, weil sie diese Verantwortung oft nicht wahrnehmen und allzu oft unter dem Druck einflussreicher Lobbyisten einknicken.

Auf Politiker, die ein Rückgrat wie ein Gummibärchen haben, können wir verzichten. Wir brauchen Politiker, die für ihre Überzeugungen einstehen – auch wenn sie dabei das Risiko eingehen, nicht wiedergewählt zu werden.

Aber, liebe Politiker: So schlimm wird's vermutlich nicht. Es wird Ihnen wahrscheinlich sogar Wählerstimmen einbringen. Denn immer mehr Menschen schließen sich Bewegungen an, die authentisch sind und für ihre Überzeugungen eintreten – und die sind nicht immer ganz erfolglos:

Bernie Sanders, der sich als Demokrat um das Präsidentenamt in den USA beworben hatte, schuf mit seiner Bewegung »Our Revolution« ein gewaltiges Momentum. Gerade unter jungen Leuten (einer der Problemzielgruppen der etablierten Parteien) hatte der alte Revoluzzer Bernie Erfolg. Mit »Our Revolution« will er die Politik seines Landes wiederbeleben. Die Bewegung klärt unter anderem über soziale Missstände und über den Klimawandel auf – und mobilisiert damit ungeahnte Kräfte.

Gina Miller, Investmentbankerin und politische Aktivistin, wirbelte über die Grenzen Londons hinaus Staub auf, als sie gegen den Brexit zu Felde zog, den sie in der angekündigten Form nicht akzeptieren wollte. Und Emmanuel Macron, der im Wahlkampf lange als Außenseiter galt, gewann das Plätzchen im Élysée-Palast als Parteiloser durch seine rasch wachsende Bewegung »En Marche!« – ein weiteres gutes Beispiel, wie viel Energie das gemeinsame Streiten für eine Sache freisetzen kann.

Politiker sollten sich ein Beispiel daran nehmen, statt nur auf ihre Pfründen zu achten. Wer in einer Welt wie dieser noch ernsthaft überlegt, ob er lieber den Kohlekraftwerken und Autobauern huldigen oder etwas für den Klimaschutz tun möchte, hat den Schuss nicht gehört.

Denn die Forderung nach klimafreundlichen Alternativen ist längst aus der grünen Ecke raus, man muss sich nicht schämen, sich dafür einzusetzen. Das muss auch Donald Trump erst mal kapieren. Ihm bläst seit seinem Abzug vom Pariser Klimaabkommen nicht nur vonseiten anderer Staatschefs scharfer Wind entgegen, sondern auch vonseiten der Wirtschaftsbosse – weil sie verstanden haben, dass die Zukunft anders aussehen wird als die Gegenwart. Selbst der Energieriese Exxon Mobile – wir erinnern uns: die waren früher mal ganz vorne im Klimawandelleugnen – erklärte Trump in einem offenen Brief, dass der Pariser Plan »ein wirksamer Rahmen für die Bewältigung der Risiken des Klimawandels« sei.

Das zeigt: Die Voraussetzungen sind bestens. Immer neue Stimmen kommen dazu, die für den Klimaschutz sprechen und nicht mehr hinnehmen wollen, dass kaum was dagegen unternommen wird.

Das Momentum ist da.

Nutzen wir es.

9 DAS ENDE DER DUMMSCHWÄTZEREI. MACHEN WIR UNS WIEDER SCHLAU

> Wir leben in einem Zeitalter der Massenverblödung, besonders der medialen Massenverblödung.
>
> PETER SCHOLL-LATOUR

Der Morgen, an dem wir die Welt nicht mehr verstanden, war der 9. November 2016, ein Mittwoch. In der Nacht hatten die Amerikaner ihre Präsidentschaftswahl beendet, und auch wir waren neugierig auf den neuen Bewohner des Oval Office – wobei wir uns in Deutschland am Vorabend mit dem beruhigenden Gefühl die Bettdecke über den Kopf gezogen hatten, dass Hillary Clinton das Rennen mit Sicherheit machen würde. Wie bei allen Ereignissen von historischer Tragweite – etwa, als Hans-Dietrich Genscher vom Balkon der Prager Botschaft DDR-Flüchtlinge in die Freiheit entließ, oder dem Attentat auf das World Trade Center –, erinnern wir uns noch heute daran, wo wir in jenem Moment waren und was wir taten, als das Wahlergebnis publik wurde. Wer ahnte schon, dass es sich eher anfühlen würde, als ob Tschernobyl ein zweites Mal explodiert wäre.

Gegen 08:40 Uhr verbreitete sich die Eilmeldung. Es war etwas geschehen, das die Welt, zumindest deren vernünftiger Teil, nicht für möglich gehalten hatte. Das Präsidentenamt war vom unwahrscheinlichsten Geschöpf gekapert worden, das man sich vorstellen konnte – Donald Trump.

Der Mann, eine Mischung aus J.R. Ewing, Homer Simpson und Dieter Bohlen, hatte sich monatelang durch den amerikanischen Wahlkampf gepöbelt, hatte mit Halbwahrheiten und Lügen um sich getwittert. The Donald, wie ihn unsere amerikanischen Freunde liebevoll nennen, schien in einer anderen Realität zu leben, einer, die er selbst erfunden hatte oder die uns bis dato zumindest verborgen geblieben war. Selbst die zweifelhafte Establishment-Hillary schien uns dagegen die bessere Wahl zu sein.

Man sagt, ein Volk bekommt den Herrscher, den es verdient. Und da die USA nicht nur nach eigenem Dafürhalten eine Weltmacht sind, könnte man sagen: Auch die Welt bekommt den Herrscher, den sie verdient. Und Donald Trump, der Herr der Fake News und alternativen Fakten, ist tatsächlich ein Sinnbild unserer Welt. Einer Welt mit digitalem Infobasar, in der sich jeder das Weltbild zusammenzimmern kann, das ihm gerade am besten in den Kram passt.

Dabei sollten wir zu diesem Zeitpunkt in der Geschichte eigentlich alle ziemlich helle Köpfe sein.

Immerhin haben wir das gesamte Wissen der Menschheit in gigantischen Datenbanken und auf Servern rund um den Globus gespeichert. Eine der mächtigsten Seiten, Wikipedia, ist zu unserem kollektiven Pool von Allgemeinwissen geworden. Dank Internet, Smartphones, Google und Wikipedia ist es jederzeit und überall abrufbar. Nachrichten verbreiten sich in Echtzeit um die Welt, über Twitter, Facebook und andere soziale Netzwerke. Den Augen unserer Smartphones entgeht nichts, Amateurfotos und -videos dokumentieren das Zeitgeschehen und helfen sogar ab und an bei der Verbrechensaufklärung.

Eigentlich sollte all dieses Wissen, sollten all diese Informationen wie im Sterntalermärchen als intellektueller Goldregen vom Himmel auf uns niedergehen, uns schlauer machen, uns aufklären, zu mündigen Bürgern ausbilden, die sich verantwortungsvoll um sich selbst, die Gesellschaft und ihre Umwelt kümmern.

So oder zumindest so ähnlich hatten wir uns das einmal vorgestellt – damals, in den Neunzigern, als mit dem ersten Schramm-Schramm-Firr aus dem 56k-Modem die Sache mit der Digitalisierung so richtig ins Rollen kam. Das Netz sollte Aufklärung und Demokratie um die Welt tragen.

Heute haben wir tatsächlich so viele Informationen, aber auch so wenig Durchblick wie nie.

Permanent schwallt uns eine Kakofonie von Nachrichten entgegen, die auf Daueralarm getrimmt sind, immer auf den schnellen Kick aus. Eine Hiobsbotschaft jagt die nächste, ist kurz darauf aber selbst schon wieder veraltet. Ständig gibt es etwas Interessantes und Neues, keinen Artikel liest man mehr zu Ende, ohne dass die Startseite eine Aktualisierung anzeigt. Es fällt schwer, zu entscheiden, was wirklich dringend ist, was wichtig oder unwichtig.

Es ist aber nicht nur der schiere Überfluss an Informationen, der uns kirre macht. Inzwischen müssen wir uns auch immer häufiger fragen, was wir überhaupt noch glauben können. Was ist wahr, was ist falsch?

> Man muss das Wahre immer wiederholen, weil auch der Irrtum um uns her immer wieder gepredigt wird, und zwar nicht von Einzelnen, sondern von der Masse, in Zeitungen und Enzyklopädien, auf Schulen und Universitäten. Überall ist der Irrtum obenauf, und es ist ihm wohl und behaglich im Gefühl der Majorität, die auf seiner Seite ist.
>
> JOHANN WOLFGANG VON GOETHE

Das Internet ist zu einer Meinungsschleuder und einer gigantischen Desinformationsmaschine mutiert. Und mittlerweile sind wir nachhaltig verwirrt. Wir zweifeln selbst anerkannte wissenschaftliche Fakten an und glauben stattdessen Stuss aus der Asservatenkammer der Geschichte und wilde Verschwörungstheorien: Aus Furcht vor Autismus lassen nicht wenige ihre Kinder nicht mehr impfen. Manche meinen wie die »Flacherdler«, dass die Erde nicht rund, sondern eine platte Scheibe sei, an deren Ende man herunterfällt. Selbst wenn 97 Prozent aller wissenschaftlichen Forschungen den menschengemachten Klimawandel anerkennen, halten wir diese Erkenntnisse für zu vage, um konsequent dagegenzusteuern. Und wenn in den Online-News ein Bericht über die bröckelnden Eisschelfe der Antarktis steht, findet sich darunter garantiert der Kommentar eines Klimaleugners, der uns souffliert, es sei alles ganz anders.

Wir leiden an einer großen Verwirrung.

Und das zu einem denkbar schlechten Zeitpunkt.

Denn wie sollen wir die Welt retten, wenn es uns scheinbar an einer sicheren Faktenlage mangelt – oder diese gar nicht mehr zu uns durchdringt?

Die gegenwärtigen Kommunikationsstrukturen des Internets – Homepages, Twitter, Facebook, Foren, Kommentarleisten –, wo jeder ungefragt und unkontrolliert den größten Bullshit verbreiten kann, nützen vor allem jenen Menschen, denen daran gelegen ist, alle anderen zu verwirren – mit dem Ziel, ihre eigene Agenda durchzudrücken. Und ausgerechnet sie sind die Lautesten – wie Trump.

Das muss aufhören.

Meinungsfreiheit ist ein Grundrecht. Sie bringt aber auch eine Pflicht mit sich: sie verantwortungsvoll auszuüben, sie nicht zu missbrauchen. Meinungsfreiheit hat dort ihre Grenzen, wo sie den gesamten Planeten in Gefahr bringt.

In der alten Medienwelt gab es Regeln. Chefredakteure, Verleger, Intendanten oder der Presserat wachten darüber, dass kein völlig krudes Zeug die Leute verrückt machte.

Auch unsere neue Medienwelt braucht solche Regeln. Unternehmen wie Facebook und Twitter müssen Verantwortung übernehmen – als Medienunternehmen wie Zeitungen, Radio- und Fernsehsender vor ihnen. Kommentare im Internet, die absichtlich oder unabsichtlich Unfug verbreiten oder Hass säen, braucht kein Mensch. Die können wir abschalten. Und das muss endlich auch beschlossen werden. Vom Bundestag wie von den Redaktionen selbst.

Was wir brauchen, ist eine gemeinsame, verlässliche Faktenlage. Wir brauchen Medien, die uns informieren, die ihrem Bildungsauftrag nachkommen. Und statt der hundertsten Castingshow brauchen wir Bildung, die uns auf die Herausforderungen der Zukunft vorbereitet.

Starten wir ein neues Zeitalter der Aufklärung.

Nennen wir es gerne Aufklärung 2.0 oder Aufklärung reloaded.

Tun wir aber vor allem eines:

Beenden wir die Dummschwätzerei.

10 TO BOLDLY GO …
ERFINDEN WIR UNS EINE NEUE WELT

> Es ist uns gelungen, alle Werte aufzulösen, und nun müssen wir hineinspringen, und nur, indem wir den Mut haben, dort hineinzuspringen in dieses Nichts, können wir die eigensten, innersten schöpferischen Kräfte wieder erwecken und ein neues Phantásien, das heißt eine neue Wertewelt, aufbauen.
>
> MICHAEL ENDE

Ein Spinner, dafür hielten ihn vermutlich die meisten seiner Zeitgenossen. Anfang des 20. Jahrhunderts hatte der Münchner Architekt Herman Sörgel eine ziemlich abgespacte Idee: Er wollte einen über dreißig Kilometer langen Staudamm durch die Straße von Gibraltar bauen und so Europa mit Afrika verbinden. Das Bauwerk wäre an der Basis 2500 Meter breit gewesen, und man hätte rund eine Milliarde Kubikmeter Steine für seine Errichtung benötigt. Weitere Dämme, zum Beispiel in den türkischen Dardanellen, sollten später entstehen, womit das Mittelmeer dann von seinen wichtigen Zuflüssen abgeriegelt gewesen wäre. Es hätte mit der Zeit versanden sollen, und aus den sinkenden Fluten wäre eine riesige neue Landfläche aufgestiegen, vermutlich so groß wie Spanien – Siedlungsgebiet, aber vor allem Rohstofflager und voller Bodenschätze. Sörgel, der sich als Pazifist verstand, träumte auch von einer durchgehenden Bahnverbindung zwischen Berlin, Rom und Kapstadt. Und seine gigantische Sperre zwischen Atlantik und Mittelmeer sollte gar mit einem Wasserkraftwerk ausgestattet sein, dessen Leistung ausgereicht hätte, um das damalige Europa komplett mit Strom zu versorgen.

Sörgel taufte sein Projekt: Atlantropa.

Nachdem er bei einem Unfall in den Fünfzigerjahren verstarb, verschwand Atlantropa, wenig überraschend, in der Mottenkiste der Geschichte. Jetzt ist es wieder da – wenn auch in etwas abgewandelter Form.

Der österreichische Architekt Michael Prachensky hat Pläne für einen Mittelmeerdamm in der Tasche: Er soll zwischen der spanischen Stadt Tarifa und Marokko verlaufen, wo das Wasser nicht ganz so tief ist. Wieder soll der Bau Turbinen zur Stromerzeugung enthalten, aber auch Öffnungen in Form riesiger Betonröhren, durch die selbst Wale und Delphine schwimmen könnten – und die vor allem einen Wasseraustausch zwischen Atlantik und Mittelmeer zulassen. Denn anders als beim alten Atlantropa soll bei Prachenskys Vision das Mittelmeer nicht austrocknen. Mit dem Staudamm will er vielmehr die Anwohner des Mittelmeers vor den Folgen des Klimawandels bewahren. Küstenstädte und Strände in Portugal, Spanien oder auch Italien wären vor dem steigenden Meeresspiegel geschützt. Das Projekt würde wohl einige Milliarden verschlingen, doch verglichen mit den möglichen Schäden und den humanitären Folgen wäre das eine eher geringe Investition.

Noch existiert der Superdamm nur in Prachenskys Kopf. Doch wer weiß. Er könnte genauso schnell oder langsam Realität werden wie das komplette Abschmelzen der Eismassen unserer Erde.

Wir brauchen Spinner. Eine ganze Menge davon. Wer Visionen hat, sollte in Zukunft nicht mehr, wie Helmut

Schmidt einst forderte, zum Arzt gehen. Neben allen anderen Versuchen, den Klimawandel durch eine Senkung der Treibhausgasemissionen und eine klimaneutrale Wirtschaft zu stoppen, müssen wir auch die menschliche Erfindungsgabe bemühen. Denn einige Folgen der globalen Erwärmung sind schon heute unvermeidbar – und wir werden ihnen mit unserem technischen Geschick begegnen müssen.

Die drei großen Baustellen:
Die steigenden Meere.
Die Ernährung.
Und die weitere Erderwärmung mit all ihren Folgen.

Beginnen wir mit den Ozeanen. Schon jetzt gilt als ausgemacht, dass sie bis zum Ende dieses Jahrhunderts anderthalb bis zwei Meter ansteigen werden; läuft alles so weiter wie bisher oder sogar schneller, könnten es auch noch mehr werden. Der Kampf gegen die Fluten der Zukunft ist bereits in vollem Gange. Und ganz vorne mit dabei sind die Niederländer, die naturgemäß Spezialisten in der Zähmung der See sind. Es sieht so aus, als könnten sie die Welt retten – zumindest jenen Teil von ihr, der wie ihr eigenes Land im Meer zu versinken droht.

Eines ihrer großen Projekte ist der Sandmotor am Strand von Kijkduin bei Den Haag. Die Niederländer haben dort eine künstliche Sandbank aufgeschüttet, eine 128 Hektar große Halbinsel aus 21,5 Millionen Kubikmetern Sand. Der Wind und die Meeresströmung sollen den Sand in den kommenden zwanzig Jahren fünfundzwanzig Kilometer weit an der Küste verteilen und so der natürlichen Erosion entgegenwirken. Steigt der Meeresspiegel, erhöht man einfach die Sandmenge. Eine solche Sandmaschine könnte auch für die deutsche Nordseeküste interessant sein, vor allem für die vorgelagerten Inseln, die sich nicht auf die gleiche Weise wie das Festland mit Deichen schützen können.

Die Alternative ist, direkt auf dem Wasser zu bauen. Im Amsterdamer Stadtteil IJburg ist direkt am IJsselmeer eine ganze Siedlung aus schwimmenden Häusern der Architektin Marlies Rohmer entstanden, die an Stahlpfeilern befestigt und durch Stege miteinander verbunden sind – sie heben und senken sich mit der Tide. Ein Konzept, auf das auch Städte wie New York neugierig schielen, die ebenfalls von den Wassermassen bedroht sind. Schwillt der Atlantik an, könnte man die Wall Street vielleicht auf Pontons stellen.

Mit ihrer Expertise sind die Niederländer gerade auf der ganzen Welt willkommene Gäste: Städte wie Mumbai, Kalkutta, Shanghai, Ho-Chi-Minh-Stadt, New Orleans oder Miami buhlen um das Wissen des nordeuropäischen Küstenvolkes, wollen sich mit Deichen, Dämmen, höher gelegten Straßen, hochwassersicheren Wolkenkratzern oder gigantischen Fluttoren vor den anschwellenden Wassermassen schützen.

Doch bei aller Fortschrittsliebe ist selbst den findigsten Tüftlern klar: Viele dieser Projekte sind so aufwendig und teuer, dass sie für ärmere Regionen der Welt nicht infrage und für Inseln im Pazifik bereits zu spät kommen. Außerdem haben die Schutzmaßnahmen nur dann eine Aussicht auf Erfolg, wenn wir den Klimawandel möglichst bald bremsen und die Meere langsam und kontinuierlich ansteigen. Sollte sich alles exponentiell entwickeln, sollten die Meere binnen weniger Jahrzehnte gleich um mehrere Meter und irgendwann sogar um ein Dutzend Meter anschwellen, wird die Lage unkontrollierbar, dann ist selbst menschlicher Erfindungsgabe eine natürliche Grenze gesetzt.

Aber so weit ist es noch nicht. Deshalb ist die Politik gefragt. Sie muss nicht nur alle Hebel in Bewegung setzen, um den Klimaschutz voranzutreiben, sie muss auch in die Klimafolgenbewältigung investieren. Denn noch haben wir die Chance. Wir müssen den Küsten- und Hochwasserschutz weiterentwickeln und dabei möglichst nicht vom besten, sondern vom schlimmsten Szenario ausgehen. Wir müssen ärmeren Ländern mit technischem Know-how und Geld zur Seite stehen, wenn wir Flüchtlingswellen von nicht gekanntem Ausmaß verhindern wollen. Und wir brauchen einen Plan für den Worst Case: Wann ist es an der Zeit, bestimmte Landstriche aufzugeben? Was machen wir mit potenziell mehreren Millionen Menschen, die, wenn alle Stricke reißen, wegen der steigenden Meere ihr Zuhause verlassen müssen?

Keine schönen Gedanken.

Hilft aber nichts. Nur so können wir verhindern, dass aus dem Albtraum Wirklichkeit wird.

> **Jedes Gestern ist nur ein Traum und jedes Morgen nur eine Vision. Also lebt das Heute, so gut ihr könnt, dann wird das Gestern zu einem Traum des Glücks und jeder Morgen zu einer Vision der Hoffnung.**
>
> H. M. MURDOCK, DER VERRÜCKTE IN *DAS A-TEAM*

Was tun wir Menschen ohne Nahrung und Wasser? Klar, irgendwann sterben wir. Doch bevor wir das tun, setzen wir uns, wenn wir können, in Bewegung und begeben uns auf die Suche nach besseren Lebensbedingungen. Notfalls kämpfen wir auch dafür. Das ist in unserer Spezies irgendwie so einprogrammiert.

In diesem Sinne droht uns ein Szenario wie aus dem Film *Die kommenden Tage,* der in der nahen Zukunft spielt und bei dem sich die europäischen Länder hinter einer Mauer verschanzt haben, um sich vor dem hungernden Rest der Welt zu schützen. Denn der Klimawandel bedroht unsere Ernährung.

Natürlich unterscheiden sich Anbaugebiete klimatisch, und auch Kulturpflanzen sind verschieden – dennoch gibt es eine Faustregel, wie sich die globale Erwärmung auf Ernteerträge auswirkt. Aufgestellt hat sie das International Rice Research Institute in Manila bereits in einer Studie von 2004: Demnach sinken mit jedem Grad Erwärmung jenseits der 30-Grad-Schwelle die Ernteerträge bei Mais, Weizen oder Reis um zehn Prozent. Steigen die Temperaturen über 40 Grad Celsius, tendieren sie gegen null. Deshalb wird sich zukünftig bei einer weiteren Erwärmung die Lage in Anbaugebieten, die schon heute von Dürren gebeutelt sind, kaum entspannen: Dazu zählen Spanien, Italien, weite Teile des Nahen Ostens, Australien, Südamerika, Afrika, China – alles Länder, die derzeit noch für einen Großteil der weltweiten Nahrungsproduktion sorgen.

Nun könnte man annehmen, dass sich in anderen Ländern, wie zum Beispiel Grönland oder den nördlichen Regionen Kanadas oder Russlands, durch die steigenden Temperaturen neue Anbaugebiete öffnen. Doch ganz so einfach ist es nicht. Denn nicht nur die Temperatur muss stimmen, auch der Boden muss fruchtbar sein, was für viele jener Gebiete nicht zutrifft. Das kann sich natürlich ändern, in vielen Dekaden, aber wahrscheinlich nicht so schnell, wie wir andernorts landwirtschaftliche Flächen verlieren werden. Wir können unseren Anbau also nicht ohne Weiteres ein paar Tausend Kilometer weiter weg in eine andere Region verlegen.

Das gilt umso mehr, da die Landwirtschaft weltweit mehr und mehr zu einem Vabanquespiel wird. Sie beruht auf einer geregelten Abfolge der Jahreszeiten, und gerade auf die ist in letzter Zeit immer weniger Verlass. Zudem droht in vielen Anbaugebieten Wasserknappheit. Schmelzen die Schnee- und Eismassen in den Bergen ab, versiegen auf lange Sicht Flüsse und Seen, Talsperren trocknen aus – und dann sitzen wir auf dem Trockenen. Und ohne Wasser keine Landwirtschaft.

Dummerweise versiegen auch andere Nahrungsquellen nach und nach. Die Erwärmung und Versauerung der Ozeane und die Korallenbleiche ziehen die Unterwasserwelt in arge Mitleidenschaft. So sie nicht sowieso schon überfischt oder am Plastikmüll verreckt sind, verlagern Meeresbewohner ihren Lebensraum, viele werden mittel- bis langfristig vollständig verschwinden. Daher könnten also auch die Meere als Futterquelle für uns ausfallen.

Und das alles wird geschehen, während die Passagierzahl unseres terrestrischen Raumkörpers unaufhaltsam von Rekord zu Rekord klettert. Aktuell leben etwas mehr als sieben Milliarden Menschen auf unserem Planeten. Schon heute werden nicht alle satt, viele sind von der Wasserversorgung abgeschnitten, verdursten und verhungern. Die Vereinten Nationen schätzen, dass es bis Ende dieses Jahrhunderts über elf Milliarden Exemplare unserer Spezies geben wird. Es könnte sein, dass wir bis dahin nur noch halb so viel Nahrung und Wasser zur Verfügung haben.

Wir müssen uns also was einfallen lassen.

Jedes Kind, das an Hunger stirbt, wird ermordet.
JEAN ZIEGLER, SOZIOLOGE, POLITIKER, AUTOR

Wenn wir planen, weniger Überschuss in einigen Regionen zu produzieren und alle Menschen überall satt zu bekommen, ist es hinderlich, wenn Anbauflächen ausfallen, weil sie vom Klimawandel verwüstet sind. Deshalb denken Wissenschaftler und Landwirte bereits über alternative Anbaumethoden nach. Einer der heißen Trends: Indoor Farming. Dabei wird der Anbau in vertikale Gewächshäuser verlagert – die sparen nicht nur Platz, sondern können klimaunabhängig an fast jedem Standort aufgebaut werden, zum Beispiel in Metropolen, wo zukünftig ohnehin die Mehrheit der Weltbevölkerung leben wird. Der Bonus: Lange (und CO_2-intensive) Transportwege entfallen.

Wenn wir uns nicht völlig von der Vorstellung verabschieden wollen, in Zukunft mal die gesamte Menschheit vernünftig ernähren zu können, werden wir uns aber auch mit – zumindest hierzulande – unpopulären Möglichkeiten auseinandersetzen müssen. Vielleicht reicht es aus, auf altes Saatgut zurückzugreifen, wie es in Saatgutbanken in Balasore, Indien, bereits der Fall ist. Vielleicht müssen wir aber auch mittels Gentechnik noch mehr ins Erbgut von Pflanzen eingreifen, um sie resistenter zu machen und sie den neuen klimatischen Bedingungen anzupassen? Oder werden wir gar wie in der Ökodystopie *Soylent Green – Jahr 2022 ... die überleben wollen* künstliche Lebensmittel aus Soja oder Linsen entwickeln, die alle wichtigen Nährstoffe enthalten und so günstig zu produzieren sind, dass sie der gesamten Menschheit als Nahrung dienen? Und werden wir in Teilen der Welt die Wasserversorgung nur mit gigantischen Meerwasserentsalzungsanlagen aufrechterhalten können?

Alles keine richtig prickelnden Aussichten, zumal das angebliche Pflanzenprodukt Soylent Green im Film in Wahrheit aus Menschen gemacht ist.

Angenehmer wäre es, die Temperatur unseres Planeten in einem Korridor zu halten, der uns herkömmliche und natürliche Anbauweisen erlaubt – und bei denen Wasser keine Mangelware wird. Zumal eine weitere ungebremste Erderwärmung wie beschrieben noch andere unangenehme Folgen wie Hitzewellen, zusammenbrechende Klimaelemente oder neue Krankheiten mit sich bringen würde.

Die wichtigste aller Fragen lautet daher nicht: Was tun wir gegen die Folgen des Klimawandels? Sondern möglichst: Wie stoppen wir ihn?

Wir haben den Klimawandel mit der modernen Technik, die wir erfunden haben, in Gang gesetzt. Es könnte also gut sein, dass wir neue Technologien erfinden müssen, um ihn anzuhalten.

Ein nicht unerheblicher Teil der Klimaforscher geht nämlich davon aus, dass es nicht ausreichen wird, unsere CO_2-Emissionen drastisch zu senken, um eine größere Katastrophe zu verhindern. Weitere Maßnahmen seien notwendig, die allgemein mit dem Begriff »Geoengineering« bezeichnet werden: technische Eingriffe in das Klima unseres Planeten mittels Geo- oder Biogeochemie.

Wallace Smith Broecker, der Mann, der nicht nur die Förderbänder des Meeres untersuchte, sondern so ganz nebenbei den Begriff »globale Erwärmung« erfand, besteht zum Beispiel darauf, dass wir nicht umhinkommen, das überschüssige Kohlendioxid auch wieder aus der Atmosphäre zu saugen – und auch die meisten Szenarien des Weltklimarats, die halbwegs glimpflich für uns verlaufen, basieren auf dieser Möglichkeit.

Wie das gehen könnte, probiert gerade die Schweizer Firma Climeworks aus. In Hinwil hat sie den Prototyp eines riesigen CO_2-Staubsaugers gebaut, inzwischen hat sie in sechs Ländern neun CO_2-Filterauflagen installiert.

Die Anlagen holen mittels spezieller Filter pro Jahr bis zu 900 Tonnen Kohlendioxid aus der Luft. Das CO_2 wird anschließend über Schläuche in ein Gewächshaus gepumpt, wo es dafür sorgt, dass Obst und Gemüse besser gedeihen. Sollte die Methode erfolgreich sein, kann die Kapazität der Anlage ausgebaut werden.

Die noch junge Trickkiste des Geoengineerings ist voll solcher Ideen. Heliumballons könnten Schwefeldioxid – das auch bei Vulkanausbrüchen frei wird – in der Atmosphäre ausbringen, wo es Sonnenstrahlen reflektiert und die Erderwärmung abschwächt. Gleiches könnte aber auch mit künstlichen Wolken gelingen oder Sonnensegeln, die im Weltraum zwischen Sonne und Erde positioniert werden. Auch transparente Scheiben sind im Gespräch, die in die Erdumlaufbahn gebracht werden.

Es gibt noch unzählige andere Ideen, und sie haben leider fast alle den gleichen Haken: Keine ist ausgereift, außerdem kennen wir die Nebenwirkungen nicht. Heiß diskutiert wurde beispielsweise das Verfahren CCS (Carbon Capture and Storage), bei dem der Ausstoß von Kohlekraftwerken als flüssiges Gas in die Erde geleitet wird – Umweltschützer haben Pilotprojekte durch heftige Proteste in Deutschland schon zu Fall gebracht, sie argumentieren, dass man noch nicht weiß, was das Gas unter der Erde so alles anstellt.

Natürlich kann Geoengineering auch klappen, wir könnten aber Prozesse in Gang setzen, die wir bereuen, weil sie alles nur noch schlimmer machen. Es wäre nicht das erste Mal, dass wir Menschen etwas erfinden, das zwei Seiten hat.

Von vornherein abschreiben sollten wir neue Technologien zwar nicht; sie müssen weiterentwickelt werden, bis wir ihre Folgen einigermaßen abschätzen können. Bis dahin bleibt das Geoengineering aber eher die letzte Reißleine, die wir ziehen können, dann, wenn es ohnehin schon fast zu spät ist und wir nichts mehr zu verlieren haben. Und es kann nur funktionieren, wenn wir gleichzeitig eine technische Revolution einleiten, die klimaneutrale Produktion möglich macht. Denn sonst nützt alle Extraktion von Kohlendioxid aus der Atmosphäre nix, wenn wir gleichzeitig weiter so viel davon ausstoßen.

Vorher sollten wir besser auf Dinge zurückgreifen, die sich bereits bewährt haben: so wie Sebastião Salgados Regenwaldaufforstung beispielsweise. Und eine möglichst umweltfreundliche Lebensweise.

> Wenn der Mensch tatsächlich ein geologischer Faktor geworden ist, müssten wir mit dem Wissen, das wir mittlerweile haben, die Dinge auch ins Positive wenden können. Es gibt aber nicht den einen Knopf, den wir drücken können, und alles ist gut. Wir müssen an vielen Schrauben drehen und über Fachgebietsgrenzen hinweg zusammenarbeiten.
>
> **REINHOLD LEINFELDER, GEOBIOLOGE**

Wir können uns also nicht blindlings darauf verlassen, dass ein schlauer Tüftler die Weltrettung ausbaldowert. Wir können uns auch getrost davon verabschieden, das nachfolgenden Generationen zu überlassen. Die werden sich nämlich schön dafür bedanken.

Es ist an uns. Wir sind vermutlich die letzte Generation, die eine Klimakatastrophe noch abwenden kann.

Alle Fakten liegen jetzt auf der Hand.

Nur, wenn wir nichts tun, dann steht fest:

Wir sind tatsächlich zu doof, die Welt zu retten.

NACHWORT
Das Ende

> Wenn du nicht magst,
> wie der Tisch gedeckt ist,
> dann dreh den Tisch um.
>
> FRANK UNDERWOOD,
> IN: *HOUSE OF CARDS*

Der Regen scheint gar nicht wieder aufhören zu wollen, während wir drinnen sitzen und die letzten Seiten des Manuskripts durchgehen. Er kommt schräg von der Seite, prasselt gegen die Scheibe des Altbaufensters, als ob jemand einen Brausekopf dagegenhält.

Auf den Straßen Berlins steht das Wasser bereits knöchelhoch, Sirenen sind zu hören. Und so langsam gibt die Dichtung des Fensters auf, und ein Rinnsal Regenwasser bahnt sich seinen Weg zu uns ins Innere.

Schnell holen wir Handtücher und legen sie davor, um die Nässe einzudämmen und damit die alten Eichendielen keinen Schaden nehmen. Zehn große Badehandtücher sind klitschnass, bis der Guss in den späten Abendstunden endlich schwächer wird.

Das war 2017. Im darauffolgenden Jahr erlebten wir genau das umgekehrte Extrem: Es regnete so gut wie gar nicht.

Was erwartet uns im nächsten Jahr?

Keine Frage, wer bis jetzt noch nicht verstanden hat, dass der Klimawandel auch bei uns in vollem Gange ist, ist entweder von den steigenden CO_2-Werten etwas benommen in der Birne, Mitglied bei der AfD oder ultrareligiös.

> Es gibt nur einen Weg, wie man in einem Kampf gegen Leute siegen kann, die viel zu verlieren haben – indem man eine Massenbewegung startet mit all den Menschen, die viel zu gewinnen haben.
>
> NAOMI KLEIN

Inzwischen macht das Wetter halt, was es will. Nicht nur wie früher im April, sondern in allen anderen Monaten auch.

Und deswegen machte es uns auch einen Strich durch unsere ursprüngliche Rechnung: Eigentlich wollten wir nämlich ein lustiges Buch schreiben. Der Verlag freute sich und setzte im Katalog auf Werbung über ein Sachbuch, das den Witz an der heutigen Weltlage zeigt. Und wir hätten durchaus Spaß gefunden, uns über die verqueren Ansichten einiger Politiker, Wirtschaftsbosse und Handybenutzer lustig zu machen. Schließlich sind auch wir beiden Autoren hier auf dieser Welt, um uns zu amüsieren.

Doch es kam anders. Je mehr wir über den Zustand der Welt lasen, desto klarer wurde uns: Die Lage ist zu ernst.

Das passte uns gar nicht. Immerhin haben wir vor über zehn Jahren mit dem Schreiben angefangen, weil wir uns im gemeinsamen Büro eines Verlags so viele lustige Anekdoten erzählt haben, dass wir einfach ein Buch draus machen mussten. Wir nannten es *Generation Doof*.

Aber je mehr wir jetzt lasen, umso klarer wurde auch, dass fast alles Übel dieser Welt – von den Umweltverschmutzungen über die Flüchtlingswellen bis hin zur Wirtschaftskrise – direkt oder indirekt mit einem großen Thema zusammenhängt: dem Klimawandel.

Ob wir wollen oder nicht – der Klimawandel wird unsere Zukunft bestimmen. Und darum ist es überheblich von den Politikern auf den Klimakonferenzen oder in den Parlamentsdebatten, zu denken, die Natur ließe mit sich verhandeln. Der Natur ist es schnuppe, was wir vereinbaren oder ob wir um Fristverlängerungen pokern. Die Natur macht einfach. Und wenn es zu spät ist, dann ist es eben zu spät. Pech gehabt.

> **Fleischessen und Urlaubsflüge haben doch nichts mehr mit persönlicher Freiheit zu tun. Wir dürfen nicht die Freiheit haben, die Welt zu ruinieren, Millionen Menschen verhungern zu lassen und 21 Hühner pro Quadratmeter zu halten. Hier geht's längst nicht mehr um persönliche Freiheit. Hier geht's um die Wurst. Das sind doch Straftaten. Das muss man per Gesetz regeln. Vernünftige Dinge machen die Menschen nicht freiwillig. Kein Mensch zahlt freiwillig Steuern, damit das Gemeinwesen erhalten bleibt.**
>
> HAGEN RETHER

Wir wollten ursprünglich auch nicht davor warnen, was passiert, wenn wir einfach so weiterleben wie bisher. Wer will schon eine Spaßbremse sein und anderen Leuten sagen, dass es so nicht mehr weitergeht? Keiner.

Wir hatten das auch nicht geplant. Ob man es glaubt oder nicht: Wir sind nämlich eigentlich keine Weltverbesserertypen, sondern ganz normale Leute. Wir sind gesellig, tragen gerne Jeans, benutzen Computer und Smartphone, würden gerne ein dickes Auto fahren, schauen

Netflix, grillen gerne, und wir lieben Reisen und unseren Lebensstil aus Familie, Freizeit und Party.

Wir waren anfangs selbst skeptisch – ist wirklich was dran am Klimawandel? Hat die ganze Klimaforschungsbranche nicht einen ziemlich schlechten Ruf? Ist die globale Erwärmung am Ende eine Verschwörungstheorie?

Nachdem wir uns knappe zwei Jahre mit dem Thema befasst, unzählige Studien und Artikel gelesen und Gespräche geführt haben, müssen wir sagen: So viele Forscher können sich nicht irren. Und außerdem konnten wir – wie so viele andere Menschen rund um den Globus – in dieser Zeit selbst spüren, dass sich etwas ändert in unserem Klima.

Das ist ein bisschen blöd. Denn nach aller Recherche und dem Schreiben machen wir uns jetzt ständig Gedanken – über den CO_2-Ausstoß einer Reise, über das Fleisch auf dem Burger, über unsere technischen Gadgets.

Denn klar, wenn wir weiter so leben und das alle so machen, ständig, dann werden unsere Nachfahren eine Welt vorfinden, in der das Leben nicht mehr lebenswert ist. Die Herren der Doomsday Clock, die wir eingangs erwähnten, sagen, dass es zweieinhalb Minuten vor zwölf ist. Wenn wir uns die Kipppunkte im System anschauen, könnte man meinen, es sei schon zweieinhalb Minuten danach. Und deswegen mussten wir das Risiko eingehen, dass der ein oder andere das, was wir schreiben, nicht gerne liest.

> **Noch sind wir zwar keine gefährdete Art, aber es ist nicht so, dass wir nicht oft genug versucht hätten, eine zu werden.**
>
> DOUGLAS ADAMS, IN: *DIE LETZTEN IHRER ART*

Wir sind nämlich verdammt spät dran. Schon seit den Achtzigerjahren, der Zeit, in der wir jung waren, begleitet uns der Klimawandel; man hätte also auch früher auf den Trichter kommen können. Klar, wir waren einigermaßen gut beschäftigt mit Ozonloch und Waldsterben, aber es erstaunt doch, wie aktuell sich manche Artikel lesen, die damals zum Klimawandel erschienen – und es mutet gespenstisch an, dass wir trotz dieser Infos nichts getan haben.

»Das Weltklima gerät aus den Fugen«, titelte der *Spiegel* schon im Sommer 1986 und warnte vor Überflutungen im Jahr 2040, vor Wirbelstürmen und Dürren. In der Rückschau kommt es einem überraschend vor, dass die Klimaforschung zu diesem Zeitpunkt schon 15 Jahre lang ausgesprochen beunruhigt vor dem globalen Klimadesaster warnte.

Was damals in so weiter Ferne lag, dass die deutschen Physiker noch eine Reduktion aller Emissionen um zwei Prozent pro Jahr forderten, um die Erwärmung auf ein Grad zu begrenzen, steht heute vor unserer Haustür. Die damaligen Forderungen wirken niedlich, im Vergleich zu dem, was wir jetzt umstellen müssen, um noch unter der 2-Grad-Schwelle zu bleiben (von der, wie wir geschrieben haben, auch keiner so genau weiß, welche Folgen sie mit sich bringen würde).

Es ist, als hätten wir Menschen auf unserer To-do-Liste die Abschlussarbeit immer weiter nach unten geschoben, weil uns so viel täglicher Kleinkram dazwischengekommen ist. Und nun steht die Deadline kurz bevor, und wir haben allenfalls die ersten paar Sätze geschrieben.

Es ist Zeit, dass wir endlich alle handeln, von den Politikern über die Wirtschaft bis hin zu uns Normalbürgern. Während die Parteien darum ringen, gleichzeitig die Interessen der Industrie und den Klimawandel unter einen ausgesprochen löchrigen Hut zu bringen, steigen die Meere und die Temperaturen, und die Naturkatastrophen müssen bald umbenannt werden, da sie menschengemacht sind. In Menschenkatastrophen.

> **Die Idee, dass unsere Hochkultur sich ihrem Untergang nähert, wenn wir so weitermachen wie bisher, ist nicht einfach zu verstehen und zu akzeptieren.**
>
> LESTER BROWN, GRÜNDER DES EARTH POLICY INSTITUTS,
> IN: *DIE WELT AM ABGRUND*, 2011

Wie so oft im Leben, gibt es auch hier ein kleines Vorbild aus der Menschheitsgeschichte: Es gibt nämlich fast keine doofe Sache, die nicht schon einmal geschehen wäre. Es kommt sogar vor, dass wir Menschen posthum Dusel haben und ein UNESCO-Weltkulturerbe dabei entsteht.

Wie in Honduras, in Copán. Die Ruinen von Copán sind ein Zeugnis großer Baukunst, und ihre Hieroglyphen erzählen – was man erst spät herausfand – sehr detailreich vom Aufstieg und Niedergang der Kultur.

Zunächst hielten die Archäologen die Maya für ein friedliches Volk, das sich spirituellen Bräuchen hingab, kunstvolle Bauten schuf und im Einklang mit der Natur lebte. Als jedoch die Hieroglyphen auf den Steinruinen von Copán entschlüsselt wurden und durch Ausgrabungen auch Knochenfunde untersucht werden konnten, ergab sich ein radikal anderes Bild.

Die in den Hieroglyphen dargestellten Ballspiele sollten die Sonnenaktivität beeinflussen, Opferungen (auch Menschenopfer, sogar an Babys) und Selbstverstümmelungen sollten die Götter dazu bewegen, für das vergossene Blut Regen zu bringen. Auf den Steinmauern entfaltete sich plötzlich das Bild eines Volkes, das mit den Nachbarvölkern in ständigem Clinch lag und das wegen einer Nahrungsknappheit eine einst blühende Stadt verlassen musste, weil sie zu einem Ort geworden war, an dem es nicht genug zu essen gab. »Die meisten von ihnen starben wahrscheinlich an den Folgen der Überbevölkerung«, sagt die Anthropologin Rebecca Storey, die Knochenfunde aus Copán untersucht hat. »Mangelernährung und Infektionen töteten viele Kinder, und sogar die Erwachsenen, die überlebten, starben irgendwann durch die Folgen der Unterernährung.«

Was war geschehen?

Die Maya hatten ein Problem – und sie hatten es selbst gemacht: Eigentlich war Copán der perfekte Ort zum Leben – es ist eine sehr fruchtbare Gegend, weil das Tal am Fluss gelegen ist und es dort jede Menge Land gibt, das für den Anbau und die Viehzucht geeignet ist. Doch die Maya nutzten genau dieses Land, um ihre Stadt darauf zu bauen. Um Ackerbau und Viehzucht zu betreiben, rodeten sie den umliegenden Wald. Mit wenigen Bewohnern wäre das noch kein Problem gewesen. Aber die Stadt wuchs und gedieh – zeitweise lebten dort 20 000 Menschen, für die damalige Zeit eine enorme Zahl, und sie sorgten für eine ebenso enorme Verschmutzung. Außerdem musste für ihren Bedarf an Nahrungsmitteln immer mehr Wald abgeholzt werden – in einem Umkreis von vierzig Kilometern rund um die Anlagen der Stadt. Ohne die Bäume erodierte der Boden, wurde trocken, und es gab keine Wolken mehr im Tal. Keine Wolke, kein Regen, kein Essen – die Felder verdorrten. Nur wenig später war der Spaß vorbei: Nachdem die Götter sich auch durch Opfer nicht hatten bezirzen lassen, das Land wieder fruchtbar zu machen, brach die Regierung zusammen, die letzten Bewohner verließen die Stadt und suchten ihr Heil woanders.

So schnell kann das gehen, wenn eine Zivilisation untergeht.

Wir können die mangelnde Weitsicht der Maya belächeln oder uns an den tollen Ruinen erfreuen. Aber so ganz anders benehmen wir uns selbst auch nicht: Für unsere Bedürfnisse – sei es Essen, Reisen oder das neue Handy – wird die Umwelt, unsere Lebensgrundlage kaputt gemacht. Währenddessen sichern wir uns im Alltag auf jede erdenkliche Weise ab – Gurte, Airbags, nur TÜV-geprüfte Sachen für den Nachwuchs –, aber gegen das größte Problem, den Klimawandel, unternehmen wir kaum etwas.

Es gibt keine Versicherung gegen Klimawandel und Weltuntergang. Dabei sind wir – wenn es ganz dumm läuft – vielleicht die letzte Generation, die das Ruder noch rumreißen kann.

> **Sei du selbst die Veränderung, die du dir wünschst für diese Welt.**
> MAHATMA GANDHI

Die schlechte Nachricht ist: Wir werden alle sterben. Solange noch keiner die Unsterblichkeit erfunden hat – auch wenn man uns ständig davon erzählt, wie hart Forscher daran arbeiten –, werden wir nach dem Stand der Dinge früher oder später das Zeitliche segnen.

Die gute: Wenn's gut läuft, ist der Grund nicht der Weltuntergang durch Klimawandel. Wir haben es in der Hand.

Während wir dieses Buch schrieben, sind Menschen gegen Trump und für Klimaschutz auf die Straße gegangen. Der *March Of Science* fand weltweit statt, und viele Menschen beteiligten sich. Wir waren selbst auf einigen Demos, bei denen es, wie bei der *Wir haben's satt* in Berlin um eine umweltgerechtere Landwirtschaft oder bei *Ende Gelände* im Rheinland um eine klimafreundlichere Energie und weniger Landzerstörung ging.

Die 23. Klimakonferenz in Bonn wurde vorbereitet. Online-Petitionen gegen Klimachaos und für die Natur wurden von vielen Menschen unterzeichnet, Umweltorganisationen haben Spenden erhalten, und der eine oder andere hat sich sicher in dieser Zeit für einen umweltfreundlichen Lebensstil entschieden – immerhin steigt die Zahl an Menschen, die sich rein pflanzlich ernähren, stetig, und auch die Plastikgegner werden immer mehr.

Das bedeutet, dass vieles auf dem Weg ist. Und dass es viele Menschen gibt, die sich nicht einfach so damit zufriedengeben wollen, wenn ihre Welt zerfällt.

Das ist doch schon mal was. Aber es ist nicht genug.

Wie dieses Buch hoffentlich zeigt, müssen wir mit der Weltrettung jetzt wirklich aufs Gas drücken. Oder eher: den Fuß vom Gas nehmen und uns öfter für einen nichtfossilen und klimafreundlichen Lebensstil entscheiden.

Hinschauen ist der erste Schritt, und der ist, wenn du diese Seiten liest, schon gemacht. Und Respekt: Da es schon ein bisschen wehtut, dass wir in der sogenannten »ersten Welt« letztlich oft Verursacher der Umweltprobleme sind, ist das umso mutiger, den Blick auch dann nicht abzuwenden.

Damit das Ganze lesbar und überschaubar bleibt, haben wir uns auf eine Reihe von Fakten konzentriert, die uns gesichert erscheinen. Es gäbe noch viel mehr zu sagen, die Ergebnisse wissenschaftlicher Forschung sind vielfältig und wachsen ständig an. Größer ist nur die Zahl der Prognosen – Wissenschaftler untersuchen derzeit beispielsweise, inwieweit der Klimawandel und die abtauenden Permafrostböden zur Freisetzung neuer unbekannter Bakterien und Viren führen, die uns Probleme bereiten könnten. Es gibt Untersuchungen über Auswirkungen auf Saatgut, Bodenqualität und veränderte Blühzeiten, die unsere Flora und Fauna beeinträchtigen. Wir haben das nicht erwähnt, weil wir das Ganze nicht ausufern lassen wollten. Und ein großes Problem, das Bienensterben, vor dem die UNO schon 2011 warnte, ist nicht angesprochen – vielleicht müssen wir also künftig Blüten mit kleinen Pinselchen selbst bestäuben (wie dies in China bereits der Fall ist).

Überdies haben wir aus Gründen der Lesbarkeit einige Vereinfachungen vorgenommen, um physikalische und geologische Prozesse plastischer darzustellen. Und wir haben auch darauf verzichtet, in Kapitel 6 den Unterschied zwischen CO_2 und CO_2e – also CO_2-Äquivalenten – aufzuführen, zumal dies auch in Zeitungsartikeln oft nicht genau unterschieden wird. Der guten Ordnung halber: Das Wort CO_2-Äquivalent oder Treibhauspotenzial drückt aus, wie viel Erwärmungswirkung auch andere Treibhausgase wie Methan oder Lachgas im Vergleich mit CO_2 haben, um sie in die Rechnung einzubeziehen –

um dann wirklich zu berechnen, wie klimaschädlich etwas ist, das wir konsumieren, müssen wir diese Mischgaskalkulation machen, statt nur das CO_2 zu betrachten. Doch man muss Abstriche machen – wir wollten ein leicht verständliches Buch zum Klimawandel schreiben, das zeigt, wie ernst die Lage ist.

> **Unsere Enkel werden uns sicher dafür verantwortlich machen, wenn sie herausfinden, dass wir vom menschengemachten Klimawandel wussten und nichts dagegen unternommen haben.**
>
> NAOMI ORESKES, PROFESSORIN FÜR WISSENSCHAFTSGESCHICHTE AN DER HARVARD UNIVERSITY

Denn wir haben Hoffnung. Dass die Vernünftigen auf dieser Welt in der Überzahl sind. Dass sie bereit sind, sich nicht länger einlullen zu lassen, und aktiv werden. Was so erstaunt, ist, dass wir das, was mit unserem Lebensraum geschieht, einfach über uns ergehen lassen. Wir dürfen es nicht mehr hinnehmen, dass der Alarm zwar vor jeder Klimakonferenz groß ist, dass danach aber wieder andere Nachrichten hochgekocht werden und der Kampf gegen die globale Erwärmung nur noch auf kleiner Flamme weitergeköchelt wird.

Es scheint fast so, als ginge es um nichts, dabei geht es um alles: um die Art, wie wir leben werden. Um unseren Wohlstand. Unsere Gesundheit. Und die Zukunft unserer Kinder. Und deswegen dürfen wir nicht nachlassen.

»Es ist zu spät, um Pessimist zu sein«, sagt Yann Arthus-Bertrand. Er ist der Regisseur des Films *Home*, in dem er uns mit den Bildern von unserem schönen Planeten einen wahren Rausch verpasst. Arthus-Bertrand liegt unser Habitat am Herzen – seine Botschaft ist eindeutig: Wir müssen etwas tun, damit unsere Erde auch in Zukunft ein Ort ist, an dem wir gerne leben.

Aber worum geht es genau? Dass Rotkopfwürger, Kampfläufer oder Uferschnepfe laut der Roten Liste des NABU wahrscheinlich bald vom Antlitz der Erde verschwunden sind, wird neun von zehn Leuten an der Supermarktkasse komplett am Einkaufskorb vorbeigehen. Wenn Yak, Zitteraal oder Flachlandtapir fehlen, merken wir davon in Düsseldorf, Hamburg oder Stuttgart vermutlich nicht viel, und wahrscheinlich ist es für das Leben des gemeinen Westeuropäers auch völlig unerheblich, ob die Knoblauchkröte ihren letzten Atemhauch tut. Es geht auch nicht um irgendeine abstrakte Natur oder um die Erde. Der Erde ist es, auf gut Deutsch gesagt, scheißegal, was wir tun. Ein paar Milliönchen Jahre, und es ist nicht mal mehr eine vage Spur von uns Menschen zu erkennen.

Nein.

Denn darin sind sich die meisten Menschen einig: Existieren ist eine super Sache. Und die Erde ein ausgesprochen schöner Ort, um darin zu leben. Wir jedenfalls kennen keinen besseren.

Es geht darum, diesen Ort für *uns selbst* zu bewahren. Unser Habitat ist in Gefahr. Es ist die Luft, die wir atmen müssen, um zu überleben, und wenn uns das selten bewusst ist, liegt es daran, dass die meisten von uns – anders als die Australier im Angry Summer – das noch ohne Probleme tun können. Es geht um das Wasser, das wir trinken und das derzeit zumindest in unseren Breitengraden noch problemlos aus dem Hahn zu zapfen ist. Und es geht darum, dass wir noch in einem Klima leben, das uns meist gefahrlos erlaubt, das Haus zu verlassen und uns sogar mehrere Stunden am Stück draußen aufzuhalten.

Die Erde ist (noch) ein Platz, an dem wir lange Strandspaziergänge genießen, den köstlichen Duft von Blumen einatmen, Vögel zwitschern hören, mit der Luft des Waldes beim Sonntagsspaziergang unsere Lungen füllen, uns leckeres Gemüse und Früchte auf der Zunge zergehen lassen. Ein Ort, der uns alles gibt, was wir brauchen. An dem wir Spaß haben, uns verlieben, eine Zukunft aufbauen, unsere Kinder aufwachsen sehen, in Frieden leben wollen. Pessimismus, da hat Arthus-Bertrand recht, wäre in unserer Lage fehl am Platz.

Wir müssen aufstehen und etwas ändern, wenn wir wollen, dass sich was ändert. Es ist an uns, gerade an jenen, die keine Politiker, Weltstars oder Großindustrielle sind (an denen sowieso!). Wir haben nämlich einen Vorteil: Wir sind in der Mehrzahl. Und das heißt: Wir können was bewirken. Keiner muss Superman oder Wonderwoman sein, aber alle müssen mithelfen.

Wir müssen lernen, wieder so naiv an die Weltrettung heranzugehen, wie wir das als Kinder getan haben. Als wir noch an ein gutes Ende glaubten.

> **Don't blow it – good planets are hard to find.**
> *TIME MAGAZINE*

Irgendwann in den frühen Achtzigern. Wir liegen im Frotteeschlafanzug eingekuschelt unter der Daunendecke im Bett und lassen den Strahl der Taschenlampe über die dunkelgrünen und purpurfarbenen Buchstaben gleiten. Phantásien ist gerade dabei unterzugehen, eine Welt voller

Fabelwesen wie dem Felsenbeißer, dem Irrlicht und dem Winzling mit seiner Rennschnecke, die uns schon auf den ersten Seiten ans Herz gewachsen sind und die nun vom alles verschlingenden Nichts bedroht werden. In unserer Vorstellung verbünden wir uns mit dem tapferen Jägerjungen Atréju aus dem Gräsernen Meer und fliegen mit dem perlmuttschuppigen Glücksdrachen Fuchur über die weiten Lande dem Elfenbeinturm entgegen, wo die Kindliche Kaiserin auf einen neuen Namen wartet. Bevor wir ihr diesen geben können, fallen uns jedoch die Augen zu, und während wir ins Land der Träume hinübergleiten, schwören wir uns: Wären wir Bastian Balthasar Bux, wir würden nicht einen Moment zögern, die Welt zu retten!

Wer sie einmal gelesen hat, *Die unendliche Geschichte* von Michael Ende, den lässt sie nie wieder richtig los. Und so lesen wir das Buch heute unseren eigenen Kindern vor, wenn sie sich im Frotteebademantel im Kinderbett an uns kuscheln und unseren Worten lauschen. Sie halten uns, ihre Mütter und Väter, für Helden, die sie vor dem Bösen beschützen.

Es ist deshalb an der Zeit, dass wir uns an unseren alten Kinderschwur erinnern und den angestaubten Glücksdrachen aus der Garage zerren, um nach langer Zeit wieder ins Abenteuer zu fliegen.

Denn wieder harrt eine Welt unserer Rettung.

Nur diesmal ist es unsere eigene.

Und wenn wir jetzt nicht handeln, dann haben die Geschichten unserer Kinder kein Happy End, und sie sind nicht unendlich. Denn wir sind die Generation, die als letzte die Möglichkeit hat, etwas zu ändern – oder die Generation Weltuntergang.

Worauf warten wir noch?

WIR SIND DANKBAR

Wir danken unserem Verlag Droemer Knaur und den Verlagsvertretern, die an unser Vorhaben geglaubt und uns erneut geholfen haben, unsere Ideen zwischen zwei möglichst umweltfreundliche Buchdeckel zu verpacken und in die Buchhandlungen zu bringen. Und weil wir euch so dankbar sind, möchten wir euch eins nicht vorenthalten:

Künftig werdet ihr vielleicht bei den Gesprächen in den Buchhandlungen, bei Konferenzen und der täglichen Arbeit … ohne Kaffee auskommen müssen.

Wie der *Guardian* jüngst berichtete, wird durch die Erwärmung in den nächsten Jahrzehnten der Kaffeeertrag auf den Plantagen in Äthiopien um bis zu 60 Prozent geringer ausfallen. Bis 2050 ist die Hälfte aller Anbauflächen für Kaffee weltweit durch den Klimawandel gefährdet.

Uns Achtzigerfans erinnerte das an die Szene in *Die unglaubliche Reise in einem verrückten Raumschiff*, bei der die Bordassistentin verkündet, man sei um »eine kleine Kante«, nämlich eine halbe Million Meilen vom Kurs abgekommen. Verständnisvolles Getuschel unter den Passagieren.

»Die Bumser, die Sie spüren, sind Asteroiden, die gegen die Außenhaut des Schiffs geschleudert werden, außerdem fliegen wir ohne Navigationssystem und können offenbar unseren Kurs nicht korrigieren.«

Wieder verständnisvolles Getuschel. Dann springt ein Passagier auf: »Miss, sagen Sie uns auch absolut alles, was los ist?«

»Nicht ganz«, sagt sie peinlich berührt. »Leider ist uns auch der Kaffee ausgegangen.«

Panik bricht aus, die Lage an Bord gerät außer Kontrolle.

Vielleicht wird es so auch beim Klimawandel sein – vielleicht ist die Kaffeeknappheit unsere Rettung, weil dann endlich Bewegung in die Sache kommt.

Ein ganz besonders großer Dank gilt Ilka Heinemann, der besten Lektorin der untergehenden Welt. Ohne dich und deine umsichtigen Anmerkungen in der Redaktion wäre das Manuskript nicht so gelungen. Danke für deine Geduld und für den enormen Einsatz, der uns sogar gemeinsam auf Demonstrationen führt.

Danke an die Sachbuchchefs Margit Ketterle und Stefan Ulrich Meyer, an Susanne Hirtreiter aus dem Marketing und an die Werbeagentur ZERO für ein passendes Cover, an Gabriele Schnitzlein und Heike Boschmann für die Illustrationen, an Lucas Meinhardt und Daniela Schulz für Herstellung und Satz sowie an Andrea Neuhoff für ihre tolle Unterstützung in der Presseabteilung und an Johannes Schermaul in Sachen Lesungen und Veranstaltungen.

Special thanks an Linus Geschke, mit dessen Romanen man sich nicht nur hervorragend die Zeit bis zum Weltuntergang vertreiben kann, sondern mit dem jedes Gespräch eine Bereicherung ist – nicht nur, weil er als Reisender die besten Geschichten rund um die Welt kennt. Danke an Heiner Endemann fürs Testlesen und Unterstützen! Und ein Dankeschön an unseren Agenten Joachim Jessen. Es tut uns leid für dich, dass Sylt wahrscheinlich untergehen wird.

Danke an unsere Liebsten, die unsere anhaltende Verzweiflung während der Recherche erduldet und trotzdem immer wieder so getan haben, als ob sie der Klimawandel brennend interessiert und gar nicht so sehr verstört. Ohne euch wäre die Lage nicht zu ertragen, und für euch haben wir Hoffnung, dass irgendwie doch noch alles gut ausgeht. Und wenn es jemanden gibt, für den es sich lohnt, die Welt zu retten, dann seid ihr es, Hanna, Hannes, Leandro, Paul, Theo, Fiona, Maddy und Gloria.

LITERATUR & CO.

LITERATUR

Douglas Adams/Mark Carwardine: *Die Letzten ihrer Art: eine Reise zu den aussterbenden Tieren unserer Erde*, München 1992

Esther Gonstalla: *Das Ozeanbuch: Über die Bedrohung der Meere*, München 2017

Stephan Grünewald: *Die erschöpfte Gesellschaft. Warum Deutschland neu träumen muss*, Freiburg 2015

Naomi Klein: *Die Entscheidung: Kapitalismus vs. Klima*, Frankfurt 2016

Ilona Koglin/Marek Rhode: *Und jetzt retten wir die Welt! Wie du die Veränderung wirst, die du dir wünschst*, Stuttgart 2016

Harald Lesch/Klaus Kamphausen: *Die Menschheit schafft sich ab. Die Erde im Griff des Anthropozän*, Grünwald 2017

Michael Mann: *The Hockey Stick and the Climate Wars: Dispatches from the Front Lines*, New York 2012

Michael Mann/Tom Toles: *The Madhouse Effect: How Climate Change Denial is Threatening Our Planet, Destroying Our Politics, and Driving Us Crazy*, New York 2016

DATENLAGE ZUM KLIMAWANDEL IM INTERNET

Empfehlungen und Erkenntnisse des Umweltbundesamtes, unter anderem mit einem tipptopp CO_2-Rechner für den Hausgebrauch:
www.umweltbundesamt.de

So ziemlich alles, was das Potsdam-Institut für Klimafolgenforschung rausfindet:
www.pik-potsdam.de
Blog von Stefan Rahmstorf, Anders Levermann und Martin Visbeck:
https://scilogs.spektrum.de/klimalounge

Forschungsergebnisse und Wissenswertes zu den drängendsten Problemen unserer Zeit von der Helmholtz-Gemeinschaft:
www.helmholtz.de – übrigens hat diese einen interessanten Podcast namens Resonator: https://resonator-podcast.de/

NASA – aktuelle Daten über CO_2-Gehalt der Atmosphäre, Eisschmelze und Meeresspiegel:
https://climate.nasa.gov/vital-signs

NOAA – für alle aktuellen Daten zum Zustand des Planeten, die man nicht bei der NASA findet:
www.esrl.noaa.gov/gmd/ccgg/trends/graph.html

Climate Reanalyzer – cooles Tool, um sich anzuschauen, wie es aktuell um den Stand der Temperaturen, des Jetstreams oder den Meeresspiegel steht:
http://cci-reanalyzer.org/wx/DailySummary/#SST_anom

Wer nachsehen will, wie spät es auf der Doomsday Clock ist – der schaut mal auf der Seite des *Bulletin of the Atomic Scientists* vorbei:
http://thebulletin.org/timeline#

Was unter Wasser steht, wenn der Meeresspiegel steigt, zeigt diese Flood Map an: http://flood.firetree.net/

Wie rasch die CO_2-Uhr tickt, sieht man auf der Seite des Mercator Research Institute on Global Commons and Climate Change:
www.mcc-berlin.net/forschung/CO_2-budget.html

Niedliche Grafik, wie sich das Wetter im Verlauf der letzten Eiszeit entwickelt hat: https://xkcd.com/1732/

Hier könnt ihr gucken, um wie viele Grad sich eure Stadt im Vergleich zum globalen Schnitt schon erwärmt hat:
www.nytimes.com/interactive/2017/01/18/world/how-much-warmer-was-your-city-in-2016.html#leam

Tipps für ein nachhaltigeres Leben: www.utopia.de

Mitmachprogramm von Animal Equality, das zeigt, wie lecker Pflanzliches ist:
www.LoveVeg.de

Dossiers und Geschichten zur Lage des Planeten:
www.fairplanet.org

This world is on fire – Waldbrände weltweit:
https://firms.modaps.eosdis.nasa.gov/firemap/

AUFSCHLUSSREICHE APPS – DER PLANET, DIE SATELLITEN UND ALLE DATEN FÜR DIE HOSENTASCHE:

Satellitendaten der NASA: EarthNow

Gletscherwatching der Universität Zürich: wgms Glacier

Wetterdaten der MeteoGroup: MeteoEarth

Erstaunlich präzise Regenvorhersage von WetterOnline: RegenRadar

CO_2-Ausstoß-Rechner von Georg Polak: Footprint-Rechner

**DEMOGELEGENHEITEN
(JEDE MENGE, ALSO NUR DIE WICHTIGSTEN):**

Jede Klimakonferenz (eigentlich, sehr umständlich: Conference of the Parties to the United Nations Framework Convention on Climate Change [UNFCCC])

Überhaupt jedes Gipfeltreffen

»Ende Gelände« gegen den Kohleabbau und die Zerstörung von Naturschutzgebieten: www.ende-gelaende.org

Gegen Konzernmacht, Landraub und Tierfabriken – für Tierschutz, bäuerliche Betriebe, ökologischen Landbau, globale Solidarität und ein klares Nein zu Gentechnik und Patenten auf Leben – »Wir haben es satt«: www.wir-haben-es-satt.de

MUSEEN UND AUSSTELLUNGEN

Das Klima erleben kann man vor Ort im Klimahaus Bremerhaven: www.klimahaus-bremerhaven.de

FILME

TED-Talk von Sebastião Salgado über die Aufforstung des Urwalds:
www.ted.com/talks/sebastiao_salgado_the_silent_drama_of_photography

Wie die Erzeugung von tierischen Nahrungsmitteln der Umwelt schadet: *Cowspiracy. The Sustainability Secret* (2014)

Über die Schwierigkeit, die Weltbevölkerung auch in Zukunft zu ernähren: *10 Billion. Wie werden wir alle satt?* (2015)

Noch ein großes Übel unserer Zeit – das durch die Produktion auch Kohlendioxid erzeugt: *Plastic Planet* (2009)

Ein großartiger Film über den Zustand unseres Planeten: *Home* (2009)

Die wissen, wie's geht – über die Anfänge von Greenpeace: *How to Change the world* (2016)

Leonardo DiCaprio im Einsatz als Friedensbotschafter für Klimaschutz der Vereinten Nationen: *Before the Flood* (2016)

Wer's danach nicht glaubt, dem ist nicht zu helfen – James Balogs atemberaubende Doku über die Gletscherschmelze: *Chasing Ice* (2012)

Über das weltweite Sterben der Korallen und seine Folgen: *Chasing Coral* (2017)

Die Mutter aller Klimafilme – Al Gore erzählt: *Eine unbequeme Wahrheit* (2006) – übrigens mit Sequel (2017)

Noam Chomsky erklärt, welches System der Weltrettung entgegensteht: *Requiem for the American Dream* (2015)

Über das, was im Leben wirklich wichtig ist: *Minimalism* (2015)

Welche Lösungen jetzt bereits weltweit gefunden werden: *Tomorrow – Die Welt ist voller Lösungen* (2015)

Zurückgespult ins »Lieblingsjahrzehnt der Deutschen«
dpa

**Stefan Bonner
Anne Weiss**

WIR KASSETTENKINDER
Eine Liebeserklärung an die Achtziger

Heute sind sie legendär: die Achtziger. Es war das Jahrzehnt, als wir mit dem Kassettenrekorder Mix-Tapes aus dem Radio aufnahmen und Dallas-Frisuren und Hawaiihemden trugen. Wer in dieser Zeit zwischen Bandsalat und Neuer Deutscher Welle, Indiana Jones und YPS-Heft, Atomwaffen und Ententanz aufwuchs, erlebte ein epochales, seltsam unbekümmertes, oft albernes Jahrzehnt, in dem alle trotz des drohenden Weltuntergangs durch sauren Regen und Kalten Krieg den Eindruck einer lustig-bunten Zeit hatten. Und: Irgendwie fing irgendwann in jener Zeit die Zukunft an!

»Die Autoren haben einen wunderbaren Blick für Details, bringen die Stimmungen der damaligen Zeit punktgenau rüber und schreiben leicht, anschaulich und humorvoll.«
Kölner Stadtanzeiger